# Photoshop
# 网店美工与网店装修

余云晖 赵爱香 孙秋莲 赵苗 / 主编
夏昕 熊浩 赵志斌 / 副主编

人民邮电出版社
北京

图书在版编目（CIP）数据

Photoshop网店美工与网店装修 ： 微课版 / 余云晖等主编. -- 北京 ： 人民邮电出版社, 2024.1
电子商务类专业创新型人才培养系列教材
ISBN 978-7-115-62627-1

Ⅰ. ①P… Ⅱ. ①余… Ⅲ. ①图像处理软件－教材 Ⅳ. ①TP391.413

中国国家版本馆CIP数据核字(2023)第171814号

## 内容提要

本书旨在帮助初学网店美工的读者进行网店装修。全书共9章：第1～7章分别讲解了网店美工与Photoshop CS6基础，使用选区和图层美化图像，修饰商品图像，商品图像调色，使用图形和文字完善网店内容，使用通道、蒙版和滤镜，切片、批处理与帧动画等内容；第8～9章讲解了比赛专用系统—— ITMC系统的使用，以及如何使用它进行网店开设与装修。

本书在讲解中运用了大量的案例。这些案例涵盖了全国职业院校技能大赛“电子商务技能”赛项中的各种制作要求，有助于读者游刃有余地完成比赛。

本书可以作为高等职业院校电子商务专业网店美工相关课程的教材，也可以作为参加相关比赛的参赛者的参考书。

◆ 主　　编　余云晖　赵爱香　孙秋莲　赵　苗
副 主 编　夏　昕　熊　浩　赵志斌
责任编辑　白　雨
责任印制　王　郁　彭志环

◆ 人民邮电出版社出版发行　　北京市丰台区成寿寺路 11 号
邮编　100164　　电子邮件　315@ptpress.com.cn
网址　https://www.ptpress.com.cn
临西县阅读时光印刷有限公司印刷

◆ 开本：700×1000　1/16
印张：13　　　　2024 年 1 月第 1 版
字数：292 千字　　　　2024 年 11 月河北第 2 次印刷

定价：64.00 元

读者服务热线：(010)81055256　印装质量热线：(010)81055316
反盗版热线：(010)81055315
广告经营许可证：京东市监广登字 20170147 号

# 前言

# Foreword

一、本书的内容

本书包含9章内容，其中，第1~7章为基础知识，第8~9章通过实战演练讲解ITMC网店装修及实训系统的使用。各章的主要学习内容和素养目标如下表所示。

| 章 | 主要学习内容 | 素养目标 |
|---|---|---|
| 第1章 | 1. 认识网店美工<br>2. 图像文件基础知识<br>3. Photoshop CS6图像文件基本操作 | 1. 培养网店美工职业意识<br>2. 提升对Photoshop的学习和使用兴趣 |
| 第2章 | 1. 创建与编辑选区<br>2. 创建与编辑图层 | 1. 提升对图像的审美能力<br>2. 提升对图层作用的理解和运用能力 |
| 第3章 | 1. 修复瑕疵<br>2. 修饰细节<br>3. 清除背景 | 1. 培养对瑕疵图像的分析能力<br>2. 在精细修复图像的过程中培养细心、耐心、认真的品质 |
| 第4章 | 1. 调整图像的明暗<br>2. 调整图像的色彩<br>3. 调整图像的特殊命令 | 1. 培养有关图像色彩的基本修养<br>2. 提高对色彩的感知能力 |
| 第5章 | 1. 使用钢笔工具组绘制图形<br>2. 使用形状工具组绘制图形<br>3. 使用画笔工具绘制图形<br>4. 使用文字工具组添加文字 | 1. 强化创意思维，对图像美化思路进行合理发散<br>2. 培养基本的美学修养 |
| 第6章 | 1. 使用通道<br>2. 使用蒙版<br>3. 使用滤镜 | 1. 培养创意思维能力<br>2. 合理运用滤镜美化图像，提升自身对美的追求 |
| 第7章 | 1. 切片<br>2. 动作与批处理图像<br>3. 创建帧动画 | 1. 培养对设计项目后续处理的整合能力<br>2. 发挥创意思维，进一步提升美化后的商品图像的视觉效果 |
| 第8章 | 1. ITMC网店设计基础及要点<br>2. PC端时尚饰品类网店设计<br>3. 移动端休闲零食类网店设计 | 1. 通过实战操作，巩固专业知识，提升专业技能和专业能力<br>2. 掌握美化图像和装修网店的知识，能够举一反三，灵活运用 |
| 第9章 | 1. 系统登录操作说明<br>2. PC端店铺装修<br>3. 移动端店铺装修<br>4. 跨境店铺装修 | 1. 提升使用ITMC系统的能力<br>2. 锻炼自身的学习能力，培养冷静、钻研、刻苦的精神 |

# 前言

Foreword

二、本书的特点

1. 知识系统，结构合理

本书针对网店美工岗位，从认识网店美工入手，全面介绍网店美工所涉及的知识，由浅入深，层层深入。与此同时，本书按照“知识讲解＋美工实战+综合案例”的方式进行讲解，设置“网店开设与装修”等实操内容，让读者在学习基础知识的同时进行实战练习，从而加深对知识的理解，并能灵活运用知识。

2. 内容丰富，形式多样

本书采用理论与案例相结合的方式，通过商业案例操作来帮助读者理解基础知识的应用。同时，本书设置“经验之谈”小栏目涵盖与内容相关的经验、技巧与提示，能帮助读者更好地梳理知识；“视野拓展”小栏目以党的二十大精神为指引，融入价值教育相关内容，突出职业引导和价值塑造功能。

3. 结合大赛，实战性强

本书知识讲解与实例操作同步进行，所涉及的案例尽可能还原全国职业院校技能大赛“电子商务技能”赛项的要求。读者完成本书的学习后，不仅可以自行使用Photoshop完成PC端和移动端网店各个部分的设计，还可以对整个比赛的要求、比赛系统的使用等有整体的了解。

4. 资源丰富，满足教学需求

本书提供微课视频，读者扫描书中二维码即可获取。本书还提供PPT课件、电子教案、题库、课程标准、素材文件和效果文件等教学资源，用书老师可登录人邮教育社区网站（https://www.ryjiaoyu.com）免费下载。

三、本书的作者

本书由余云晖、赵爱香、孙秋莲、赵苗担任主编，夏昕、熊浩、赵志斌担任副主编。

由于编者水平有限，书中难免存在疏漏与不足之处，敬请广大读者批评指正。

编　者

2023年10月

# 目录

## Contents

# 目录

# Contents

# 目录

## Contents

目录

Contents

# 第 1 章
# 网店美工与Photoshop CS6基础

随着电商购物平台的发展壮大，网店对美工人员的需求也在日益增加。网店美工人员要想在激烈的市场竞争中争得一席之地，就需要掌握网店美工相关的各种专业知识，以及图像处理软件Photoshop的使用方法。

## 【本章要点】

- 网店美工介绍
- Photoshop的基础知识

## 【素养目标】

- 培养网店美工职业意识
- 提升对Photoshop的学习和使用兴趣

# 1.1 认识网店美工

网店美工是网店运营过程中一个非常重要的岗位，主要负责图像的美化、网店的装修和页面的设计等工作。网店美工不但可让拍摄效果不够理想的商品图像恢复原来的色彩，还能让网店更加美观、更能吸引消费者的注意。

## 1.1.1 网店美工的工作范畴

与常见的美术工作者不同，网店美工主要负责网店的装修，以及商品图像的创意处理。与普通的美工相比，网店美工需要具备较高的平面设计与软件操作水平，还需要掌握与此相关的知识。

- **打造网店特色**：目前同类型的网店繁多，若想在众多的网店中脱颖而出，网店特色十分重要。只有打造出属于自己的网店特色，如设计带有品牌特色的装饰元素，或采用自家商品的配色来装修网店，以及打造网店的专属吉祥物等，才能吸引更多的消费者驻足浏览商品，加深消费者对网店的整体印象，从而促进交易。图1-1所示为淘宝平台中的旺旺食品旗舰店首页，该网店定位为销售休闲食品类商品，其首页采用极具特色的全屏Banner，主要图像元素有消费者所熟知的旺仔吉祥物形象，以及热销的各类休闲食品，并以"'旺'游自然"为主题营造了休闲、惬意的野餐氛围，将休闲生活与该网店的商品结合起来，打造出了专属于该网店的特色。

图1-1 打造网店特色

- **美化商品图像**：使用相机拍摄出的商品图像通常是不会直接上传到网店的。为了体现商品的特色，对商品图像进行美化必不可少。常用的美化商品图像的方法有：提高商品图像的色彩鲜艳度；适当调整商品图像的构图，增添装饰元素；修饰商品图像，去除其中的瑕疵；添加文字内容，完善信息等。但是需要谨记，网店美工不是纯粹的艺术家，让消费者接受你的作品才是最重要的，不能任意发挥。
- **设计与装修网店**：设计与装修网店不单单是美化商品图像，再添加一些额外的装饰元素，而是要为售卖商品服务，以卖出商品为最终目的。因此网店美工在设计与装修网店时要充分揣摩和分析消费者的心理，如消费者喜欢什么样的装修风格，装修风格是否与网店定位相符合；消费者喜欢什么样的色彩搭配，该色彩搭配是否可以运用到设计与装修中；消费者在浏览商品时，想要了解有关商品的哪些信息等。分析消费者的心理后，在设计与装修中要逐一解决相关问题，使网店迎合消费者的喜好。但是要避免使用太多图像，否则会使整个网店看起来花里胡哨，页面显示也会因加载过多图像而卡顿。
- **设计活动页面**：电商平台会不定期举行各种促销活动，为了使网店从竞争激烈的活动中脱颖而出，得到消费者的青睐，网店美工需要透彻理解活动，通过设计活动页面将活动意图传达给消费者，让消费者了解活动的内容、促销的力度，从而提高销量。网店美工在设计时要保证活动页面契合活动主题，美观，拥有独特的亮点。图1-2所示为奥克斯网店“双11”的活动页面，该页面采用巨幅插画，配色一致，元素一致，整个设计浑然一体，同时采用简洁的文案将活动内容直观地呈现给消费者。

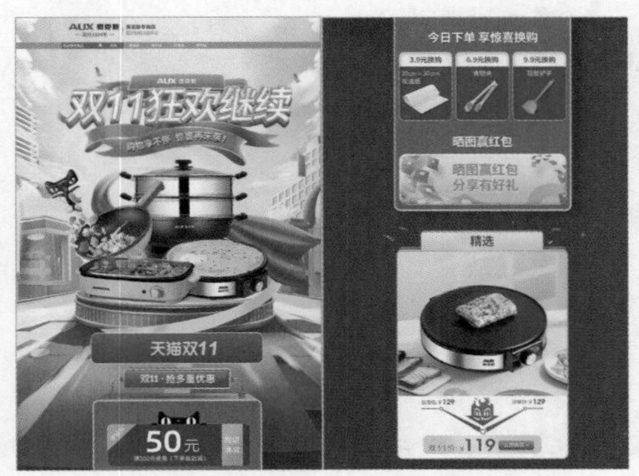


图1-2　设计活动页面

- **设计与制作推广图**：对网店美工来说，设计与制作推广图的目的是将网店的商品、品牌、服务、技术等内容传达给消费者，加深网店在他们心中的印象，获得认同感，从而提高销量。网店美工需要使用现有的图像素材，通过合理的设计及时并有效地向消费者传达设计意图，体现商品的价值；添加的文案也需要有理有据，让消费者能够快速理解，并对其产生深刻的印象。

## ↘ 1.1.2　网店美工应掌握的设计要点

了解了网店美工的工作范畴后，网店美工还需要掌握点、线、面三大基本设计要素，以及色彩、文案、网店页面结构、网店装修风格等设计要点，这样才能设计出更加出彩的效果。

### 1. 点、线、面

点、线、面是设计中最基本的三大要素，结合使用能够形成丰富的视觉效果。

- **点**：点是可见的最小的形式单元，具有凝聚视线的作用，可以使画面布局显得合理舒适、灵动且富有冲击力。点的表现形式丰富多样，既包含圆点、方点和三角点等规则的点，又包含锯齿点、雨点、泥点及墨点等不规则的点。图1-3的左图为点的表现形式之一，右图为将点元素围绕在文案四周，用于丰富画面，突出主题。

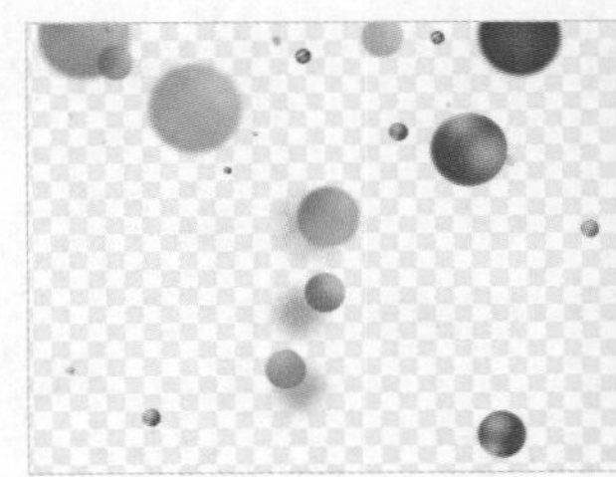

图1-3　点

● **线**：线在视觉形态中可以表现长度、宽度、位置、方向和性格，具有刚柔并济、优美和简洁的特点，经常用于渲染画面，引导、串联或分割画面元素。线分为水平线、垂直线、曲线和斜线。不同形态的线所表达的情感不同。水平线和垂直线显得大气、明确、庄严，曲线显得柔和流畅、优雅灵动，斜线具有很强的视觉冲击力。图1-4的左图为线的表现形式之一，右图为应用不同长度的灰色曲线进行装饰，将原本散乱的元素紧密连接，视觉效果大气、优雅，具有格调。

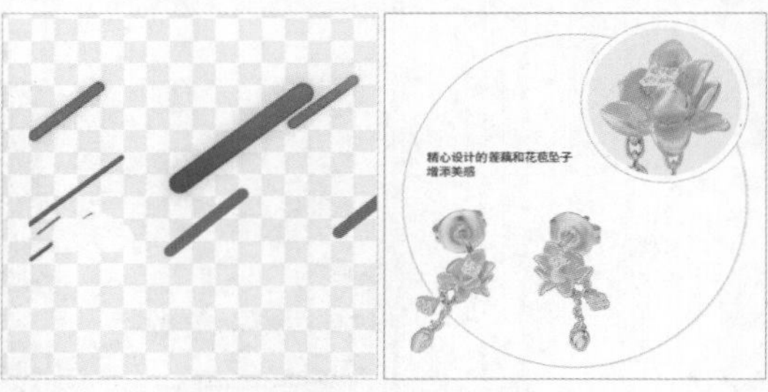

图1-4　线

● **面**：点放大即为面，线分割产生的各种比例的空间也可以称为面。面具有长度、宽度、方向、位置和摆放角度等属性。在画面中，面还具有组合信息、分割画面、平衡和丰富空间层次、烘托与深化主题的作用。利用面来设计图像时需要注意：面与面之间要通过不同的排列来进行灵活对比。图1-5的左图为面的表现形式之一，右图为应用面将图像分割为上下两个部分，加强了画面的层次感。

图1-5　面

### 2. 色彩

网店的色彩与风格是消费者进入网店后首先感受到的元素，因此合理搭配色彩是做好网店视觉营销的基础。很多网店美工在装修网店时，喜欢随意堆砌一些酷炫的色块，这会让整个页面的色彩杂乱无比，易使消费者产生视觉疲劳，而合理的色彩搭配不但能够让网店中的页面更具亲和力和感染力，还能提高商品浏览量，更有助于提高商品销量。

（1）色彩的属性

色彩具有色相、明度及纯度3种属性。掌握这3种属性的相关知识，能加深对色彩的理解，同时也有利于掌握色彩搭配的技巧。

● **色相**：色相是人对各类色彩的视觉感受，也是区分不同色彩的基本标准，如常说的红色、黄色、绿色、蓝色等各种颜色指的便是色相。

● **明度**：明度是眼睛对光源和物体表面明暗程度的感受，它取决于光线的强弱。

● **纯度**：纯度也称饱和度，是指眼睛对色彩鲜艳度与浑浊度的感受。

（2）色彩的比例

网店美工在装修网店时，不能随心所欲地运用色彩，而要遵循一定的比例进行配色。网店装修配色的黄金比例一般为70：25：5，即主色占总版面的70%，辅助色占25%，而其他点缀色占5%。当然这只是基于成功的网店装修案例总结出来的参考比例，具体应用还需要根据实际需求进行衡量。

- **主色**：主色是页面中占用面积最大也最受瞩目的色彩，它决定了整个网店的风格。主色不宜过多，一般控制在1～3种，过多容易使消费者产生视觉疲劳。主色不能随意选择，网店美工需要系统分析自家网店受众的心理特征，找到受众易于接受的色彩，如童装适合选择黄色、粉色和橙色等暖色调作为主色。
- **辅助色**：辅助色占用面积小于主色，用于烘托主色。合理运用辅助色能丰富页面的色彩，使页面显示更加完整、美观。
- **点缀色**：点缀色是指页面中面积小、色彩比较醒目的一种或多种颜色。合理运用点缀色可以起到画龙点睛的作用，使页面主次更加分明、富有变化。

网店美工在装修网店时，可以首先根据网店类目选择占用大面积的主色，然后根据主色合理搭配辅助色与点缀色，以突出页面的重点、平衡视觉效果。图1-6所示为两种不同商品的详情页中运用主色、辅助色与点缀色的效果展示。

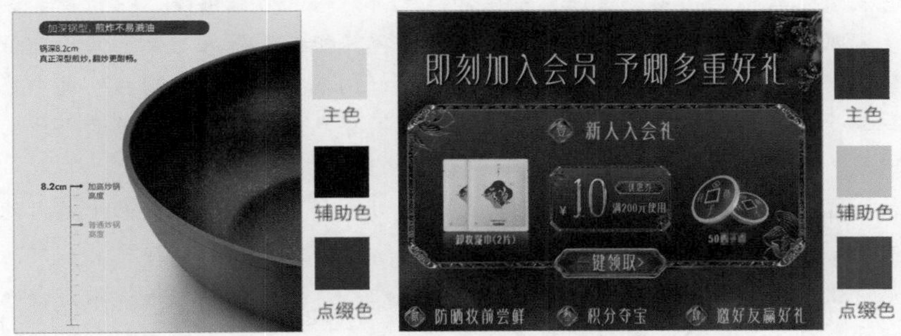


图1-6　主色、辅助色与点缀色

（3）色彩的对比

在搭配色彩时，经常需要通过色彩的对比来丰富画面效果，或强调重点信息。因此，掌握色彩对比的相关知识可以帮助网店美工更好地进行网店装修。

- **明度对比**：利用色彩的明暗程度形成对比。恰当的明度对比可以使页面产生光感、明快感和清晰感。通常情况下，明度对比较强时，页面显得清晰、锐利，不容易出现误差；而明度对比较弱时，配色效果往往不佳，页面会显得柔和单薄、形象不够明朗。
- **纯度对比**：利用纯度的高低形成对比。纯度对比较弱的画面视觉效果也较弱，适合长时间查看；纯度对比适中的画面视觉效果和谐、丰富，可以突显画面的主次；纯度对比较强的画面鲜艳明朗、富有生机。
- **色相对比**：利用色相之间的差别形成对比。进行色相对比时，需要考虑其他色相与主色相之间的关系，如原色对比、间色对比、补色对比和邻近色对比等，以及最后需要表现的效果。其中，原色对比一般指红色、黄色和蓝色的对比；间色对比是指由两种原色调配而成的颜色的对比，如橙色（红色+黄色）和紫色（红色+蓝色）的对比等；补色对比是指色相环（一种呈圆环状排列的色相光谱，其中圆环上的色彩是按照光谱在自然中出现的顺序来排列的，色彩名称默认原色色彩在前，图1-7所示为12色相环）中的一种颜色与其180°对角上的颜色的对比，如红色和绿色互为补色，如图1-8所示；邻近色对比是指色相环上夹角在60°以内的颜色的对比，如红色和红橙色互为邻近色，如图1-9所示。

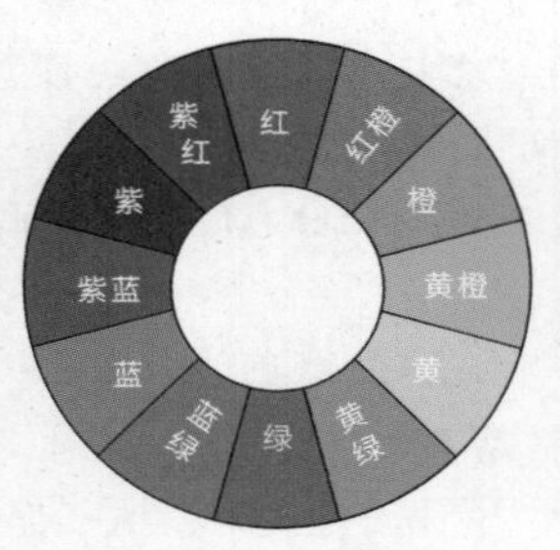


图1-7　12色相环

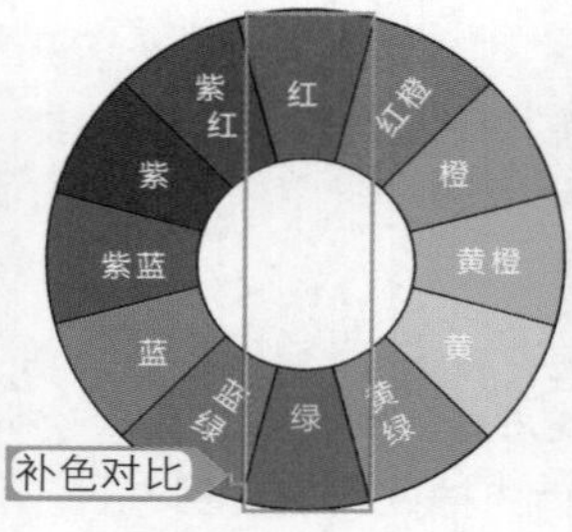

图1-8　补色对比

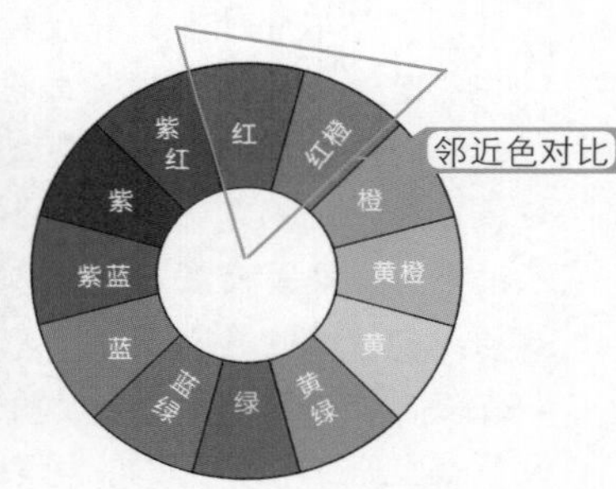


图1-9　邻近色对比

- **冷暖色对比**：利用色彩的冷暖差别形成对比。不同的色彩能够给人带来不同的感官刺激，从这点出发，黄色、橙色和红色等能给人带来温暖、热情及奔放感觉的色彩可以归为暖色调；蓝色、蓝绿色和紫色等能给人带来凉爽、寒冷及低调感觉的色彩可以归为冷色调。图1-10所示为茶叶网店首页的轮播海报，其中商品图像与背景色采用暖黄色，主文案与装饰框采用冷色调的深绿色，画面整体的色彩对比较为强烈，使消费者能够轻易辨别画面中的关键信息。
- **色彩面积对比**：利用色彩的面积大小形成对比。各种色彩在画面中所占的面积大小不同，所呈现出来的对比效果也就不同。图1-11所示为扫地机器人网店首页的全屏Banner，其中背景的色彩占据主要地位；商品图像与装饰线同为白色，其色彩面积居次要地位；网店名称的色彩为点缀色，占据最小的面积：画面整体的色彩面积对比鲜明，视觉效果和谐、美观。

图1-10　冷暖色对比

图1-11　色彩面积对比

（4）色彩的搭配技巧

网店美工在设计时往往会采用各种各样的商品图像，而图像本身的色彩大多比较繁杂，因此，为追求统一感和和谐感，提高美观度，可采用以下技巧进行配色。

- **合理选择主色调**：不同的商品类目在主色调的选择上有所不同，如蔬菜多以绿色为主色调，而电器及办公类、洗护类商品则多以蓝色为主色调。因此在装修网店时，主色调应根据其给消费者的视觉感受而定。图1-12所示为某洗衣液详情页，该详情页以蓝色为主色调，营造出干净、纯洁的氛围，与洗衣液“深层洁净”的主题契合。另外，在确定主色调时，需要系统分析品牌受众的心理特征，找到这一群体易于接受的色彩，然后应用到设计当中，这样才会有利于后期的经营与管理。

图1-12　合理选择主色调

图1-13　善用无彩色

- **善用无彩色**：无彩色是指黑、白、灰三色。无彩色与其他色彩具有较高的适配度，因此，网店装修中需要运用一种或多种高饱和色彩时，可以添加无彩色来协调色彩，如图1-13所示。
- **突出前景色和背景色的色彩对比**：在装修网店时，前景色和背景色的色彩对比要强烈，一般不使用复杂的图案作为背景图，以免抢夺消费者的注意力，使其忽略关键信息。在进行商品详情页的设计时，可以采用多种色彩进行搭配，使页面显得更活跃。

### 3. 文案

消费者大多通过图文信息获得对商品和品牌的认知，因此，网店要想吸引消费者，就需要为消费者提供优质的图文内容。作为图文信息的重要载体，文案承担着推广商品和品牌的重任。根据应用场景和功能的不同，文案可以分为展示类、品牌类和推广类3种类型。扫描右侧的二维码，可查看3种文案类型的详细介绍。

资源链接

文案类型

#### （1）文案写作要点

文案并不是随性创作的，网店美工在写作文案时需遵循以下要点。

- **通过“利益诉求”吸引消费者**：消费者在购买商品之前，通常会想知道使用这个商品能给自己带来什么样的实际益处，如果文案能给消费者明确的利益承诺，告诉消费者使用该商品的结果及其产生的实际效益，就能吸引消费者的关注。图1-14所示为某垃圾袋的文案“底部牢 不漏水”，文案明确地告诉消费者垃圾袋的质量好，不易被刺穿，打消消费者的顾虑，让消费者能够放心购买。
- **锁定目标消费群体**：一种商品很难满足所有消费者的需要，因此在写作商品文案时，可以先选出目标消费群体，排除非潜在消费者。图1-15所示为某拖把的文案“清洁无死角 直达家具底部”，将目标人群定位为经常打扫卫生的消费者，因为他们更清楚清洁用具的实用性所在。
- **信息真实**：商品信息描述必须符合实际情况，特别是商品的细节描述、材质和规格等基本信息一定要真实可信，因为消费者会根据商家提供的商品信息来决定是否购买。不能用弄虚作假、与常理相悖的描述糊弄消费者，即使有消费者因为详情页的虚假信息而购买了商品，这也会对网店的口碑产生负面影响，因此，为了提高销量而弄虚作假非常不可取。虽然可以对商品的生产背景、加工过程等进行适当的美化，让商品更加有内涵，但不能肆意夸大。

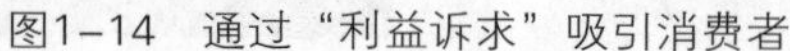

图1-14 通过“利益诉求”吸引消费者

图1-15 锁定目标消费群体

- **强调商品卖点**：在文案中强调商品或品牌的核心卖点能够给消费者留下深刻的印象，从而引导消费者查看文案的详细内容并关注该商品或品牌，产生购买欲望。图1-16所示为某耳机的文案“33小时超长续航”，文案强调该商品的卖点为超长续航，并且用其他文案“能连续跑5次马拉松”具体说明其超长续航的能力。
- **巧用修辞手法**：比喻、引用、双关、设问、对偶、拟人和夸张等修辞手法不仅可以增加商品文案标题的吸引力和趣味性，还能使标题显得更有创意。图1-17所示为某被子的文案“轻盈贴身 婴儿般触感”，文案用婴儿般的触感来比喻被子的触感，让消费者在脑海中产生被子亲肤的舒适感，从而跃跃欲试，产生购买欲望。

图1-16 强调商品卖点

图1-17 巧用修辞手法

（2）文案写作注意事项

如果文案是为了创意而创意，过于天马行空，那么就失去了它应有的价值。因此，在文案写作时应注意以下事项。

- **避免重复**：当同质商品较多时，尽量不要都使用一样的标题，应挖掘不同商品的特点，创作出具有独特个性的文案。
- **避免语句过长**：在有限的字数内，将需要表达的信息关键词放在前面，以迅速引起消费者的阅读兴趣。避免标题过长的有效方法是在保留核心信息的基础上不断删减文字、调换句式，或者用短词替换长词等。
- **避开敏感词**：避免出现《广告法》中提到的违禁词和敏感词，一旦出现这些词，平台就会将整个标题过滤，消费者就无法搜索到相应的商品。另外，标题中还要避免出现“肥胖”“衰亡”等消费者忌讳或讨厌的词，这些词不仅会惹来争议，还会降低消费者对商品和品牌的好感度。

（3）文案设计要点

将构思好的文案合理、美观地添加在页面上，是网店美工需要投入大量心血的工作内容。文案设计要点可以分为字体的选择和运用两个方面。

- **字体的选择**：字体展现了文案风格，而文案风格又体现了网店风格，因此网店美工应掌握字体的类型并选择合适的字体进行添加。字体可分为宋体、黑体、书法体和美术体等。宋体是网店装修中使用最广泛的字体之一，其笔画纤细，较为优雅，具有文艺气息，常用于家装类、服装类等网店中，如图1-18所示。黑体笔画横平竖直，字形方正，具有浓烈的商业气息，常用于商品详情页、首页Banner等内容中，如图1-19所示。书法体是指具有书法风格的字体，其笔画多变，富有历史性和文化性，常用于书籍类等具有文化气息的网店中，如图1-20所示。美术体多指一些笔画和结构有特殊设计的字体，具有较强的独特性和艺术性，可以提升网店艺术品位和格调，常用于海报制作或模板标题部分的设计，如图1-21所示。

图1-18 宋体

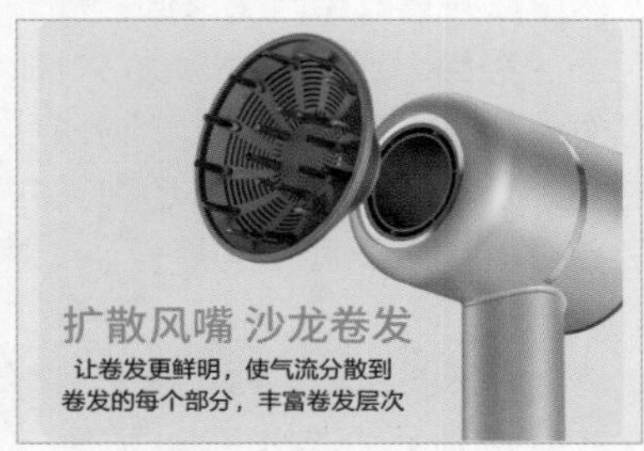


图1-19 黑体

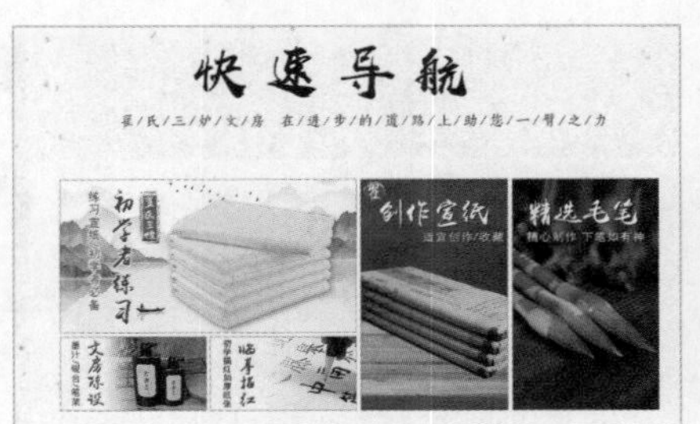


图1-20 书法体

图1-21 美术体

- **字体的运用**：字体的运用可以参照两个原则。第一个原则是增强文字的可读性。页面中的文字应避免纷杂凌乱，尽量达到让消费者易辨识和易懂的目的，从而充分地表达设计主题。图1-22所示为某网店详情页的温馨提示板块，该板块的标题、正文等采用不同大小的文字，并且正文中的关键信息被标红，使消费者一眼就能够辨认出文字的层级，增强了文字的可读性。第二个原则是增强排版的美观性。良好的文字排版不仅能向消费者传递视觉上的美感，还可提升网店的格调，给消费者留下良好的印象。图1-23所示为某家居网店的首页分区板块，该板块的文字和图像整齐划一，并且文字居中对齐，更加规整，能带给消费者视觉上的享受。

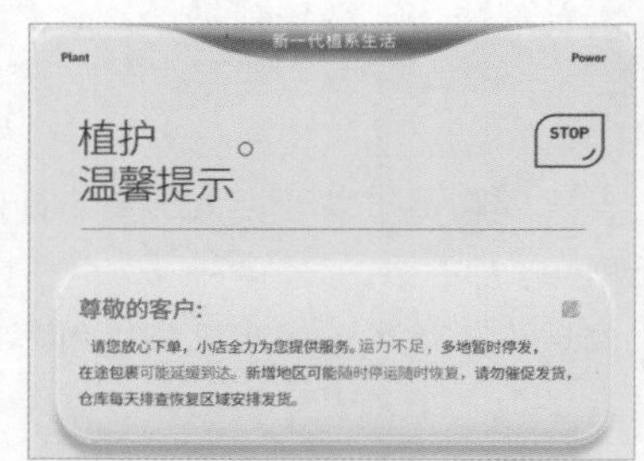


图1-22　增强文字的可读性

图1-23　增强排版的美观性

## 4. 网店页面结构

网店中有许多完整的页面，掌握网店页面的结构有利于网店美工快速地明确所需设计的作品的属性，如大小、种类、风格及特征等。

（1）首页

首页适用于展示网店的内容，是消费者进入网店后看到的第一个页面，也是网店的“门面”担当。该页面常分为3个板块，分别是页头、页中和页尾，每个板块又包含不同的功能板块。图1-24所示为美的官方旗舰店首页，整个页面结构涵盖了上述3个板块。

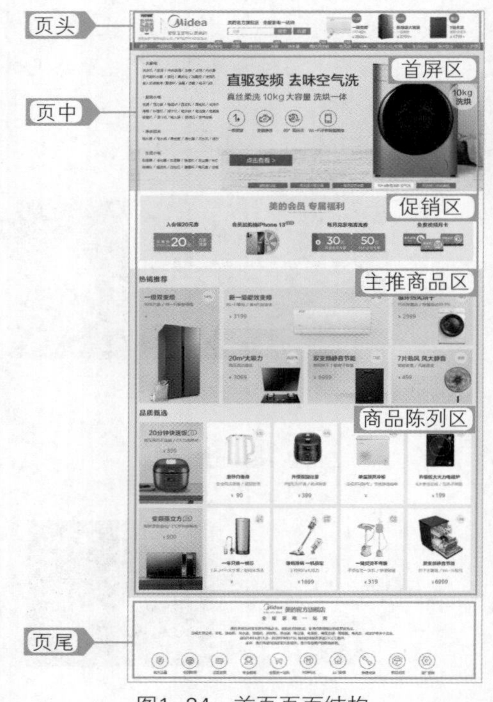


图1-24　首页页面结构

- **页头**：页头包括店招（网店招牌）和导航两部分。其中店招常展示网店Logo、网店名称、网店信誉、收藏网店等内容；导航位于店招的下方，主要展示网店的商品分类。
- **页中**：页中包括首屏区、促销区、主推商品区和商品陈列区4部分。首屏区一般放置全屏海报，有的也会放置视频内容或购物券，主要用于展示网店形象、主打商品、促销活动等信息。促销区是用于展示网店促销活动的板块，一般包括促销海报、促销商品等内容。主推商品区用于展示网店销量较高、新上市或者人气略逊于主打商品的商品。商品陈列区用于展示网店内的主要商品，方便消费者直接在首页浏览并进行选购。首屏区位于页中的顶部，其他区域的内容可根据实际需要调整位置。

- **页尾：** 页尾主要用于设置自定义区，一般展示色差说明和所用快递等温馨提示、品牌形象或品牌故事、客服联系方式、网店二维码及页尾广告等内容。页尾也可添加“返回顶部”模块，方便消费者再次从头进行浏览，增加浏览时间。

（2）专题页和活动页

专题页和活动页的页面结构和设计制作流程比较相似，只是针对的对象和内容略有区别。专题页针对某个主题或者商品展开一系列的营销策划宣传，内容比较丰富，因此页面高度会很高。活动页是针对某个主题进行宣传，例如在线抽奖等内容，文案比较精简，页面内容不会太多，因此页面高度不会太高。

这两种页面的结构都大致分为全屏海报、优惠券和商品展示区，特点比较突出，易于分辨。

（3）商品详情页

商品详情页主要用于展示商品详情信息，一般包括商品焦点图、商品卖点图、商品细节图、商品参数展示图、商品包装图等内容，如图1-25所示。商品详情页的内容可以根据实际需要进行删减增补，并不是固定不变的。

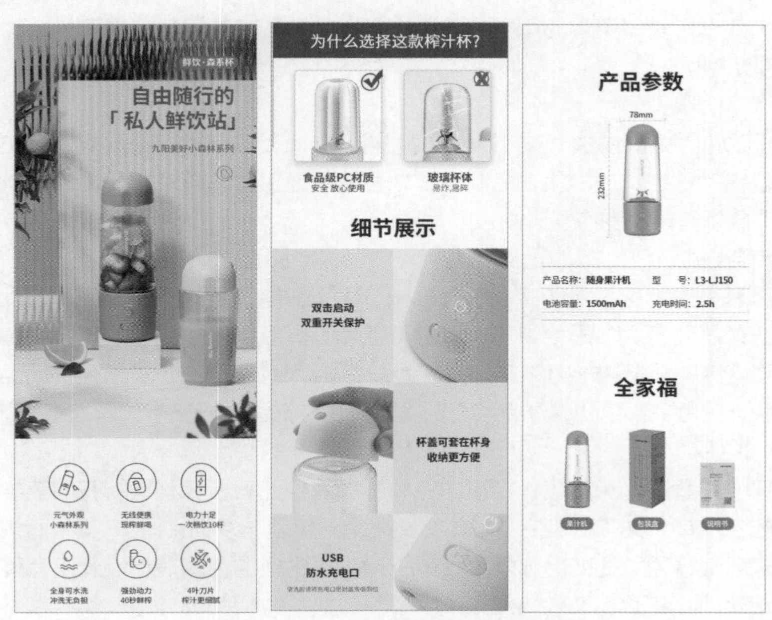


图1-25 商品详情页页面结构

### 5. 网店装修风格

网店装修风格在一定程度上可以影响网店的流量和商品销量。风格定位准确、精致美观、富有创意的装修可以提升网店的品位，从而增加消费者的浏览时间，最终提高网店销售额。

（1）极简风

极简风是近几年比较流行的网店装修风格，其主要特点为采用温和的低饱和度色彩、大面积的留白、整齐简洁的布局且信息清晰直观，多选择白色或纯色作为背景，凸显品牌对简约和独特质感的追求。图1-26所示为小米官方旗舰店首页，其采用极简风的装修风格很好地突出了商品质感和品牌基调。

图1-26　极简风

（2）可爱风

可爱风主要以可爱的元素和鲜亮的色彩为基调来进行搭配，很好地将色彩与元素结合起来，构建出可爱、温暖的氛围。该风格可以很自然地拉近与消费者的距离，具有得天独厚的亲切感。

（3）C4D风

C4D风以其独特的立体视觉效果，成为近几年大受欢迎的装修风格，其主要特点为采用交互叠错的三维几何形状，搭配富有创意的卡通形象，再采用梦幻、清新的色彩进行组合，形成富有动感的完整画面。

（4）科技风

科技风具有未来感和智能感，包含机械、人工智能、科研场景及高辨识度的发光文字、发光线条等元素，多采用黑色、紫色、蓝色、青色进行搭配。科技风的装修风格能极大地增强网店的视觉冲击力和感染力。图1-27所示为某无线机械键盘的商品详情页，其采用黑色、白色、青色，以及各种高明度的纯色，搭配发光文字，营造出智能感。

（5）中国风

中国风源于我国传统文化和相应的色彩、图腾等元素，将我国特有的美学提炼并融入网店装修，具有人文气息，使中华传统文化得到继承与发扬。图1-28所示为故宫博物院官方旗舰店某氛围灯的商品详情页，其采用古香古色的色彩搭配以及富有传统文化韵味的装饰元素，营造了浓浓的中国风。

（6）插画风

插画风因自身明艳的配色和丰富的形状让网店视觉效果变得丰富多彩，吸引消费者的目光，拉近与消费者的距离，因此一直是网店装修风格中较为常见的类型。图1-29所示为某糕点的商品详情页，其插画风的装修风格也与商品本身的包装形成呼应。

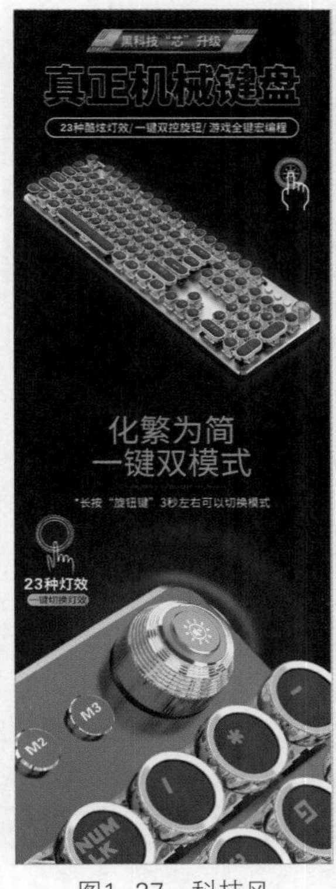

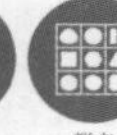

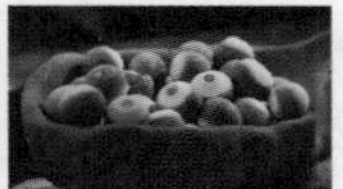


图1-27 科技风　　图1-28 中国风　　图1-29 插画风

# 1.2 图像文件基础知识

网店美工在进行网店装修和图像美化前，需要掌握一定的图像文件基础知识，包含像素、分辨率、位图、矢量图以及颜色模式等方面的知识。

## ↘ 1.2.1 像素和分辨率

像素是构成位图的最小单位，是位图中的一个小方格，而分辨率通常以“像素/英寸”和“像素/厘米”为单位，它们的组合决定了图像的质量。

- **像素**：像素是组成位图最基本的元素。每个像素在图像中都有自己的位置，并且包含了一定的颜色信息。单位面积上的像素越多，颜色信息越丰富，图像效果就越好，文件也会越大。图1-30所示为图像分辨率为72像素/英寸时的效果和放大至800%后的效果，放大后的图像中显示的每一个小方格就代表一个像素。
- **分辨率**：分辨率指单位面积上的像素数量。分辨率的高低直接影响图像的效果。单位面积上的像素越多，分辨率越高，图像就越清晰，但图像所需的存储空间也就越大。图1-31所示为分辨率为36像素/英寸和150像素/英寸时的区别，从中可以看出，低分辨率的图像较为模糊，高分辨率的图像更加清晰。

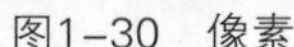

图1-30　像素

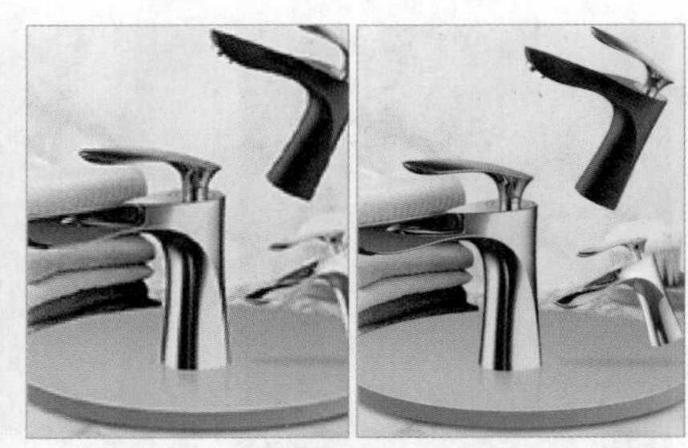

图1-31　分辨率

## ↘ 1.2.2　位图和矢量图

位图和矢量图是图像的两种类型，网店美工在进行图形图像设计与图像美化等操作时，了解和掌握这两种类型的图像的特点，以及这两种类型的图像的区别，可以更好地学习和使用Photoshop CS6。

1. 位图

位图也称点阵图或像素图，它由多个像素构成，能够将灯光、透明度和深度等逼真地表现出来。将位图放大到一定程度后，即可看到位图是由一个个小方格组成的，这些小方格就是像素。位图的质量由分辨率决定，单位面积内的像素越多，分辨率越高，图像效果也就越好。但当位图放大到一定程度时，图像会变模糊。位图的常见格式有JPEG、PCX、BMP、PSD、PIC、GIF和TIFF等。图1-32所示为位图原图和放大至800%后的效果。

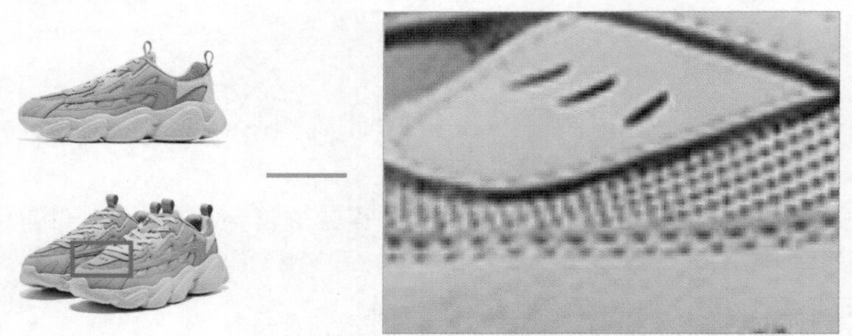

图1-32　位图原图和放大至800%后的效果

2. 矢量图

矢量图是用一系列计算机指令来描述和记录的图像，它由点、线、面等元素组成，所记录的对象主要包括几何形状、线条粗细和色彩等。矢量图常用于制作企业标志或插画，还可用于制作商业信纸或招贴广告，可随意缩放的特点使其可在任何打印设备上以高分辨率输出。与位图不同的是，矢量图的清晰度和光滑度不受图像缩放的影响。矢量图的常见格式有CDR、AI、WMF和EPS等。

## ↘ 1.2.3　颜色模式

在Photoshop中，颜色模式决定一幅电子图像以什么样的方式在计算机中显示或打印输出。常用的颜色模式包括位图模式、灰度模式、双色调模式、索引颜色模式、RGB颜色模式、CMYK颜色模式、Lab颜色模式和多通道模式等。在Photoshop中打开图像文件，选择【图像】/【模式】命令，在打开的子菜单中选择对应的命令即可转换图像的颜色模式。下面分别介绍不同颜色模式的含义及特点。

- **位图模式：**位图模式是用黑、白两种颜色来表示图像的颜色模式，适合制作艺术样式或创作单色图形。彩色图像转换为该模式后，图像中的颜色信息会丢失，只有亮度信息保留，并且只有处于灰度模式下的图像才能转换为位图模式。图1–33所示为将灰度模式图像转换为位图模式前后的显示效果。
- **灰度模式：**在灰度模式图像中，每个像素都有一个0（黑色）~255（白色）的亮度值。彩色图像转换为灰度模式后，图像中的色相及饱和度信息会丢失，只有亮度与暗度信息保留，从而得到纯正的黑白图像。图1–34所示为将彩色图像转换为灰度模式前后的显示效果。

图1–33　灰度模式图像转换为位图模式

图1–34　彩色图像转换为灰度模式

- **双色调模式：**双色调模式是用灰度油墨或彩色油墨来渲染灰度模式图像的模式。双色调模式采用两种彩色油墨来创建由双色调、三色调及四色调混合色阶组成的图像。在此模式下，最多可向灰度模式图像中添加4种颜色。图1–35所示为在灰度模式下转换的两种不同的双色调模式的显示效果。
- **索引颜色模式：**索引颜色模式指系统预先定义好一个含有256种典型颜色的颜色对照表，当图像转换为索引颜色模式时，系统会将图像的所有颜色映射到颜色对照表中，图像的所有颜色都将在它的图像文件中被定义。当打开该文件时，构成该图像的具体颜色的索引值都将被装载，然后系统根据颜色对照表找到最终的颜色值。图1–36所示为索引颜色模式下图像的显示效果。

图1–35　双色调模式

图1–36　索引颜色模式

- **RGB颜色模式**：RGB颜色模式由红、绿、蓝3种颜色按不同的比例混合来得到各种各样的颜色，又称真彩色模式，是Photoshop默认的色彩模式，也是最为常见的一种颜色模式。在Photoshop中，除非特别要求使用某种颜色模式，一般情况下都会使用RGB颜色模式。在这种模式下，用户可使用Photoshop中的所有工具和命令；使用其他模式时，用户的操作则会受到相应的限制。图1-37所示为RGB颜色模式下图像的显示效果。
- **CMYK颜色模式**：CMYK颜色模式是印刷时使用的一种颜色模式，主要由Cyan（青色）、Magenta（洋红）、Yellow（黄色）和Black（黑色）4种颜色混合叠加来形成各种各样的颜色。为了避免和RGB三基色中的Blue（蓝色）混淆，CMYK颜色模式中的黑色用K表示。若需要印刷在RGB颜色模式下制作的图像，则必须将其转换为CMYK颜色模式。图1-38所示为CMYK颜色模式下图像的显示效果。

图1-37 RGB颜色模式

图1-38 CMYK颜色模式

- **Lab颜色模式**：Lab颜色模式由RGB三基色转换而来，它将明暗和颜色数据信息分别存储在不同位置。修改图像的亮度并不会影响图像的颜色，调整图像的颜色同样也不会改变图像的亮度，这是Lab颜色模式在调色中的优势。在Lab颜色模式下，L指明度，表示图像的亮度，如果只调整明暗、清晰度，可只调整L通道；a表示由绿色到红色的光谱变化；b表示由蓝色到黄色的光谱变化。图1-39所示为Lab颜色模式下图像的显示效果。
- **多通道模式**：在多通道模式下，图像包含多种灰阶通道。将图像转换为多通道模式后，系统会根据原图像产生一定数目的新通道，每个通道均由256级灰阶组成。在进行特殊打印时，多通道模式的作用尤为显著。图1-40所示为多通道模式下图像的显示效果。

图1-39 Lab颜色模式

图1-40 多通道模式

# 1.3 Photoshop CS6图像文件基本操作

Photoshop CS6是一款功能强大、专业的图像处理软件，它可以帮助网店美工实现美化商品图像和装修网店的目标。网店美工使用该软件前需要先认识其工作界面，掌握其基本操作。

## 1.3.1 认识Photoshop CS6的工作界面

选择【开始】/【所有程序】/【Adobe Photoshop CS6】命令，启动Photoshop CS6后，打开图1-41所示的工作界面。该工作界面主要由菜单栏、标题栏、工具箱、工具属性栏、面板组、图像编辑区、状态栏组成。

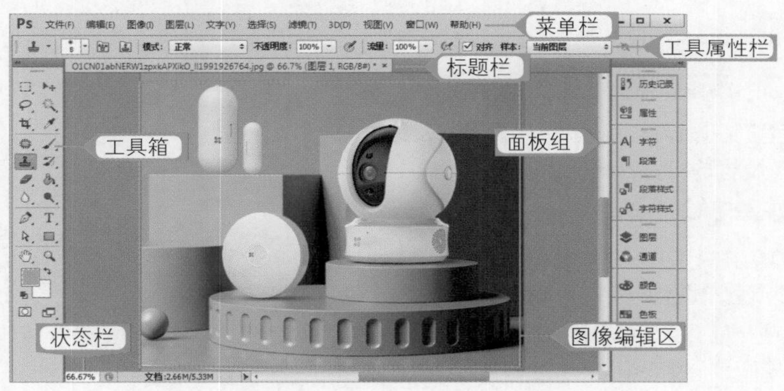


图1-41　Photoshop CS6工作界面

下面分别介绍Photoshop CS6工作界面的各组成部分。

- **菜单栏：** 菜单栏由“文件”“编辑”“图像”“图层”“文字”“选择”“滤镜”“3D”“视图”“窗口”“帮助”11个菜单组成，每个菜单下有多个命令。若命令右侧有▶符号，则表示该命令还有子菜单；若某些命令呈灰色显示，则表示该命令未被激活或当前不可用。
- **标题栏：** 标题栏显示了已打开的图像的名称、格式、显示比例、图层状态、颜色模式、所属通道及该图像的关闭按钮。
- **工具箱：** 工具箱中集合了在图像处理过程中使用较频繁的工具，这些工具可以用于绘制图像、修饰图像、创建选区及调整图像显示比例等。工具箱默认显示在工作界面左侧，将鼠标指针移动到工具箱顶部，可将其拖曳到工作界面中的其他位置。单击工具箱顶部的展开按钮▸▸，可以将工具箱中的工具以双列方式排列。单击工具箱中对应的图标按钮，即可选择该工具。若工具按钮右下角有黑色小三角形◢，表示该工具位于一个工具组中，该工具组中还包含隐藏的工具。在该工具按钮上按住鼠标左键不放或单击鼠标右键，即可显示该工具组中隐藏的工具。

●**工具属性栏**：工具属性栏可用于对当前所选工具进行参数设置，默认位于菜单栏的下方。当用户选择工具箱中的某个工具时，工具属性栏将显示对应工具的属性设置选项。

●**面板组**：Photoshop CS6中的面板组默认显示在工作界面的右侧，是工作界面非常重要的一个组成部分，用于选择颜色、编辑图层、新建通道、编辑路径和撤销编辑等。选择【窗口】/【工作区】/【基本功能（默认）】命令，将打开面板组。单击面板组右上方的灰色箭头，面板组将以面板名称的缩略图方式进行显示。单击灰色箭头，可以展开面板组。当需要显示某个单独的面板时，单击该面板的名称即可。

●**图像编辑区**：图像编辑区是对图像进行浏览和编辑操作的主要场所，所有的图像处理操作都是在图像编辑区中进行的。

●**状态栏**：状态栏位于图像编辑区的底部。状态栏最左端显示当前图像编辑区的显示比例，在其中输入数值并按【Enter】键可改变图像的显示比例；中间显示当前图像文件的大小。

## ↘ 1.3.2　新建与打开图像文件

网店美工在设计作品或者美化图像前，首先需要新建图像文件或打开计算机中已有的图像文件。

### 1. 新建图像文件

在Photoshop中制作图像文件，首先需要新建一个空白图像文件。选择【文件】/【新建】命令或按【Ctrl+N】组合键，打开图1-42所示的"新建"对话框。设置相关参数后单击确定按钮即可新建一个图像文件。

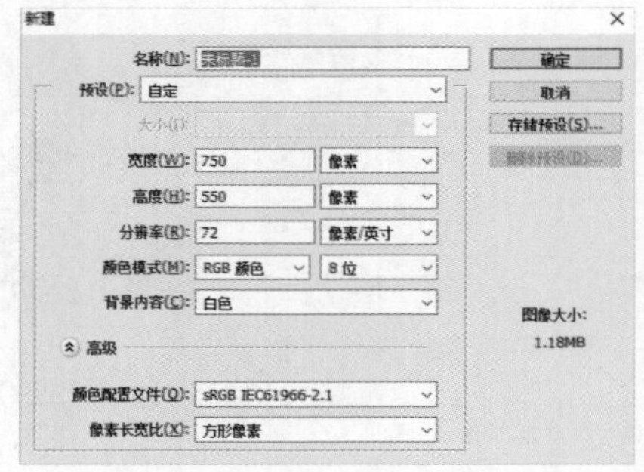

图1-42　"新建"对话框

"新建"对话框中相关选项的含义如下。

● **"名称"文本框**：用于设置新建图像文件的名称，其中默认文件名为"未标题-1"。

● **"预设"下拉列表框**：用于设置新建图像文件的规格，可选择Photoshop自带的几种图像规格。

● **"大小"下拉列表框**：用于修改"预设"后的图像规格，设置更规范的图像尺寸。

● **"宽度"/"高度"数值框**：分别用于设置新建图像文件的宽度和高度，在右侧的下拉列表框中可设置度量单位。

● **"分辨率"数值框**：用于设置新建图像文件的分辨率，在右侧的下拉列表框中可设置度量单位。分辨率设置得越高，图像品质越好。

● **"颜色模式"下拉列表框**：用于选择新建图像文件的颜色模式，在右侧的下拉列表框中还可以选择是8位图像还是16位图像（位数数值越大，表示该图像的颜色越丰富、包含的信息也越多，一般采用8位）。

● **"背景内容"下拉列表框**：用于设置新建图像文件的背景颜色，系统默认为白色，也可设置为背景色或透明色。

● **高级**：单击左侧的按钮，在"新建"对话框底部会显示"颜色配置文件"和"像素长宽比"两个下拉列表框，通过这两个下拉列表框可进行更高级的设置。

### 2. 打开图像文件

要在Photoshop中编辑一个图像，如拍摄的照片或素材等，需要先将其打开。图像文件的打开方法主要有以下4种。

● **使用"打开"命令打开**：选择【文件】/【打开】命令或按【Ctrl+O】组合键，打开"打开"对话框。在"查找范围"下拉列表框中选择文件存储位置，在中间的列表框中选择需要打开的图像文件，单击 打开(O) 按钮。

● **使用"打开为"命令打开**：若Photoshop无法识别图像文件的格式，则不能使用"打开"命令打开图像文件，此时可选择【文件】/【打开为】命令，打开"打开为"对话框。在其中选择需要打开的图像文件，并为其指定打开的格式，然后单击 打开(O) 按钮。

● **拖曳图像启动程序**：在没有启动Photoshop的情况下，将一个图像文件直接拖曳到Photoshop应用程序的图标上，可直接启动Photoshop并打开图像文件。

● **打开最近使用过的图像文件**：选择【文件】/【最近打开文件】命令，在弹出的子菜单中选择最近打开的文件列表，选择其中一个图像文件，即可将其打开。若要清除该文件列表，可选择菜单底部的"清除最近的文件列表"命令。

## ↘ 1.3.3　置入、导入与导出图像文件

网店美工不仅可以在Photoshop中直接打开图像文件，还可以将一些特殊的对象和文件置入、导入Photoshop中，或将Photoshop中的内容导出到计算机中。

### 1. 置入图像文件

置入图像文件多用于在制作图像时，为图像添加元素。其方法：选择【文件】/【置入】命令，在打开的"置入"对话框中选择所需选项，然后单击 置入(P) 按钮，单击工具属性栏中的✔按钮，或者按【Enter】键。图1-43所示为置入文件的部分操作。

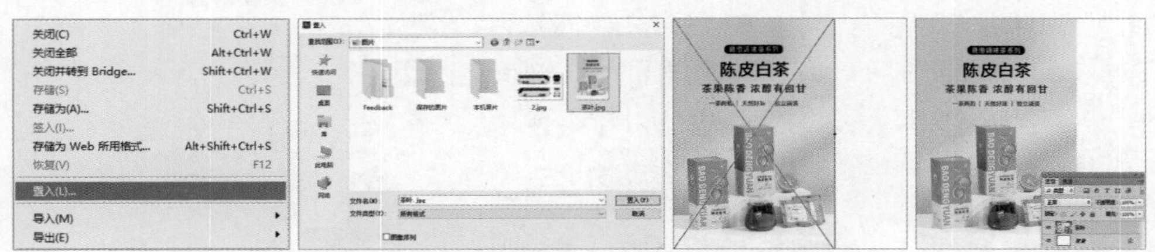


图1-43　置入文件

### 2. 导入图像文件

使用Photoshop除了可以编辑图像外，还可以编辑视频，但Photoshop并不能直接打开视频文件，此时，可以将视频帧导入Photoshop的图层中。除此之外，还可以将注释、WIA支持等内容导入Photoshop。导入图像文件的方法：选择【文件】/【导入】

命令，在打开的子菜单中选择所需选项。

**经验之谈**

置入文件和导入文件的区别有两点。①置入文件时，置入的文件内容会以新图层的方式加入当前的图像文件中；而导入文件时，则会创建一个新的图像文件来承载导入的文件内容。②置入的文件要先进行栅格化操作才能被编辑，而导入的文件可以直接被编辑。

3．导出图像文件

在实际工作中，网店美工往往会同时使用多个图像处理软件来编辑图像，这时就需要使用Photoshop自带的导出功能。其方法：选择【文件】/【导出】命令，在弹出的子菜单中利用相应命令完成多种导出任务。“导出”子菜单（见图1-44）中相关选项的含义如下。

图1-44 “导出”子菜单

- 数据组作为文件：可以按批处理的方法将图像输出为PDF文件。
- Zoomify：可以将高分辨率的图像上传到Web上，利用播放器，用户可以平移或缩放图像。导出时将生成JPG格式文件和HTML文件。
- 路径到Illustrator：将路径导出为AI格式，以便用户在Illustrator中继续编辑。
- 渲染视频：将视频导出为Quick Time影片。

## ↘ 1.3.4 保存和关闭图像文件

对于刚创建的或进行编辑后的图像文件，完成操作后都应该进行保存，这样可避免因断电或程序出错带来的损失。如果不需要查看和编辑图像，可以将其关闭，以节约计算机内存，提高计算机运行速度。

1．保存图像文件

新建图像文件或对打开的图像文件进行编辑后，还必须保存图像文件。其方法：选择【文件】/【存储】命令，或按【Ctrl+S】组合键，打开“存储为”对话框（见图1-45），在“保存在”下拉列表框中选择存储文件的位置，在“文件名”下拉列表框中设置存储文件的名称，在“格式”下拉列表框中选择存储文件的格式，然后单击 保存(S) 按钮。

如果想将图像文件存储为其他名称，或者在其他位置另存一份，可以选择【文件】/【存储为】命令。

图1-45 “存储为”对话框

2．关闭图像文件

关闭图像文件的方法有以下3种。

- 单击“关闭”按钮×：单击工作界面中标题栏最右端的“关闭”按钮×。
- 使用“关闭”命令：选择【文件】/【关闭】命令，或按【Ctrl+W】组合键。
- 使用组合键：直接按【Ctrl+F4】组合键。

## ↘ 1.3.5　移动与变换图像

移动与变换图像是美化图像时非常频繁的操作。当绘制的形状需要在其他位置展现时，可将其移动到需要的位置；若是此形状需要变换大小或样式，还可对其进行变换操作。

### 1. 移动图像

移动图像是通过移动工具实现的。只有选择图像后，用户才能对其进行移动。移动图像包括在同一图像文件中移动图像和在不同的图像文件中移动图像两种方式。

- **在同一图像文件中移动图像**：在“图层”面板中选中要移动的对象所在的图层，在工具箱中选择移动工具，然后在图像编辑区拖曳鼠标指针即可移动该图层中的图像。
- **在不同的图像文件中移动图像**：在美化图像时，时常需要在一个正在编辑的图像文件中添加在别的图像文件中已处理好的图像。在不同的图像文件中移动图像的方法是：打开两个或两个以上的图像文件，选择移动工具，将鼠标指针移至需要移动的图像上，按住鼠标左键不放并将其拖曳到另一个图像文件的标题栏上，直到切换到这个图像文件的工作界面，然后继续拖曳鼠标指针到图像编辑区才释放鼠标左键，效果如图1-46所示。

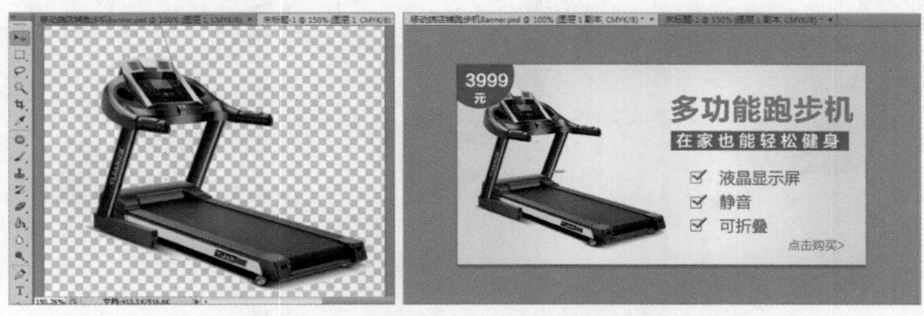


图1-46　在不同的图像文件中移动图像

### 2. 变换图像

变换图像可以使图像产生缩放、旋转、斜切、扭曲、透视和变形等效果，是美化图像的常用方法。

- **缩放**：选择【编辑】/【变换】/【缩放】命令，图像四周出现定界框，将鼠标指针移至定界框任意一角的控制点上，当其变成形状时，按住鼠标左键不放并拖曳，可放大或缩小图像；在缩放图像的同时按住【Shift】键，可保持图像的宽高比不变，效果如图1-47所示。
- **旋转**：选择【编辑】/【变换】/【旋转】命令，将鼠标指针移至定界框的任意一角上，当其变为形状时，按住鼠标左键不放并拖曳，可旋转（围绕执行变换的固定点转动）图像，效果如图1-48所示。
- **斜切**：选择【编辑】/【变换】/【斜切】命令，将鼠标指针移至定界框的任意一角上，当其变为形状时，按住鼠标左键不放并拖曳，可斜切（垂直或水平倾斜）图像，效果如图1-49所示。

图1-47　缩放

图1-48　旋转

图1-49　斜切

- **扭曲**：选择【编辑】/【变换】/【扭曲】命令，将鼠标指针移至定界框的任意一角上，当其变为▶形状时，按住鼠标左键不放并拖曳，可扭曲图像（将图像向各个方向伸展），效果如图1-50所示。
- **透视**：选择【编辑】/【变换】/【透视】命令，将鼠标指针移至定界框的任意一角上，当其变为▶形状时，按住鼠标左键不放并拖曳，可对图像应用单点透视，效果如图1-51所示。
- **变形**：选择【编辑】/【变换】/【变形】命令，图像中将出现由9个调整方格组成的调整区域，在其中按住鼠标左键不放并拖曳，可使图像变换形状。按住每个端点中的控制杆进行拖曳，还可以调整图像的变形效果，如图1-52所示。

图1-50　扭曲

图1-51　透视

图1-52　变形

## 经验之谈

在Photoshop中直接按【Ctrl+T】组合键也可以执行自由变换命令，此时图像四周将出现定界框，然后单击鼠标右键，在弹出的快捷菜单中选择一系列变换命令，如缩放、旋转、斜切、扭曲、透视、变形等，也可实现图像变换。

### ↘ 1.3.6　复制、剪切与粘贴图像

在美化图像的过程中，若需要复制或剪切图像，可先将原图像中需要复制的区域创建为选区，再按【Ctrl+C】组合键或选择【编辑】/【拷贝】命令进行复制操作，也可选择【编辑】/【剪切】命令进行剪切操作；然后按【Ctrl+V】组合键或选择【编辑】/【粘贴】命令对复制或剪切的图像进行粘贴，此时将会生成一个新的图层来承载粘贴后的图像。图1-53所示为先对玩具图像创建选区，然后复制并粘贴该图像后的效果。

在此基础上可以执行跨文件复制、剪切与粘贴图像操作：只要先复制或剪切选区中的图像，再切换到其他图像文件中，然后执行粘贴操作，即可将选区中的图像粘贴到该图像文件中。

图1-53　复制、粘贴图像

## 经验之谈

在复制过程中，无论图像是否被创建为选区，都可按住【Alt】键不放，然后拖曳图像，当将其移动到适当位置后，释放鼠标左键，即可进行复制操作。

### ↘ 1.3.7　运用图像处理辅助工具

Photoshop提供了多个辅助用户处理图像的工具，它们大多位于"视图"菜单中。这些工具对图像不起任何编辑作用，仅用于测量或定位图像，使图像处理更精确，并提高用户的工作效率。

#### 1. 标尺

标尺是参考线的基础，选择【视图】/【标尺】命令（见图1-54）或按【Ctrl+R】组合键，即可在打开的图像文件左侧边缘和顶部显示或隐藏标尺。通过标尺，用户可查看图像的宽度和高度。标尺*x*轴和*y*轴的*O*点坐标在左上角。在标尺左上角的相交处按住鼠标左键不放，当鼠标指针变为十形状时，拖曳其到图像中的任意位置，释放鼠标左键，此时拖曳到的目标位置即为标尺的*x*轴和*y*轴的相交处，如图1-55所示。

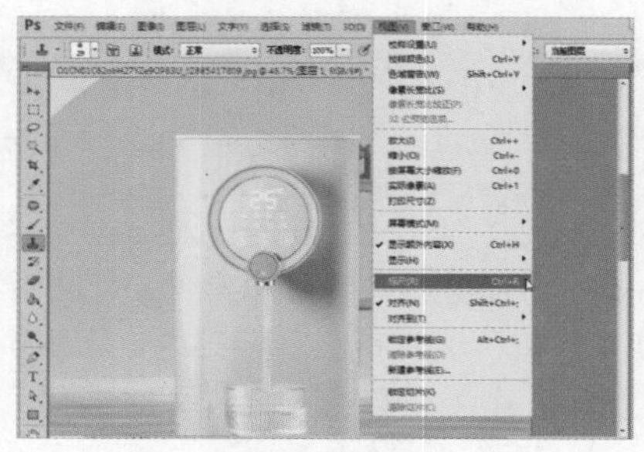

图1-54　标尺

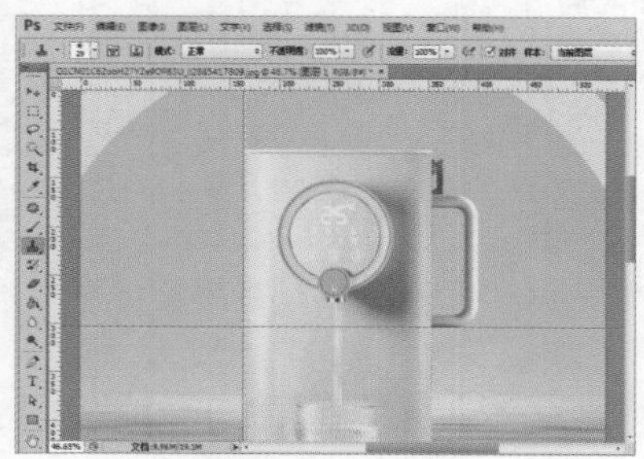

图1-55　标尺坐标

#### 2. 网格

在Photoshop中设置网格可以让图像处理更精准。选择【视图】/【显示】/【网格】命令或按【Ctrl+'】组合键，可以在图像编辑区中显示或隐藏网格，显示网格的效果如图1-56所示。

按【Ctrl+K】组合键打开"首选项"对话框，在左侧的列表中选择"参考线、网格和切片"选项，然后在右侧的"网格"栏中可设置网格的颜色、样式、网格线间隔、子网格数量，如图1-57所示。

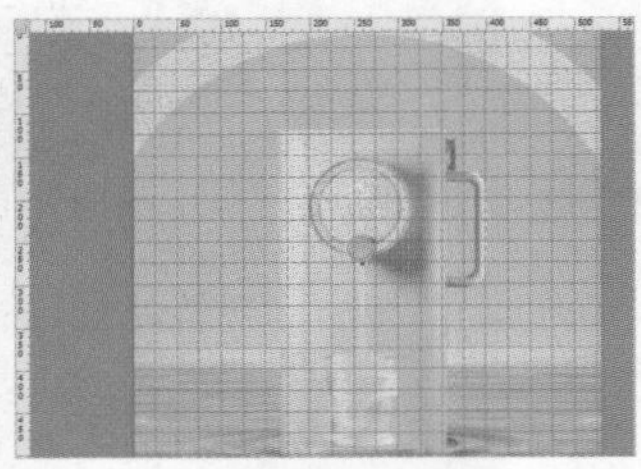

图1-56　显示网格

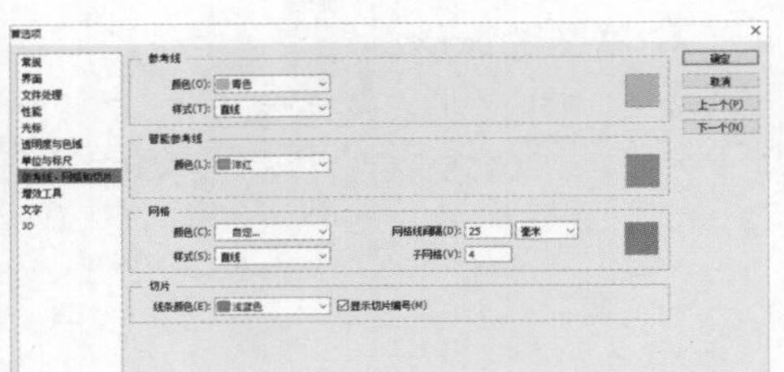

图1-57　在“首选项”对话框中设置网格

### 3. 参考线

参考线是浮动在图像上的直线，分为水平参考线和垂直参考线，用于提供参考位置，使绘制更加精确、规范。创建的参考线不会被打印出来。

**创建参考线：**选择【视图】/【新建参考线】命令，打开“新建参考线”对话框，在“取向”栏中选择参考线取向，如“垂直”，在“位置”数值框中输入参考线位置，单击 确定 按钮，即可在相应位置创建一条参考线，如图1-58所示。

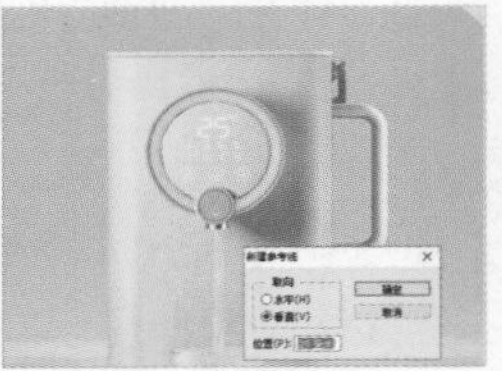

图1-58　创建参考线

## 经验之谈

利用标尺工具可以快速创建参考线，其方法如下：将鼠标指针置于窗口顶部或左侧的标尺处，按住鼠标左键不放并向图像区域拖曳，这时鼠标指针呈÷或+形状，同时右上角会显示当前标尺的位置，释放鼠标左键后，即可在释放鼠标左键处创建一条参考线。

- **创建智能参考线：**启用智能参考线后，参考线会在需要时自动出现。使用移动工具 移动对象时，可通过智能参考线对齐形状、切片和选区。创建智能参考线的方法是：选择【视图】/【显示】/【智能参考线】命令，再次移动图像时，将会触发智能效果，自动进行智能对齐显示。图1-59所示为移动对象时智能参考线自动对齐到左侧边线和中心。

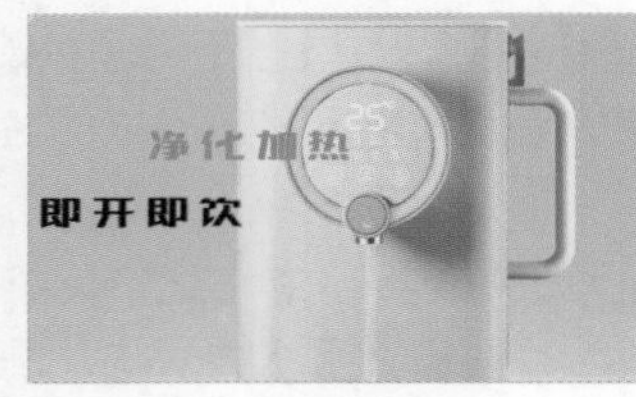


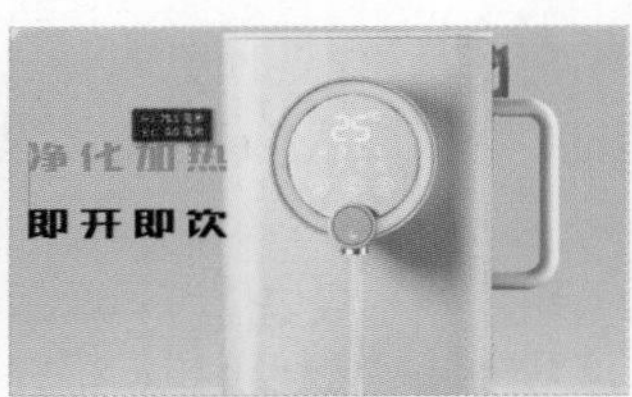


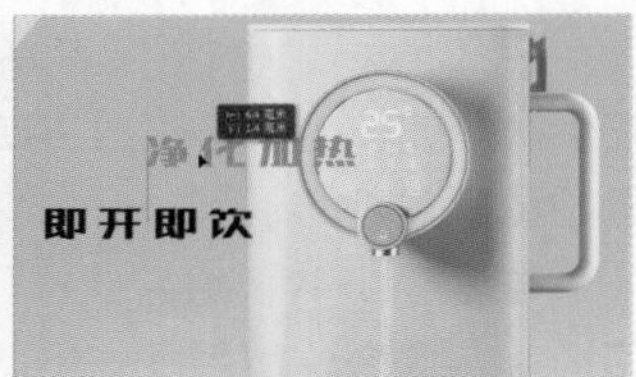


图1-59　智能参考线

## 经验之谈

智能对齐功能可以配合参考线帮助用户精确地调整图像位置。其方法：选择【视图】/【对齐】命令，使该命令处于勾选状态（勾选状态表示启用了该命令），然后在【视图】/【对齐到】命令的子菜单中选择"参考线"命令。这样，移动图像时，图像边缘会自动对齐到参考线上。

# 1.4 综合案例——制作宁宁母婴网店店招

### 1. 案例背景

"宁宁母婴"是一家销售棉柔巾、辅食碗、保温杯等商品的母婴类网店，店铺中的一款辅食碗因可爱的外貌及合理的设计受到众多消费者的喜爱，现网店美工准备趁热打铁，将该商品的图像制作成"642像素×200像素"的店招进行展示，以提高该商品的销售额，完成后的效果如图1-60所示。

图1-60　店招效果

### 2. 设计思路

（1）为了体现网店专营的母婴类商品的特点，以及与辅食碗外形适配，店招整体风格为可爱风，因此可采用粉色、黄色、白色的色彩搭配。

（2）店招主体画面可使用辅食碗图像，它是画面中面积最大的元素，以突出其主体位置。因店招需要着重突出网店名称，以便向消费者推销自身，所以网店Logo的大小需仅次于商品图像。

（3）店招装饰可采用气球、星星、电视机等元素，拉近与消费者的距离，也能辅助打造可爱的氛围。可使用"旋转"命令旋转装饰元素，利用不同角度的图像增添店招的趣味性。

（4）在店招的收藏提示旁可添加优惠券元素，在提高网店收藏量的同时提高辅食碗的销售额，从而达到制作店招的目的。添加元素可使用"打开"命令和"置入"命令进行操作。

### 3. 操作步骤

**步骤01** 将“店招背景.psd”文件（配套资源：\素材\第1章\店招\店招背景.psd）拖曳到Phtoshop应用程序图标上，启动软件并打开该文件。

**步骤02** 选择【视图】/【新建参考线】命令，打开“新建参考线”对话框，在“取向”栏中选择“垂直”单选项，设置位置为“10毫米”，单击 确定 按钮，如图1-61所示。

**步骤03** 按照与步骤02相同的方法，新建一条位置为“218毫米”的垂直参考线、一条位置为“64毫米”的水平参考线。

**步骤04** 选择【文件】/【置入】命令，选择“Logo.png”素材（配套资源：\素材\第1章\店招\Logo.png），单击 置入(P) 按钮，或按【Enter】键完成置入。

**步骤05** 在“图层”面板中选中“Logo.png”素材所在的图层，选择移动工具，将鼠标指针移至该图像上，拖曳该图像以移动该图像的位置，使其最左侧与左侧的垂直参考线对齐，如图1-62所示。

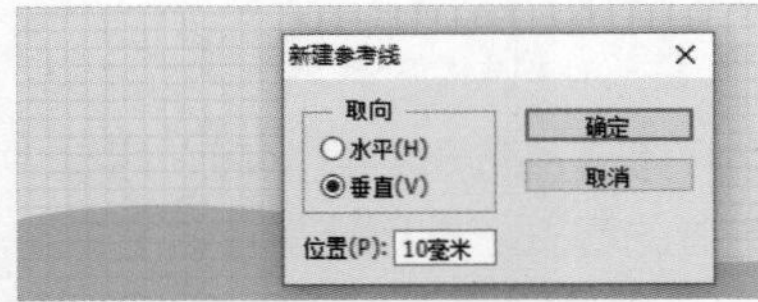


图1-61　新建参考线

图1-62　移动图像

**步骤06** 按照与步骤04相同的方法置入“气球三个.png”素材（配套资源：\素材\第1章\店招\气球三个.png）。此时发现该素材尺寸过大，选择【编辑】/【变换】/【缩放】命令，将鼠标指针移至定界框右上角的控制点上，按住【Shift】键，然后按住鼠标左键不放并向左下方拖曳鼠标指针，缩小图像，如图1-63所示，按【Enter】键完成图像变换。

**步骤07** 按照与步骤05相同的方法，移动“气球三个.png”图像的位置，使其最右侧与右侧的垂直参考线对齐。

**步骤08** 按照步骤04、步骤05和步骤06的方法依次置入其他素材（配套资源：\素材\第1章\店招\辅食碗.png、气球.png、气球两个.png、收藏.png、优惠券.png），并改变图像的大小，然后移动图像到合适的位置。将“收藏.png”和“优惠券.png”图像的最下方与水平参考线对齐。

**步骤09** 选择“气球两个.png”素材，选择【编辑】/【变换】/【旋转】命令，将鼠标指针移至定界框右上角的控制点上，按住鼠标左键不放并拖曳鼠标指针，旋转该图像，如图1-64所示，按【Enter】键完成图像变换。

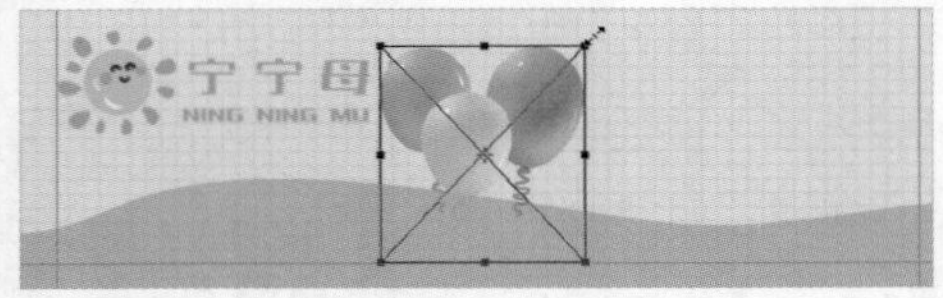


图1-63　缩小图像

图1-64　旋转图像

**步骤10** 选择【文件】/【打开】命令，打开“打开”对话框，选择“星星.psd”文件，如图1-65所示，单击 打开(O) 按钮。

**步骤 11** 选中“形状1”图层，按【Ctrl+A】组合键全选该形状，再按【Ctrl+C】组合键复制该形状，然后切换到“店招背景.psd”文件中，按【Ctrl+V】组合键粘贴该形状，调整该形状的大小和位置。

**步骤 12** 按照与步骤11相同的方法，将“星星.psd”文件内其他的图像复制粘贴到“店招背景.psd”文件中，并调整图像的大小和位置。

**步骤 13** 选择【文件】/【存储为】命令，打开“存储为”对话框，选择文件的存储位置，设置文件名为“宁宁母婴店招”，格式为“Photoshop（*.PSD；*.PDD”），如图1-66所示，单击 保存(S) 按钮。

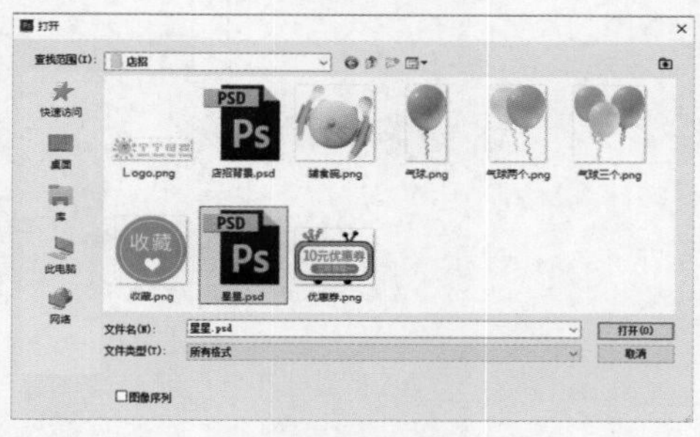

图1-65 打开文件

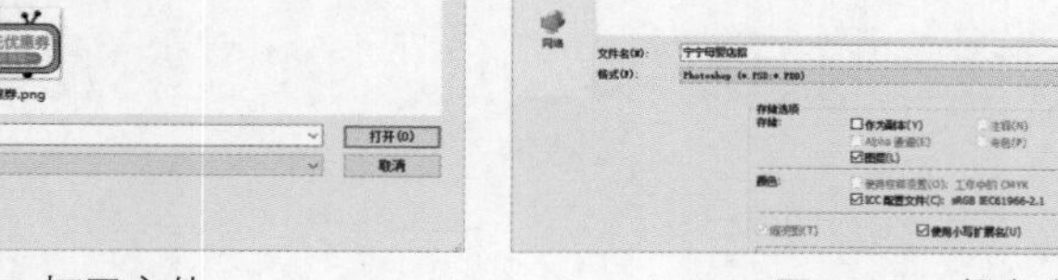

图1-66 保存文件

**步骤 14** 选择【文件】/【关闭全部】命令，完成全部制作（配套资源：\效果\第1章\宁宁母婴店招.psd）。

# 第 2 章 使用选区和图层美化图像

选区和图层是Photoshop的重要功能，也是网店美工经常使用的功能。其中选区用于选择图像中的区域，从而达到只对该区域中的图像进行操作的目的；而图层就像在图像上添加的一层层内容，所有内容组合在一起就形成了完整的图像效果。选区和图层有一个共同特点，即它们都可对图像某部分的内容进行操作，而非整个图像。

## 【本章要点】

- 创建与编辑选区
- 创建与编辑图层

## 【素养目标】

- 提升对图像的审美能力
- 提升对图层作用的理解和运用能力

# 2.1 创建与编辑选区

选区是一个用于限定操作范围的区域，用户使用选区可保护选区外的图像不受影响，只对选区内的图像进行编辑。在Photoshop中创建选区一般可通过各种选区工具来完成，如选框工具、套索工具、魔棒工具及快速选择工具等。完成选区的创建后，用户还可以对选区进行编辑，如移动、反选 、变换、填充选区等。

## ↘ 2.1.1　创建几何选区

创建几何选区需要使用选框工具，包括矩形选框工具、椭圆选框工具、单行选框工具和单列选框工具，它们主要用于创建规则的选区。将鼠标指针移到工具箱的选框工具组上，单击鼠标右键或按住鼠标左键不放，在打开的下拉列表中可选择需要的工具。下面将分别介绍这些常见的选框工具。

### 1. 矩形选框工具

矩形选框工具用于创建矩形形状的选区，其工具属性栏如图2-1所示，在其中设置相应的选项可调整矩形选区。

图 2-1　矩形选框工具属性栏

矩形选框工具属性栏中相关选项的含义如下。

- 按钮组：用于控制选区的创建方式。“新选区”按钮为默认选项，代表创建一个选区。“添加到选区”按钮代表继续创建选区，将新选区添加到原有选区中，如图2-2所示。“从选区减去”按钮代表在已有的选区中删去不需要的部分选区，如图2-3所示。“与选区交叉”按钮代表只创建与已有选区相交部分的选区。

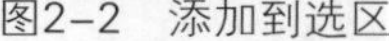

图2-2　添加到选区

图2-3　从选区减去

- “羽化”数值框：在数值框内输入数值，可以实现选区边缘的柔和效果。数值范围为0～255像素，数值越大，羽化效果越明显。
- “消除锯齿”复选框：用于消除选区边缘的锯齿。只有选择椭圆选框工具，该功能才可被激活。
- “样式”下拉列表框：单击该下拉列表框，在打开的下拉列表中可选择设置选框的比例或尺寸的选项，有“正常”“固定比例”“固定大小”3种选项，选择“正常”以外的选项，可以激活“宽度”“高度”数值框，在数值框内输入数值即可设置选区的宽度和高度。

- 调整边缘...按钮：创建选区后单击该按钮，可以在打开的“调整边缘”对话框中对选区边缘进行进一步的设置，使其更符合实际需要。

选框工具组中各工具的工具属性栏基本相同，掌握其一便可灵活运用其他工具。

选择工具箱中的矩形选框工具，在图像上按住鼠标左键不放并拖曳，即可创建矩形选区；在创建矩形选区时按住【Shift】键，则可创建正方形选区，如图2-4所示。

### 2. 椭圆选框工具

椭圆选框工具用于创建椭圆形状的选区，该工具的使用方法和矩形选框工具相同，图2-5所示为创建椭圆选区和正圆选区的效果。

图2-4　创建矩形选区和正方形选区

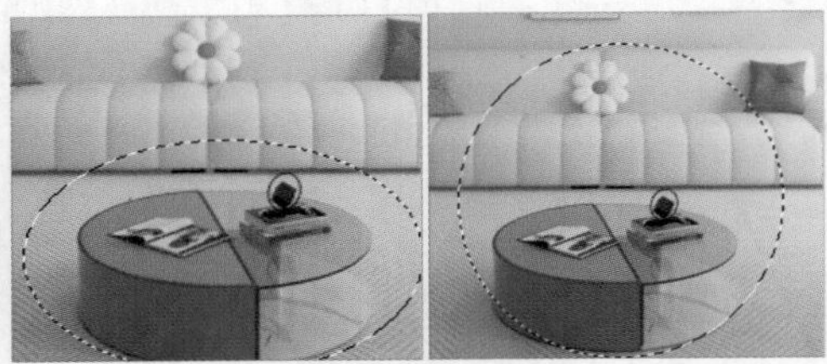

图2-5　创建椭圆选区和正圆选区

### 3. 单行选框工具和单列选框工具

用户在Photoshop中绘制表格式的多条平行线或制作网格线时，可使用单行选框工具和单列选框工具进行操作。在工具箱中选择单行选框工具或单列选框工具，在图像上单击，即可创建出一个宽度为1像素的单行或单列选区，如图2-6和图2-7所示。

图2-6　创建单行选区

图2-7　创建单列选区

## 2.1.2　创建不规则选区

在Photoshop中，除了可以创建几何选区外，还可以使用套索工具组的工具创建不规则选区。套索工具组包括套索工具、多边形套索工具和磁性套索工具。其打开方法与矩形选框工具的打开方法一致。下面将分别介绍套索工具组中的各种工具。

### 1. 套索工具

套索工具主要用于创建不规则选区。选择套索工具后，在图像上按住鼠标左键不放并拖曳，完成选择后释放鼠标左键，绘制的套索线将自动闭合成为选区，如图2-8所示。

### 2. 多边形套索工具

多边形套索工具主要用于选择边界多为直线或边界曲折的复杂图形。在工具箱中选择多边形套索工具，先在图像上单击以创建选区的起始点，然后沿着需要选取的图像区域移动鼠标指针，并在多边形的转折点处单击，作为多边形的一个顶点。当回到起始点时，鼠标指针右下角将出现一个小圆圈，单击起始点即可生成最终的选区，如图2-9所示。

图 2-8　使用套索工具创建选区

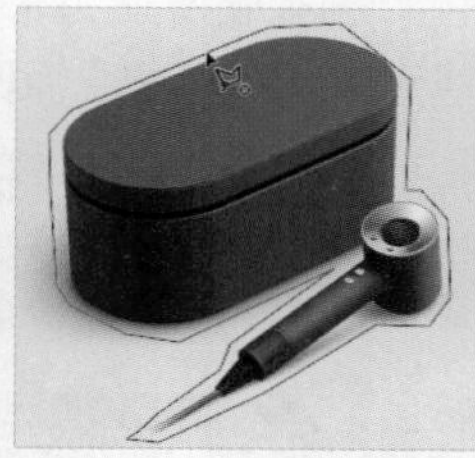
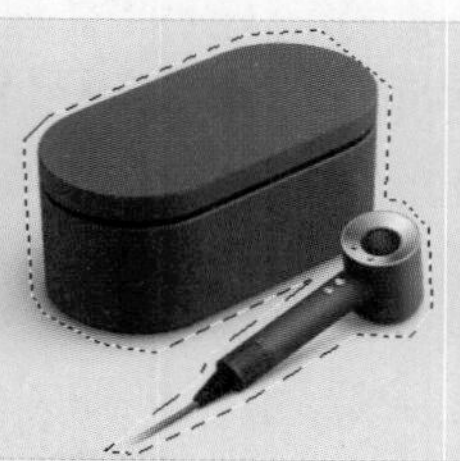

图 2-9　使用多边形套索工具创建选区

**经验之谈**

在使用多边形套索工具选择图像时，按【Shift】键可按水平、垂直、45°方向选择线段，按【Delete】键可删除最近选择的一条线段。

3．磁性套索工具

磁性套索工具适用于在图像中沿颜色反差较大的区域创建选区。在工具箱中选择磁性套索工具后，在图像上单击以创建选区的起始点，沿图像的轮廓移动鼠标指针，系统将自动捕捉图像中颜色反差较大的边界并自动产生节点，当到达起始点时，单击即可完成选区的创建，如图2-10所示。

图 2-10　使用磁性套索工具创建选区

**经验之谈**

在使用磁性套索工具创建选区的过程中，可能会由于鼠标指针移动不恰当而产生多余的节点，此时可按【Backspace】键或【Delete】键删除最近创建的节点，然后继续绘制选区。

### 2.1.3　创建颜色选区

当遇到商品颜色与背景颜色差异大的图像时，除了使用前面两种创建选区的方法外，还可以使用魔棒工具或快速选择工具选取商品图像，从而创建带有颜色的选区。下面将打开“鼠标.jpg”图像文件，使用魔棒工具和快速选择工具创建颜色选区，并选择所需的商品图像，将其移至背景图像上。其具体操作如下。

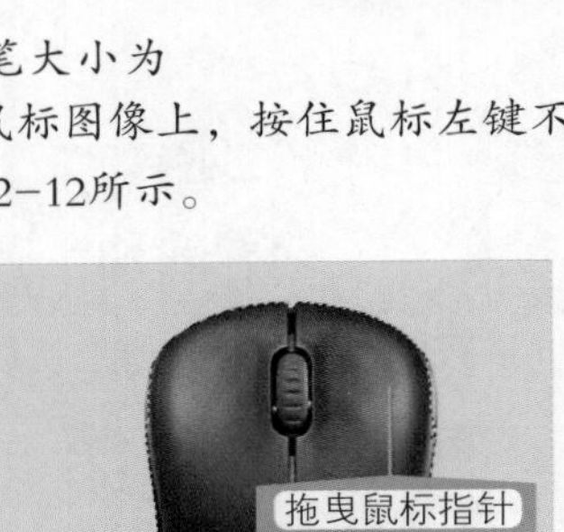


**步骤 01** 打开“鼠标.jpg”图像文件（配套资源：\素材\第2章\鼠标.jpg），按【Ctrl+J】组合键复制图层，如图2-11所示。

**步骤 02** 选择快速选择工具，在工具属性栏中设置画笔大小为“13像素”，选中“自动增强”复选框，将鼠标指针移至鼠标图像上，按住鼠标左键不放，沿着鼠标图像拖曳鼠标指针选取全部的鼠标图像，如图2-12所示。

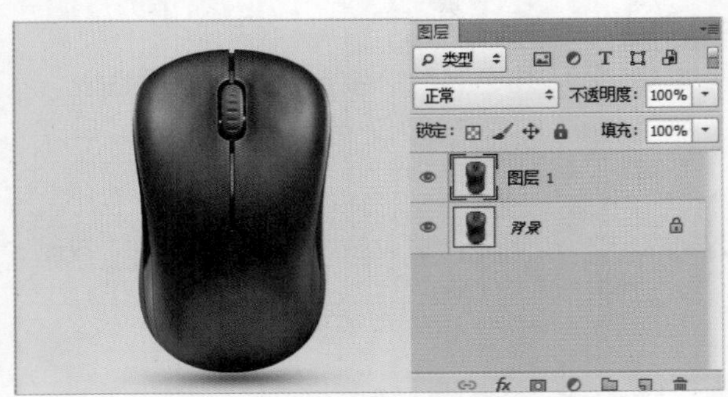


图2-11　打开素材并复制图层

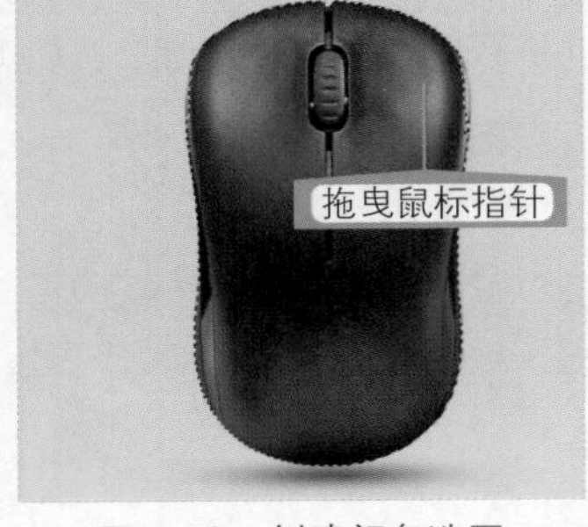


图2-12　创建颜色选区

## 视野拓展

利用选区抠取图像时要注意避免破坏主体图像，完整地抠取；尽量将图像的显示比例调大，以便能够完整地抠取图像；抠取图像时要有耐心，养成良好的抠图习惯。

**步骤 03** 此时发现鼠标图像顶端两侧有部分区域未被选中，放大图像后，在工具属性栏中调整画笔大小为“8像素”，沿着未被选中的区域拖曳鼠标指针直到全部鼠标图像被选中，如图2-13所示。然后按【Ctrl+C】组合键复制选区。

**步骤 04** 选择【文件】/【打开】命令，打开“主图背景.psd”文件（配套资源：\素材\第2章\主图背景.psd），然后按【Ctrl+V】组合键粘贴选区，如图2-14所示。

## 经验之谈

在使用魔棒工具创建选区的过程中，工具属性栏上的“容差”数值越大，选定的颜色选区范围就越大。“连续”复选框默认为选中状态，此时使用魔棒工具创建颜色选区，只会选择与单击点相连的同色区域；取消选中时，整个图像中与单击点同色的区域都会被选中。

**步骤 05** 按【Ctrl+T】组合键，鼠标图像四周出现定界框，将鼠标指针移至定界框右上角的控制点上，当其变成形状时，按住【Shift】键不放，向左下角拖曳鼠标指针缩小图像到合适的大小，如图2–15所示，然后按【Enter】键完成图像变换。

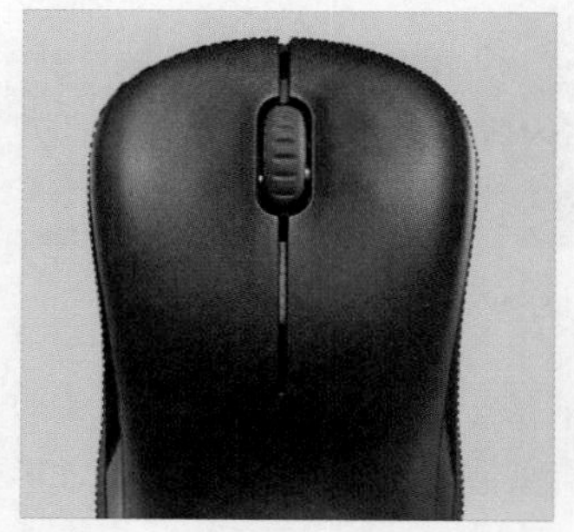
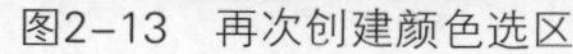
图2–13 再次创建颜色选区

图2–14 粘贴选区

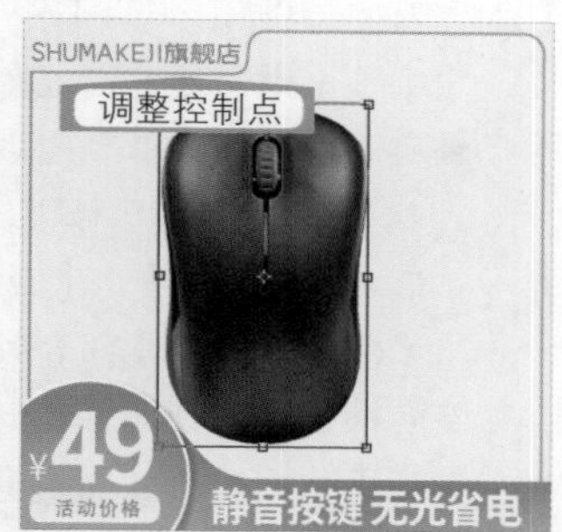

图2–15 缩小鼠标图像

步骤 06 打开“接收器.jpg”图像文件（配套资源：\素材\第2章\接收器.jpg），按【Ctrl+J】组合键复制图层。

步骤 07 选择魔棒工具，在工具属性栏中设置容差为“9”，将鼠标指针移至背景图像上并单击，然后按【Ctrl+Shift+I】组合键反选选区，如图2–16所示。最后按【Ctrl+C】组合键复制选区。

步骤 08 将鼠标指针移至“主图背景.psd”文件的标题栏上并单击，切换到该文件中，按【Ctrl+V】组合键粘贴选区，然后按照与步骤05相同的方法调整接收器图像的大小和位置，效果如图2–17所示。

步骤 09 选择【文件】/【置入】命令，选择“装饰语.png”图像文件（配套资源：\素材\第2章\装饰语.png），单击 置入(P) 按钮，置入该素材。然后调整该素材到合适的位置，最后按【Enter】键完成操作。

步骤 10 保存图像并查看完成后的效果，如图2–18所示（配套资源：\效果\第2章\无线鼠标主图.psd）。

图2–16 反选选区

图2–17 调整接收器图像的大小和位置

图2–18 完成后的效果

## 2.1.4 编辑选区

当创建的选区不能满足对图像处理的要求时，可对选区进行编辑，如移动、反选、变换、填充、描边、平滑和扩展选区等操作，下面分别进行介绍。

- 移动选区：当需要将选区移动到其他位置进行显示时，可使用移动工具来完成。其方法：选择移动工具，然后将鼠标指针移动到选区内，按住鼠标左键不放并拖曳，即可移动选区的位置，如图2-19所示。按【→】【←】【↑】【↓】方向键可以进行微调。

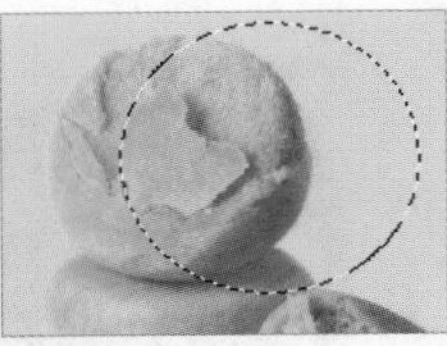

图2-19　移动选区

- 反选选区：用于选取图像中除选区以外的其他图像区域。其方法：选择【选择】/【反选】命令或按【Ctrl+Shift+I】组合键。
- 变换选区：使用矩形选框工具或椭圆选框工具往往不能一次性准确地框选需要的范围，此时可使用“变换选区”命令自由变形选区。其方法：绘制好选区后，选择【选择】/【变换选区】命令，选区的边框上将出现控制点，当鼠标指针在选区内变为▶形状时，按住鼠标左键不放并拖曳控制点可调整选区中的图像内容，如调整其大小、位置，对其进行旋转和斜切操作等（见图2-20），并且选区将随着选区内图像位置的移动而移动，完成后按【Enter】键确定操作，按【Esc】键可以取消操作，取消后选区恢复到调整前的状态。

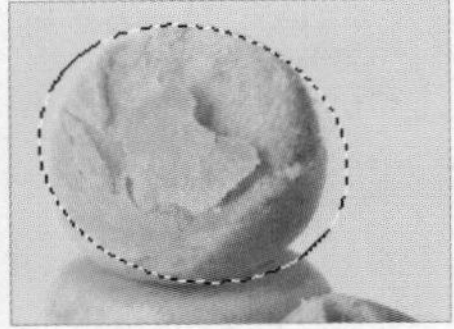

图2-20　变换选区

- 填充选区：填充选区是指在选区内部填充相应的颜色或图案。其方法：创建好选区后，选择【编辑】/【填充】命令或单击鼠标右键，在弹出的快捷菜单中选择“填充”命令，可打开“填充”对话框，在“内容”栏中的“使用”下拉列表框中选择填充方式（此处选择“颜色...”），单击 确定 按钮即可填充选区，如图2-21所示。

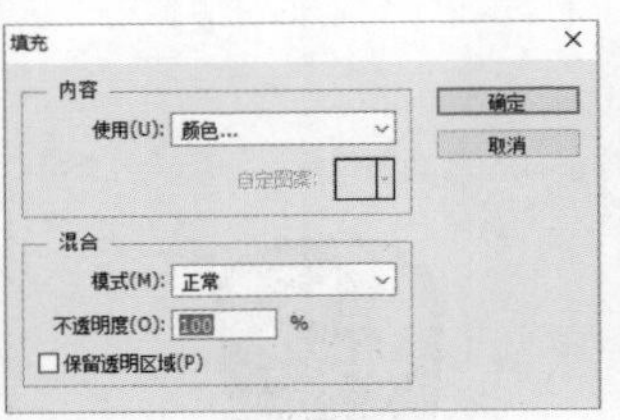

图2-21　填充选区

- 描边选区：描边选区是指采用前景色对选区边缘进行笔画式描边。其方法：创建选区后，选择【编辑】/【描边】命令或单击鼠标右键，在弹出的快捷菜单中选择“描边”命令，打开“描边”对话框，设置描边宽度、颜色和位置等参数后，单击 确定 按钮。
- 平滑选区：平滑选区能让创建的选区范围变得连续而平滑。其方法：选择【选择】/【修改】/【平滑】命令，打开“平滑选区”对话框，在“取样半径”数值框中输入数值，单击 确定 按钮，如图2-22所示。

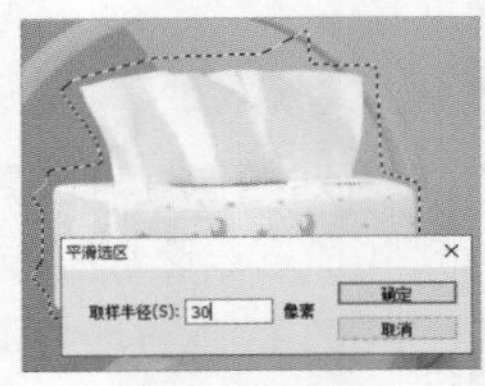

图2-22　平滑选区

●扩展选区：在为图像制作叠加或重影等效果时，可使用“扩展”命令精准扩展图像，让整个操作过程更加准确且轻松。其方法：选择【选择】/【修改】/【扩展】命令，打开“扩展选区”对话框，在“扩展量”数值框中输入数值，单击 确定 按钮将选区扩大，如图2–23所示。

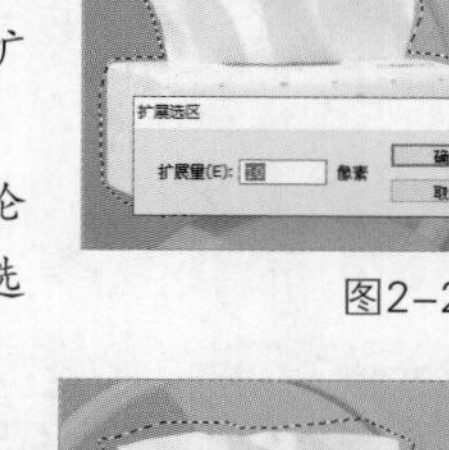

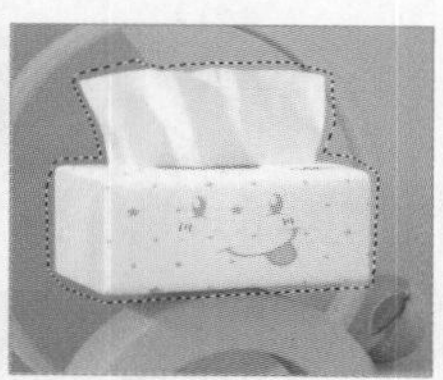

图2–23 扩展选区

●收缩选区：当需要在选区内部创建轮廓时，可使用收缩选区的方法，将选区直接收缩到内部再进行编辑操作。其方法：选择【选择】/【修改】/【收缩】命令，打开“收缩选区”对话框，在“收缩量”数值框中输入数值，单击 确定 按钮将选区缩小，如图2–24所示。

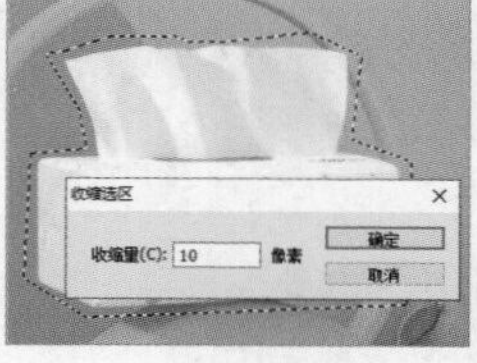

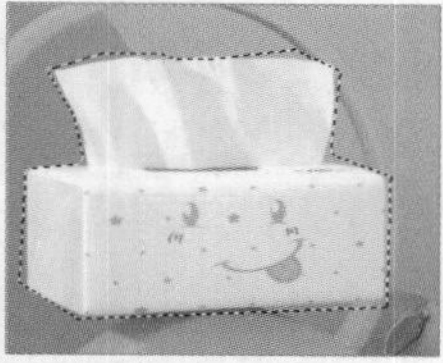

图2–24 收缩选区

●羽化选区：羽化是图像处理中常用到的一种效果，它可以在选区和背景之间创建一个模糊的过渡边缘，使选区产生“晕开”的效果。其方法：选择【选择】/【修改】/【羽化】命令或按【Shift+F6】组合键，打开“羽化选区”对话框，在“羽化半径”数值框中输入数值，单击 确定 按钮即可完成选区的羽化，如图2–25所示。其中，羽化半径值越大，得到的选区边缘越平滑。

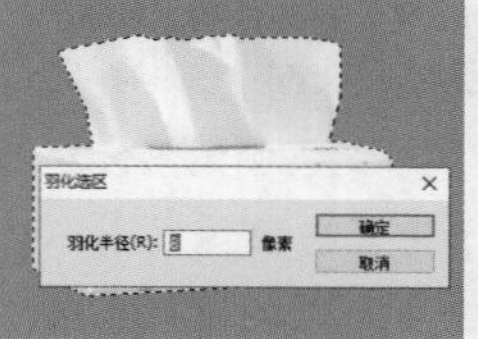

图2–25 羽化选区

●存储选区：当需要对多个图像创建选区时，可将绘制的选区进行存储。其方法：选择【选择】/【存储选区】命令，或在选区上单击鼠标右键，在弹出的快捷菜单中选择“存储选区”命令，打开“存储选区”对话框，如图2–26所示，在其中设置相应参数后，单击 确定 按钮即可进行存储。

●载入选区：与存储选区相反，若需要再次使用已经存储的选区，可将选区载入。其方法：选择【选择】/【载入选区】命令，打开“载入选区”对话框，如图2–27所示，在该对话框中设置相应参数后，单击 确定 按钮即可将已存储的选区载入图像中。

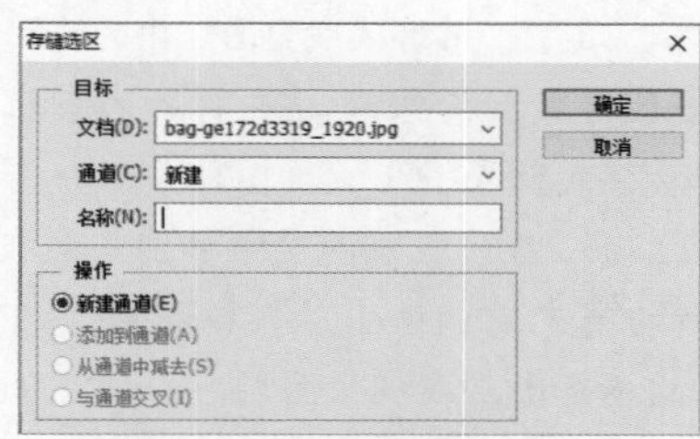


图2–26 “存储选区”对话框

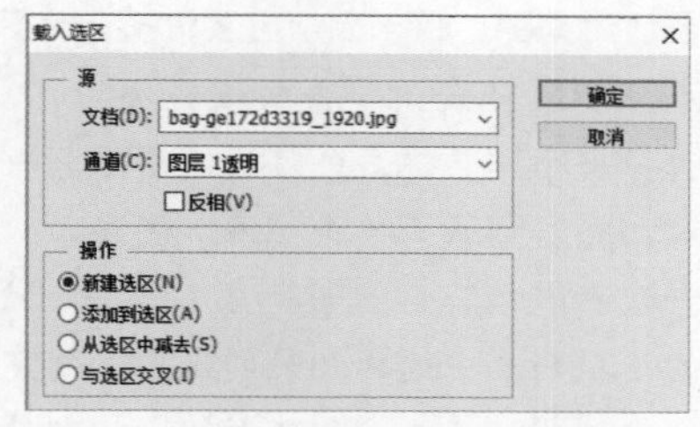


图2–27 “载入选区”对话框

# 2.2 创建与编辑图层

选区主要用于抠取图像，图像抠取成功后，除了直接使用外，还可复制到单独的图层中进行编辑。图层的出现使用户不需要在同一个平面中编辑图像，还可以使制作出的图像变得更加丰富。

## ↘ 2.2.1 认识“图层”面板

“图层”面板是对图层进行操作的主要场所，用户利用它可对图层进行新建、重命名、存储、删除、锁定和链接等操作。选择【窗口】/【图层】命令，即可打开图2-28所示的“图层”面板，选择图层后，单击对应的按钮即可实现相关操作。

下面分别介绍“图层”面板中相关选项的作用。

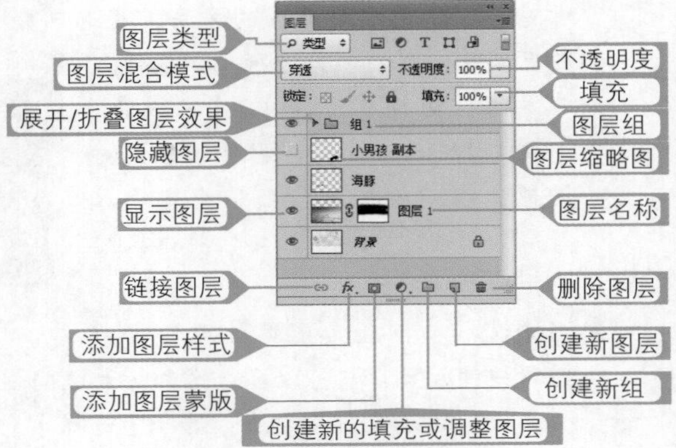


图2-28 “图层”面板

- 图层类型：当图像中的图层过多时，在该下拉列表框中选择一种图层类型，“图层”面板中将只显示该类型的图层。
- 图层混合模式：用于为当前图层设置图层混合模式，使图层与下层图像产生混合效果。
- 不透明度：用于设置当前图层的不透明度。
- 填充：用于设置当前图层的填充不透明度。调整填充不透明度，图层样式不会受到影响。
- 显示/隐藏图层：当图层缩略图前出现👁图标时，表示该图层为可见图层；当图层缩略图前不出现👁图标时，表示该图层为不可见图层。单击相应图标可显示或隐藏图层。
- 链接图层：可链接两个或两个以上的图层，链接后的图层可以一起移动。此外，图层上也会出现🔗图标。
- 展开/折叠图层效果：单击▶按钮，可展开图层效果，并显示当前图层添加的效果名称；再次单击该按钮将折叠图层效果。
- 图层组：用于将相似功能的图层进行分类。
- 图层名称：用于显示该图层的名称，当面板中的图层很多时，为图层命名便于快速找到图层。
- 图层缩略图：用于显示图层中包含的图像内容。其中，棋格区域为图像中的透明区域。
- 添加图层样式：单击面板底部的“添加图层样式”按钮fx.，在打开的下拉列表中选择一个图层样式，可为图层添加一种图层样式效果。
- 添加图层蒙版：单击“添加图层蒙版”按钮◘，可为当前图层添加图层蒙版。
- 创建新的填充或调整图层：单击“创建新的填充或调整图层”按钮◐.，可在打开的下拉列表中选择相应的选项，创建对应的填充图层或调整图层。
- 创建新组：单击“创建新组”按钮🗀，可创建一个图层组。

- 创建新图层：单击“创建新图层”按钮，可在当前图层上方新建一个图层。
- 删除图层：单击“删除图层”按钮，可将当前选中的图层或图层组删除。

## 2.2.2 新建图层

认识了“图层”面板，用户就可对面板中的图层进行新建操作。新建图层时，首先要新建或打开一个图像文件，然后通过“图层”面板快速创建，也可以通过命令进行创建。在Photoshop中可新建多种类型的图层，下面分别讲解常用图层的新建方法。

### 1. 新建普通图层

新建普通图层指在当前图像文件中创建新的空白图层，新建的图层将位于当前图层的上方。用户可通过以下两种方法进行创建。

- 选择【图层】/【新建图层】命令，打开“新建图层”对话框，在其中设置图层的名称、颜色、模式及不透明度，然后单击 确定 按钮，即可新建普通图层。
- 单击“图层”面板底部的“创建新图层”按钮，即可新建一个普通图层。

### 2. 新建文字图层

当用户在图像中输入文字后，“图层”面板中将自动新建一个相应的文字图层。其方法：在工具箱的文字工具组中选择一种文字工具，在图像中单击以定位插入点，输入文字后即可得到一个文字图层，如图2-29所示。

### 3. 新建填充图层

Photoshop中有3种填充图层，分别是纯色、渐变及图案填充图层。选择【图层】/【新建填充图层】命令，在弹出的子菜单中可选择新建的图层类型。图2-30所示为创建纯色填充图层并设置不透明度后的效果。

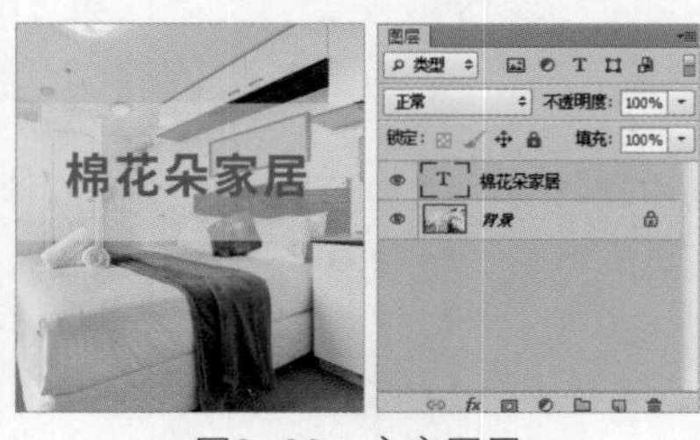


图2-29 文字图层

图2-30 填充图层

### 4. 新建形状图层

形状图层主要用于展现形状图层效果。在工具箱的形状工具组中选择一种形状工具，工具属性栏中默认为“形状”模式，然后在图像中绘制形状，此时“图层”面板中将自动新建一个形状图层。图2-31所示为使用矩形工具绘制图形后创建的形状图层。

### 5. 新建调整图层

调整图层主要用于精确调整图层中的图像色彩。通过色彩命令调整色彩时，一次只能调整一个图层，而通过调整图层则可以同时对多个图层中的图像色彩进行调整，并且，也可以随时修改及调整图层，而不用担心损坏原来的图像。其方法：选择【图层】/【新建调整图层】命令，在弹出的子菜单中选择一个调整命令，如选择“自然饱和度”

命令，再在打开的“新建图层”对话框中设置调整参数，单击确定按钮，即可新建“自然饱和度1”调整图层，效果如图2-32所示。

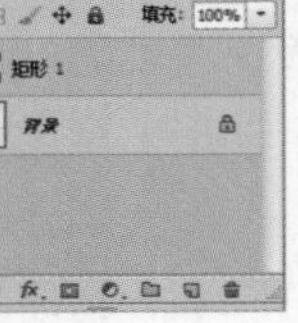

图2-31 形状图层

图2-32 调整图层

## 经验之谈

调整图层类似于图层蒙版，由调整缩略图和图层蒙版缩略图组成。调整缩略图由于新建调整图层时选择的色调或色彩命令不一样而显示出不同的图像效果；图层蒙版缩略图随调整图层的新建而新建，默认情况下填充为白色，即表示调整图层对图像中的所有区域起作用。调整图层的名称根据新建调整图层时选择的调整命令来显示，例如，选择“色彩平衡”调整命令时，则调整图层的名称为“色彩平衡1”。

### 2.2.3 复制与删除图层

复制图层就是为已存在的图层创建图层副本；对于不需要使用的图层，则可以将其删除。删除图层后，该图层中的图像也被删除。

#### 1. 复制图层

复制图层主要有以下3种方法。

- **在“图层”面板中复制**：在“图层”面板中选择需要复制的图层，按住鼠标左键不放将其拖曳到“图层”面板底部的“创建新图层”按钮上，释放鼠标左键即可复制图层。
- **通过组合键复制**：选择需要复制的图层后，先按【Crtl+C】组合键，再按【Crtl+J】组合键，即可在该图层上复制出一个图层副本。
- **通过菜单命令复制**：选择需要复制的图层，选择【图层】/【复制图层】命令，打开“复制图层”对话框，在“为”文本框中输入图层名称并设置选项，单击确定按钮即可复制图层。

## 经验之谈

若在图像中创建了选区，选择【图层】/【新建】/【通过拷贝的图层】命令或按【Ctrl+J】组合键，可将选区内的图像复制到一个新的图层中，原图层中的内容保持不变；若没有创建选区，则执行该命令时会将当前图层中的全部内容复制到新图层中。

### 2. 删除图层

删除图层除了使用“图层”面板上的“删除图层”按钮🗑外，还有以下两种方法。

- 通过命令删除：在“图层”面板中选择要删除的图层，选择【图层】/【删除】命令。
- 通过快捷键删除：在“图层”面板中选择要删除的图层，按【Delete】键。

## ↘ 2.2.4 合并与盖印图层

当图层过多时，图层数量及图层样式的使用都会占用计算机资源，合并相同属性的图层可以减小文件的大小，同时便于管理图层。而盖印图层则可以将处理后图层上的效果盖印到新的图层上。

### 1. 合并图层

合并图层就是将两个或两个以上的图层合并到一个图层上。处理完较复杂的图像后，一般都会产生大量的图层，这会使图像文件变大、计算机处理速度变慢，这时可根据需要合并图层，以减少图层的数量。合并图层的操作主要有以下3种。

- 合并图层：在“图层”面板中选择两个或两个以上要合并的图层，选择【图层】/【合并图层】命令或按【Ctrl+E】组合键。
- 合并可见图层：选择【图层】/【合并可见图层】命令或按【Shift+Ctrl+E】组合键，该操作不合并隐藏的图层。
- 拼合图像：选择【图层】/【拼合图像】命令，可将“图层”面板中所有可见图层合并，并打开对话框选择是否丢弃隐藏的图层，同时以白色填充所有透明区域。

### 2. 盖印图层

盖印图层是比较特殊的图层合并方法，可将多个图层的内容合并到一个新的图层中，同时保持原来的图层不变。盖印图层的操作主要有以下3种。

- 向下盖印：选择一个图层，按【Ctrl+Alt+E】组合键，可将该图层盖印到下面的图层中，原图层保持不变。
- 盖印多个图层：选择多个图层，按【Ctrl+Alt+E】组合键，可将选择的图层盖印到一个新的图层中，原图层保持不变。
- 盖印可见图层：按【Shift+Ctrl+Alt+E】组合键，可将所有的可见图层盖印到一个新的图层中，原图层保持不变。

## ↘ 2.2.5 对齐与分布图层

在Photoshop中调整图层时，可通过对齐与分布图层快速调整图层内容，实现图像间的精确移动。这一方法常用于制作图像较多的网店页面，可以有效提高工作效率。下面将制作运动背包商品详情页的颜色栏，使用对齐与分布图层功能，以及图像处理辅助工具中的标尺和参考线工具，调整商品图像位置，从而使图像布局整齐划一。其具体操作如下。

步骤 01 选择【文件】/【新建】命令，打开“新建”对话框，设置名称为“运动背包颜色栏”，宽度为“750像素”，高度为“550像素”，分辨率为“72像素/英寸”，单击 确定 按钮。

步骤 02 选择【视图】/【标尺】命令，显示标尺，然后分别拖曳顶部和左侧标尺，在图像编辑区四周创建4条参考线，保持4条参考线与图像编辑区外部距离均等即可。

步骤 03 使用横排文字工具 T 在顶部的水平参考线下方依次输入“四色可选！”“FOUR COLORS ARE OPTIONAL”文字，文字颜色为“#19499e”。

步骤 04 依次置入“颜色1.jpg～颜色4.jpg”图像素材（配套资源：\素材\第2章\运动背包\颜色1.jpg～颜色4.jpg），然后调整置入素材的位置，使其并排分布，位于最左侧和最右侧的图像边缘分别对齐垂直参考线，效果如图2-33所示。

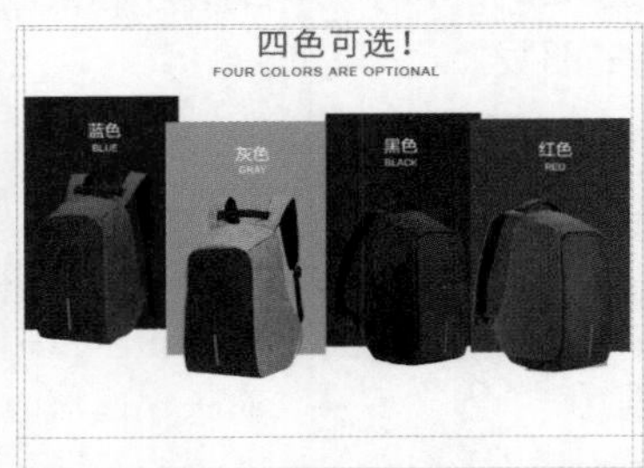


图2-33 调整置入素材的位置

步骤 05 观察图像可知，4个图像素材尺寸过大，导致图像之间没有间隙，将鼠标指针移至“图层”面板上，按住【Shift】键依次选中4个图像素材所在的图层，适当缩小图像。

步骤 06 调整最左侧和最右侧图像的位置，使其边缘处对齐垂直参考线，再选中4个图像素材所在的图层，选择【图层】/【分布】/【水平居中】命令使其均匀分布，效果如图2-34所示。

步骤 07 观察图像可知，调整后的图像素材的上下两端未对齐。选择【图层】/【对齐】/【顶边】命令使其顶端对齐，效果如图2-35所示。

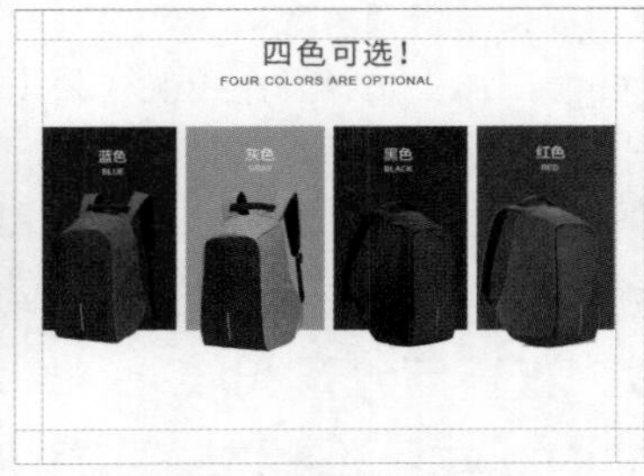


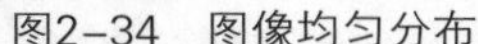
图2-34 图像均匀分布　　图2-35 图像顶端对齐

## 经验之谈

分布图层功能可以使3个或3个以上图层中的图像以其中1个图层中的图像为参照在水平或垂直方向上等距分布，因此分布图层功能最少需要3个图层才能被激活；对齐图层可以将2个或2个以上图层中的图像以其中1个图层中的图像为参照对齐，因此对齐图层功能只需2个图层就可被激活。

步骤08 观察图像发现，背包图像距离上方文字较远，依次调整图像的位置。置入“文案.jpg”图像素材（配套资源：\素材\第2章\运动背包\文案.jpg），然后调整置入素材的位置，使其下方边缘位置与底部的水平参考线对齐。

步骤09 单击“图层”面板上的“创建新图层”按钮 创建新图层。

步骤10 选择矩形选框工具，围绕商品图像四周及文案图像中部位置绘制选区，单击鼠标右键，在弹出的快捷菜单中选择“描边”命令，打开“描边”对话框，设置宽度为“1像素”，颜色为“#15234a”，如图2-36所示，单击 确定 按钮，最后取消选区。

步骤11 按【Shift+Ctrl+Alt+E】组合键盖印图层，选择【视图】/【清除参考线】命令，保存文件并查看图像效果，效果如图2-37所示（配套资源：\效果\第2章\运动背包颜色栏.psd）。

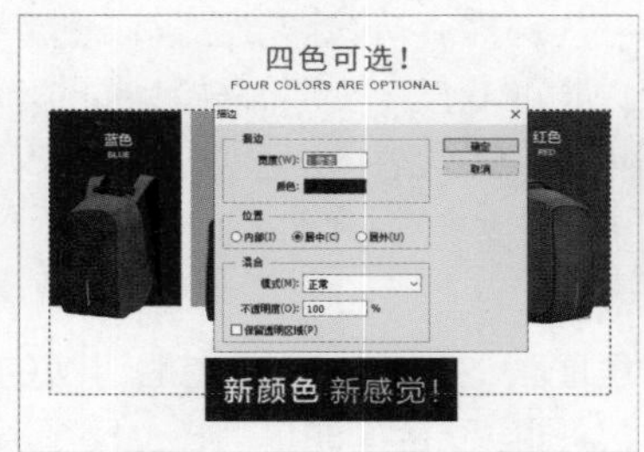


图2-36 进行描边选区操作

图2-37 图像效果

## ↘ 2.2.6 移动与链接图层

在调整图层的过程中，若需要调整图层的叠放顺序，可通过移动图层来解决；若需要同时移动多个图层，可先将需要移动的图层链接起来，再进行移动操作。

### 1. 移动图层

在“图层”面板中，图层是按创建的先后顺序堆叠在一起的，上层图层的内容会遮盖下层图层的内容。改变图层的堆叠顺序即改变图层的排列顺序。其方法：选择要移动的图层，选择【图层】/【排列】命令，在弹出的子菜单中选择相应的命令即可移动图层，如图2-38所示。子菜单中相关命令的含义如下。

- 置为顶层：将当前选择的图层移动到顶部。
- 前移一层：将当前选择的图层向上移动一层。
- 后移一层：将当前选择的图层向下移动一层。
- 置为底层：将当前选择的图层移动到底部。
- 反向：被选择的多个图层将按照相反的顺序重新排列。

### 2. 链接图层

链接图层后可对多个图层同时进行移动、缩放等操作，且它们相互间的距离保持不变。选择两个或两个以上的图层，在“图层”面板中单击“链接图层”按钮或选择【图层】/【链接图层】命令，即可将所选的图层链接起来。

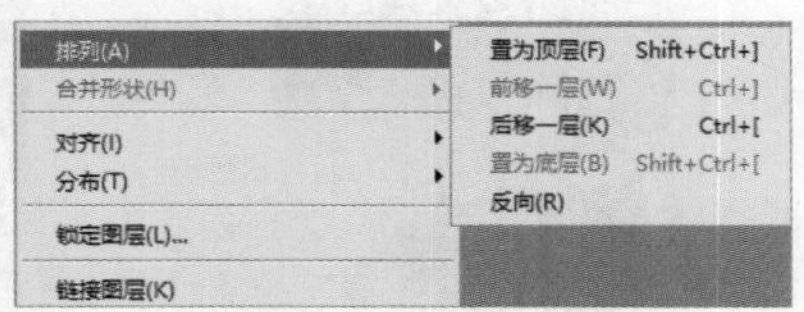


图2-38 移动图层

图2-39所示为链接两个图层后，将它们从底部向顶部移动的效果。

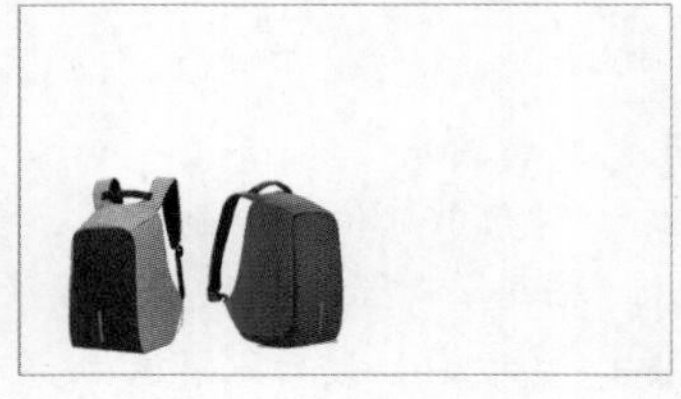

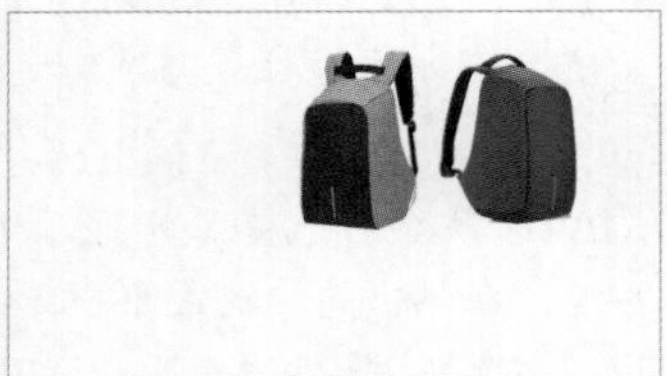

图 2-39　链接图层

## 经验之谈

如果要取消所有图层间的链接关系，需要先选择所有的链接图层，然后单击“图层”面板底部的“链接图层”按钮；如果只想取消某一个图层与其他图层间的链接关系，则需选择该图层，再单击“图层”面板底部的“链接图层”按钮。

### 2.2.7　图层混合模式

通常情况下，上层图层的像素会覆盖下层图层的像素。除了前面讲解的图层操作外，用户还可使用图层混合模式调整图像效果。图层混合模式是指将上层图层与下层图层的像素进行混合，从而得到一种新的图像效果。Photoshop提供了20多种不同的图层混合模式，应用不同的图层混合模式可以产生不同的效果。

单击“图层”面板中的 正常 按钮，在打开的下拉列表中可选择需要的图层混合模式。扫描右侧的二维码，可查看各种图层混合模式选项的作用。

资源链接

图层混合模式详解

### 2.2.8　图层不透明度

设置图层的不透明度可以使图层产生透明或半透明效果。其方法：在“图层”面板中选择图层，然后在右上方的“不透明度”数值框中输入数值来进行设置，范围是0%～100%。

当图层的不透明度小于100%时，将显示该图层及其下层图层的内容，不透明度值越小，该图层就越透明；当不透明度值为0%时，该图层将不会显示，而完全显示其下层图层的内容。图2-40所示为将图层的不透明度分别设置为“100%”“70%”“40%”的效果。

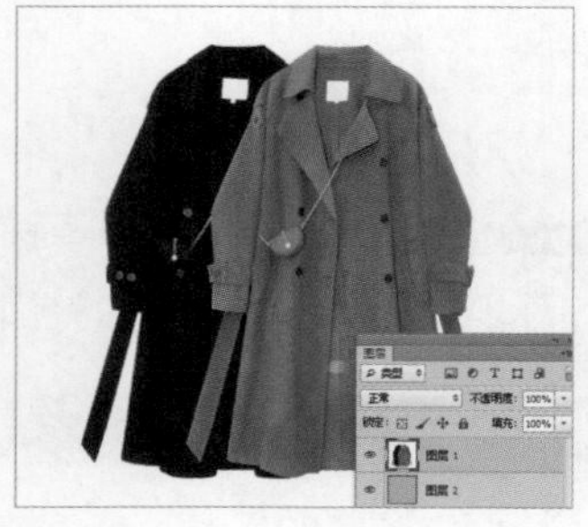

图2-40　设置不同的不透明度

## ↘ 2.2.9 图层样式

在Photoshop中，为图层添加图层样式可以制作出丰富的图像效果，如水晶、金属和纹理等效果。下面讲解为图层添加图层样式的方法及各图层样式的特点。

### 1. 添加图层样式

Photoshop提供了10多种图层样式，它们全都被列举在“图层样式”对话框的“样式”栏中，用户只需选择【图层】/【图层样式】命令，在弹出的子菜单中选择一种图层样式命令，或在“图层”面板底部单击“添加图层样式”按钮 fx ，在打开的下拉列表中选择需要创建的样式选项，或双击图层名称右侧的空白区域，在打开的“图层样式”对话框中展开对应的设置面板，如图2-41所示，完成设置后单击 确定 按钮即可完成图层样式的添加。

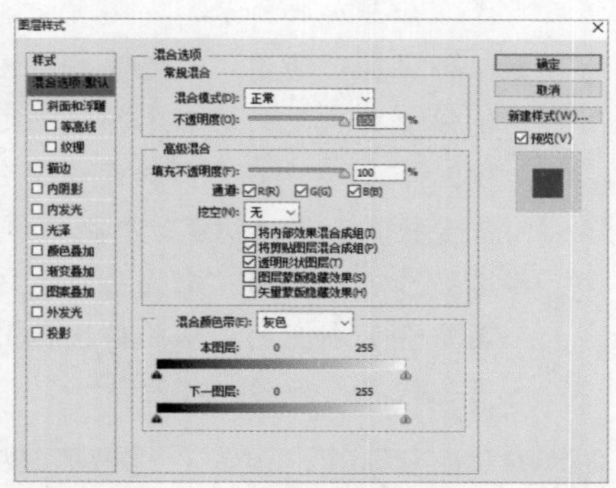


图2-41 “图层样式”对话框

### 2. 图层样式详解

Photoshop提供了多种图层样式，用户添加其中一种或多种图层样式后，就可以制作出阴影、光照等特殊效果。下面分别介绍“图层样式”对话框中的各种图层样式。

- 混合选项：用于控制图层与其下层图层像素混合的方式。在右侧的面板中可对整个图层的不透明度与混合模式进行详细设置，其中某些设置可以直接在“图层”面板中进行。
- 斜面和浮雕：使用“斜面和浮雕”图层样式可以为图层图像添加高光和阴影效果，让图像看起来更加立体生动。其下方还包括“等高线”和“纹理”复选框，可用于为图层图像添加凹凸、起伏和纹理效果。添加“斜面和浮雕”图层样式前后的对比效果如图2-42所示。

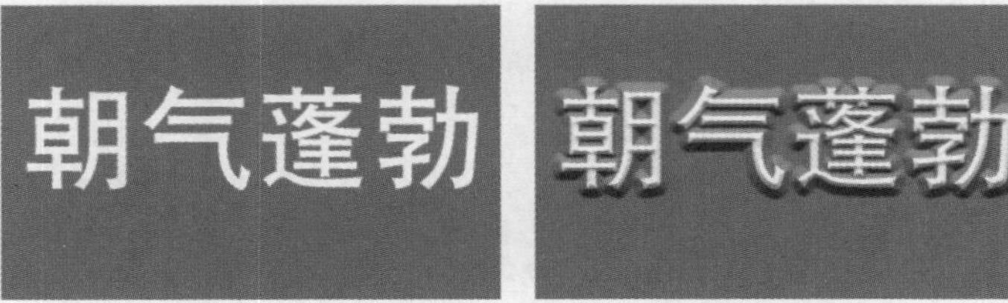


图2-42 添加“斜面和浮雕”图层样式前后的对比效果

- 描边：使用“描边”图层样式可以用颜色、渐变或图案等对图层图像边缘进行描边，其效果与“描边”命令类似，如图2-43所示。
- 内阴影：使用“内阴影”图层样式可以在图层图像的边缘内侧添加阴影，制作凹陷的效果，如图2-44所示。

图2-43 “描边”图层样式

●内发光：使用“内发光”图层样式可以沿图层图像的边缘内侧添加发光效果，如图2-45所示。

●光泽：使用“光泽”图层样式可以为图层图像添加光滑而有内部阴影的效果，常用于模拟金属的光泽，如图2-46所示。

●颜色叠加：使用“颜色叠加”图层样式可以为图层图像叠加自定义的颜色，从而更改图像的颜色，如图2-47所示。在右侧的面板中可以通过设置颜色、混合模式及不透明度等参数来调整叠加效果。

●渐变叠加：使用“渐变叠加”图层样式可以为图层图像叠加渐变色，从而使图像的颜色看起来更加丰富、饱满，如图2-48所示。

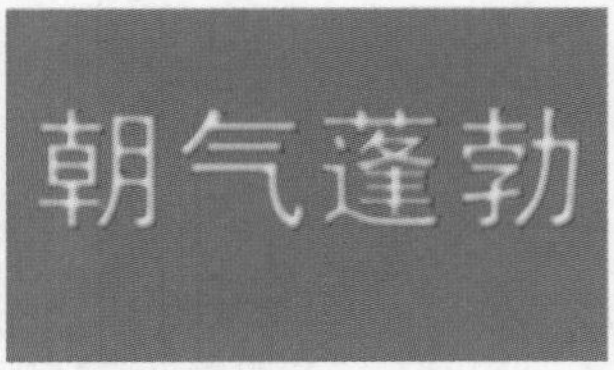

图2-44 “内阴影”图层样式

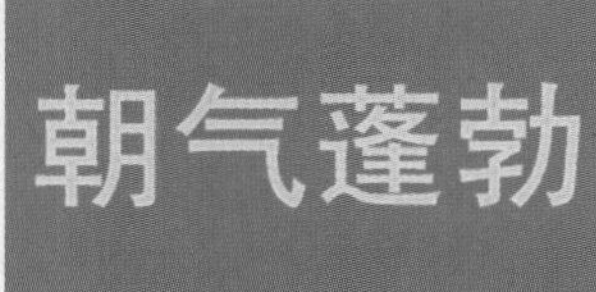

图2-45 “内发光”图层样式

图2-46 “光泽”图层样式

图2-47 “颜色叠加”图层样式

图2-48 “渐变叠加”图层样式

●图案叠加：使用“图案叠加”图层样式可以为图层图像添加指定的图案，如图2-49所示。

●外发光：使用“外发光”图层样式可以沿图层图像边缘向外创建发光效果，如图2-50所示。在右侧的面板中可调整发光范围的大小、发光颜色及混合模式等参数，效果有些类似“描边”图层样式。

●投影：使用“投影”图层样式可以为图层图像添加投影效果，常用于增强图像的立体感，如图2-51所示。在右侧的面板中可设置投影的颜色、大小和角度等参数。

图2-49 “图案叠加”图层样式

图2-50 “外发光”图层样式

图2-51 “投影”图层样式

## 2.3 综合案例——制作数据线全屏Banner

### 1. 案例背景

某专营数码商品的网店准备推出一款快充移动数据线，为了提高其点击率和销量，网店美工需要制作全屏Banner放置在PC端网店首页进行展示。全屏Banner的尺寸为“1920像素×700像素”，Banner需要通过颜色、设计和装饰元素等体现出店铺的特色与风格，完成后的效果如图2-52所示。

图2-52　数据线全屏Banner

## 2. 设计思路

（1）为了体现数据线作为数码商品的特点，背景主要采用深蓝色，搭配湖蓝色、白色，营造科技氛围。

（2）画面主要内容为数据线商品图像和商品文案，可使用魔棒工具创建选区，从而得到商品图像。

（3）调整文案间的距离，使其成为不同的群组，方便消费者阅读同类信息。可使用“链接图层”按钮统一调整商品文案的位置。

（4）装饰元素可使用色块和线条，为关键文字“立即购买”添加色块，增强其存在感；在数据线的材料优势文字周围添加装饰线条，便于消费者识别。

（5）利用图层样式、图层不透明度、图层混合模式等对装饰图像进行美化，并且为了保障商品图像的主体性，需要减弱装饰图像的存在感。

## 3. 操作步骤

**步骤01** 打开“数据线.jpg”图像文件（配套资源：\素材\第2章\数据线\数据线.jpg），按【Ctrl+J】组合键复制图层。

**步骤02** 选择魔棒工具，在工具属性栏中设置容差为“6”，单击背景区域，然后按住【Shift】键不放，依次单击剩余背景部分直到全部背景区域被选中，最后反选选区，如图2-53所示。

**步骤03** 选择【选择】/【修改】/【收缩】命令，打开“收缩选区”对话框，设置收缩量为“1像素”，如图2-54所示，单击 确定 按钮。

**步骤04** 选择【选择】/【修改】/【羽化】命令，打开“羽化选区”对话框，设置羽化半径为“2像素”，如图2-55所示，单击 确定 按钮后，复制该选区。

**步骤05** 新建一个名称为“数据线全屏Banner”，宽度为“1920像素”，高度为“700像素”，分辨率为“72像素/英寸”的文件。然后在该文件内粘贴复制的选区图像，调整图像的大小和位置。

**步骤06** 置入“背景图.jpg”图像文件（配套资源：\素材\第2章\数据线\背景图.jpg），调整其大小和位置。然后移动“背景图”图层到“图层1”图层下方。

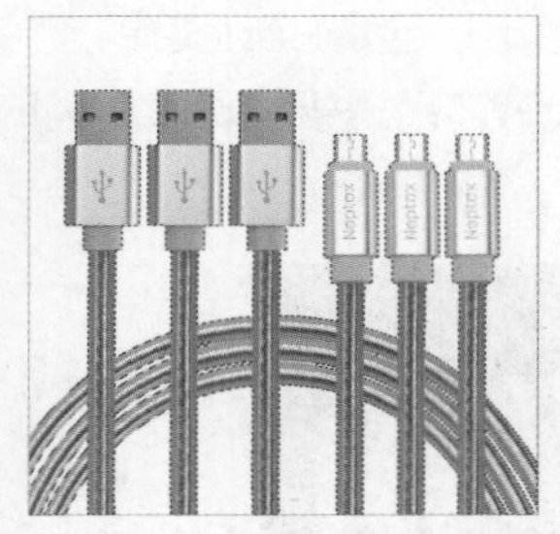

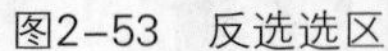

图2-53　反选选区

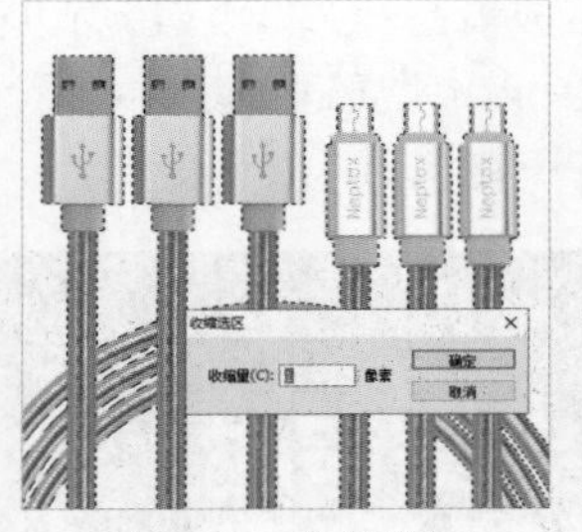

图2-54　收缩选区

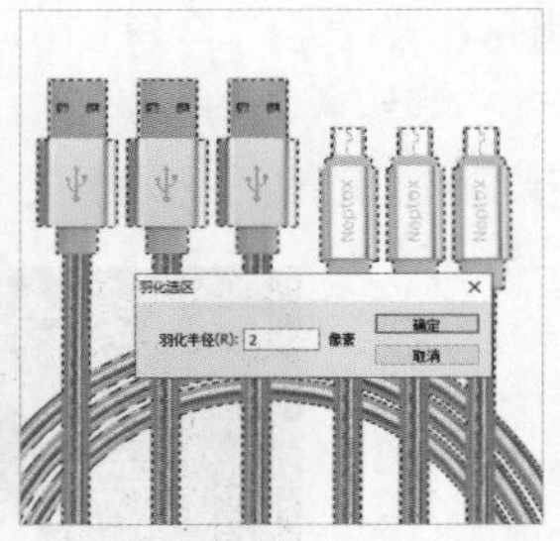

图2-55　羽化选区

步骤 07 打开“文案.psd”文件（配套资源：\素材\第2章\数据线\文案.psd），选中除“背景图”图层以外的所有图层，选择移动工具，将图层中的图像移动到“数据线全屏Banner.psd”文件中。

步骤 08 选中“图层2”图层和“Neptux”图层并将其链接，然后适当调整其与下方文字的距离，再选中除“图层1”“背景图”“文案”图层外的所有图层并将其链接，调整这些图层中图像的大小和位置，最后解除链接，并适当调整部分文字的位置。

步骤 09 调整“文案”图层的大小和位置，然后双击该图层名称右侧的空白区域，打开“图层样式”对话框，添加“颜色叠加”图层样式，设置混合模式为“变暗”，不透明度为“54%”，颜色为“#a7d6ec”，如图2-56所示，单击 确定 按钮。

步骤 10 双击“图层1”图层名称右侧的空白区域，打开“图层样式”对话框，添加“投影”图层样式，设置颜色为“#d2fee7”，其他参数设置如图2-57所示，然后单击 确定 按钮。

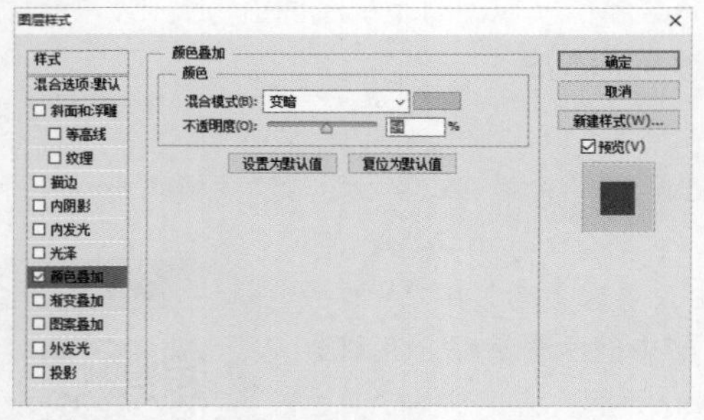


图2-56　添加“颜色叠加”图层样式

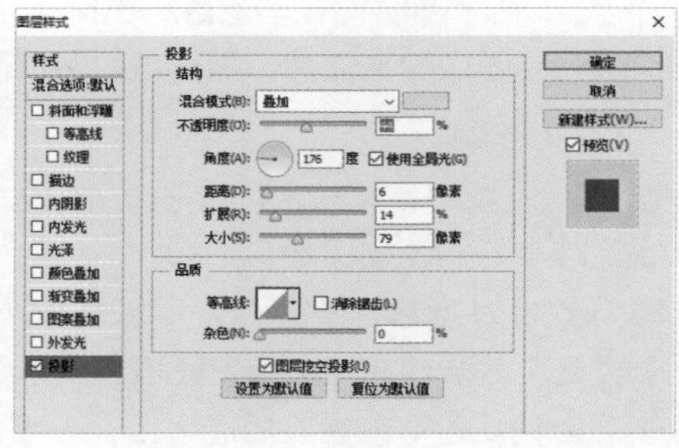


图2-57　添加“投影”图层样式

步骤 11 置入“装饰图案.jpg”图像文件（配套资源：\素材\第2章\数据线\装饰图案.jpg），变换该图像的角度和大小。设置该图像的图层混合模式为“线性光”，图层不透明度为“14%”，将该图层移动到“背景图”图层上方。

步骤 12 按【Shift+Ctrl+Alt+E】组合键盖印图层，保存文件并查看效果（配套资源：\效果\第2章\数据线全屏Banner.psd）。

# 第 3 章 修饰商品图像

拍摄的商品图像不一定都符合实际需求，所以网店美工在编辑首页和商品详情页等各个板块时，需要先对不符合要求的商品图像进行修饰，包括修复瑕疵、修饰细节和清除背景等，从而使其更加美观，也更符合实际需求。

## 【本章要点】

- 修复瑕疵
- 修饰细节
- 清除背景

## 【素养目标】

- 培养对瑕疵图像的分析能力
- 在精细修复图像的过程中培养细心、耐心、认真的品质

# 3.1 修复瑕疵

拍摄的商品图像通常会由于各种原因而存在不同类型的瑕疵，此时若要使商品图像达到预期的效果，网店美工就需要对这些商品图像中的瑕疵进行修复。修复瑕疵可使用污点修复画笔工具、修复画笔工具、修补工具、内容感知移动工具、红眼工具、仿制图章工具和图案图章工具等进行操作。

## 3.1.1 污点修复画笔工具

污点修复画笔工具主要用于快速修复图像中的斑点或小块杂物等，可自动从修复区域的周围取样，从而修复图像。其使用方法：选择污点修复画笔工具，在需要修复的区域按住鼠标左键拖曳或单击，即可进行修复。污点修复画笔工具属性栏如图3-1所示。

图3-1 污点修复画笔工具属性栏

污点修复画笔工具属性栏中相关选项的含义如下。

- “画笔”选取器：用于设置画笔笔尖的大小、硬度、间距、角度、圆度、压力大小和样式等参数。
- “模式”下拉列表框：用于设置修复后生成图像与原图像之间的混合模式。选择“替换”模式时，可保留画笔描边边缘处的杂色、胶片颗粒和纹理。
- “类型”栏：用于设置修复图像区域过程中采用的修复类型。选中“近似匹配”单选项，可使用选区边缘周围的像素来查找用于修补选定区域的图像区域；选中“创建纹理”单选项，可使用选区中的所有像素创建一个用于修复该区域的纹理，并使纹理与周围纹理协调；选中“内容识别”单选项，Photoshop会比较鼠标指针附近的图像内容，然后使用周围的像素进行修复，可保留图像的关键细节。
- “对所有图层取样”复选框：选中该复选框，修复图像时将从所有可见图层中对数据进行取样。
- “压感设置”按钮：单击该按钮，Photoshop将始终对“画笔”下拉列表框中的“大小”下拉列表框里的各个选项使用压力；未单击该按钮时，将由“画笔预设”控制压力。

图3-2所示为使用污点修复画笔工具去除女鞋商品图像上污渍的效果。

图3-2 使用污点修复画笔工具去除污渍

## ↘ 3.1.2　修复画笔工具

使用修复画笔工具可通过取样所修复区域周围的像素，将样本的纹理、光照、不透明度及阴影等与所修复区域的像素匹配，从而去除图像中的污点和划痕。其使用方法：选择修复画笔工具，按住【Alt】键不放，在需要修复的区域周围单击以获取图像信息，然后在需要修复的区域进行涂抹，即可快速完成修复操作。修复画笔工具对应的工具属性栏如图3-3所示。

图3-3　修复画笔工具属性栏

修复画笔工具属性栏中相关选项的含义如下。

- “源”栏：用于设置修复像素的来源。选中“取样”单选项，则使用当前图像中定义的像素进行修复；选中“图案”单选项，则可从其右的下拉列表框中选择预定义的图案对图像进行修复。
- “对齐”复选框：用于设置对齐像素的方式。选中该复选框，可以对像素进行连续取样，在修复过程中，取样点随修复位置的移动而变化；取消选中该复选框，则在修复过程中始终以一个取样点为起始点。
- “样本”下拉列表框：用于设置数据采样所在图层的范围。若要从当前图层及其下方的可见图层中取样，可选择“当前和下方图层”选项；若仅从当前图层中取样，可选择“当前图层”选项；若要从所有可见图层中取样，可选择“所有图层”选项；若要从调整图层以外的所有可见图层中取样，可先选择“所有图层”选项，然后单击该下拉列表框右侧的“忽略调整图层”按钮即可。

图3-4所示为使用修复画笔工具去除衬衣商品图像上污渍的效果。

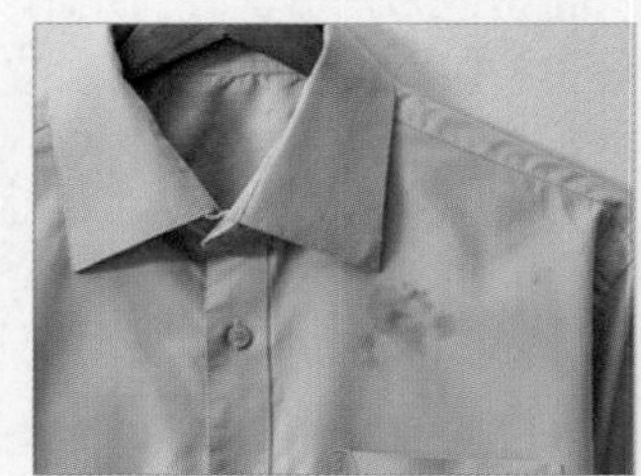 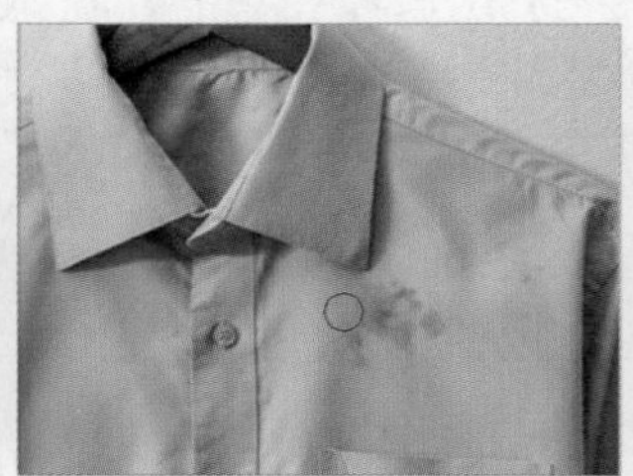 

图3-4　使用修复画笔工具去除污渍

## ↘ 3.1.3　修补工具

修补工具是一种使用频繁的修复工具。其工作原理与修复画笔工具一样，像使用套索工具一样绘制一个自由选区，然后将该区域内的图像拖曳到目标位置，从而完成对目标位置图像的修复。下面将打开“牙膏.jpg”图像文件，使用修补工具去除背景图像上的花朵图像，以凸显商品图像的主体地位，并制作首页商品推荐区的部分区域，其具体操作如下。

步骤 01 打开“牙膏.jpg”图像文件（配套资源：\素材\第3章\商品推荐区\牙膏.jpg），按【Ctrl+J】组合键复制图层。

步骤 02 观察图像可知，背景图像上的花朵图像虽然已做模糊处理，但依然会分散消费者的注意力，因此需要去除。选择修补工具，在工具属性栏中的“修补”下拉列表框中选择“内容识别”选项，在“适应”下拉列表框中选择“非常严格”选项，将鼠标指针移至花朵图像的左边，按住鼠标左键不放，沿着花朵图像的左边区域拖曳鼠标指针绘制选区，如图3-5所示。

步骤 03 绘制完选区后，从该区域向牙膏右侧的空白区域拖曳鼠标指针，如图3-6所示，然后取消选区。

图3-5　绘制选区

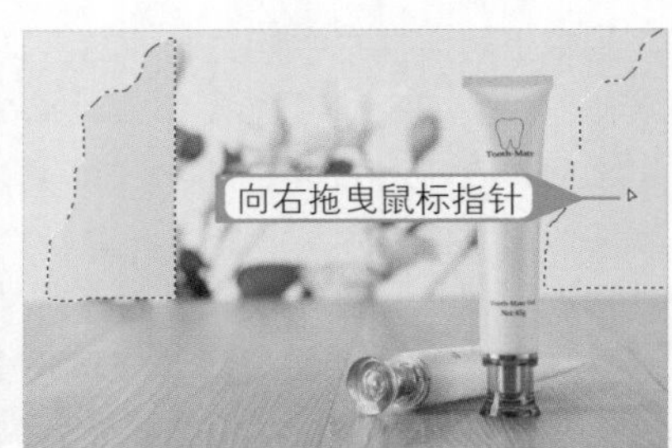


图3-6　拖曳鼠标指针

步骤 04 按照与步骤02与03相同的方法在花朵图像剩余部分分批次绘制选区，然后向牙膏右侧的空白区域拖曳鼠标指针，从而去除花朵图像，效果如图3-7所示。

## 经验之谈

利用修补工具绘制选区与利用套索工具组绘制不规则选区的方法一样。为了精确地绘制选区，也可先使用选区工具绘制选区，然后切换为修补工具进行修补。

步骤 05 此时发现修复处显得比较突兀。选择修补工具，依次在未被修复的背景区域绘制选区，同样向牙膏右侧的空白区域拖曳鼠标指针，将全部的背景色统一。

步骤 06 选择污点修复画笔工具，在桌面上的突兀区域（见图3-8）涂抹进行修复。

图3-7　去除花朵图像后的效果

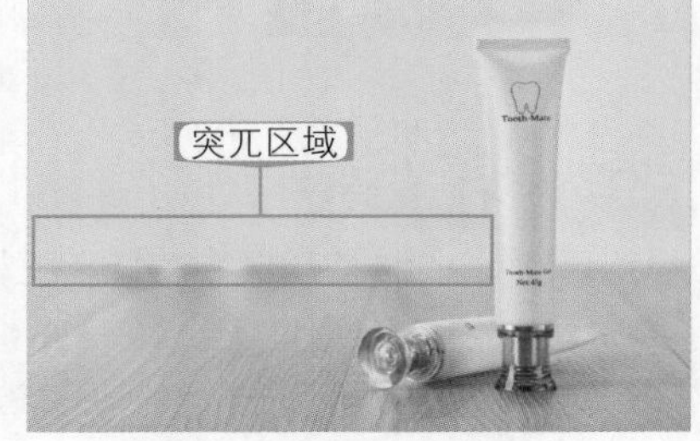


图3-8　修复突兀区域

步骤 07 打开“牙膏商品推荐区.psd”文件（配套资源：\素材\第3章\商品推荐区\牙膏商品推荐区.psd），然后切换到“牙膏.jpg”图像文件中，将修复好的图像移动到“牙膏商品推荐区.psd”文件中。

步骤 08 调整牙膏图像的大小，如图3-9所示。然后将牙膏图像所在的图层移动到“文案”图层组下方。

步骤 09 保存文件并查看完成后的效果，如图3-10所示（配套资源：\效果\第3章\牙膏商品推荐区.psd）。

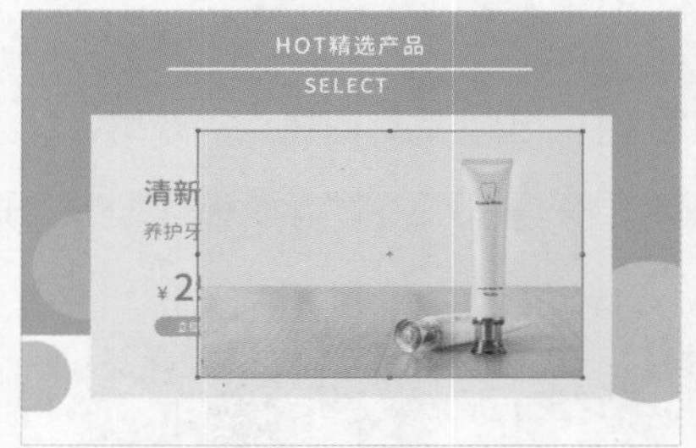


图3-9　调整牙膏图像的大小

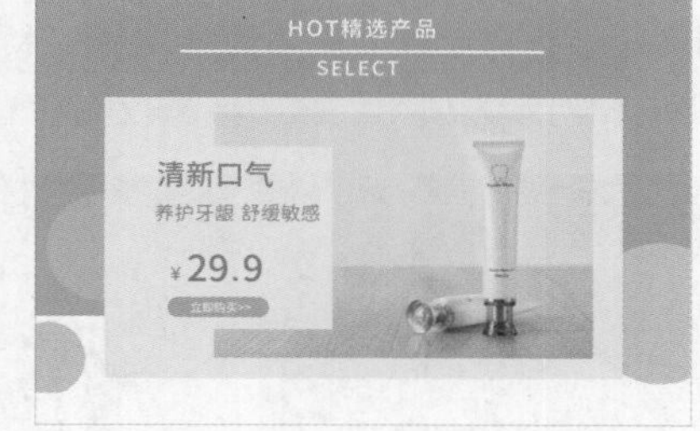


图3-10　完成后的效果

## 3.1.4 内容感知移动工具

使用内容感知移动工具可以在修复图像时移动或扩展图像，使新图像和原图像融合得更加自然。其使用方法：选择内容感知移动工具，围绕图像创建选区，然后拖曳选区内的图像即可进行修复。其对应的工具属性栏如图3-11所示。

图3-11　内容感知移动工具属性栏

内容感知移动工具属性栏中相关选项的含义如下。

- “模式”下拉列表框：用于“移动”或“扩展”选区中的图像。设置为“移动”模式时，可移动选区中的图像；设置为“扩展”模式时，则可复制选区中的图像。
- “适应”下拉列表框：用于指定修复图像时应达到的近似程度，包含“低”“中”“高”“严格”“非常严格”5个选项。

图3-12所示为使用内容感知移动工具移动和扩展图像的效果。

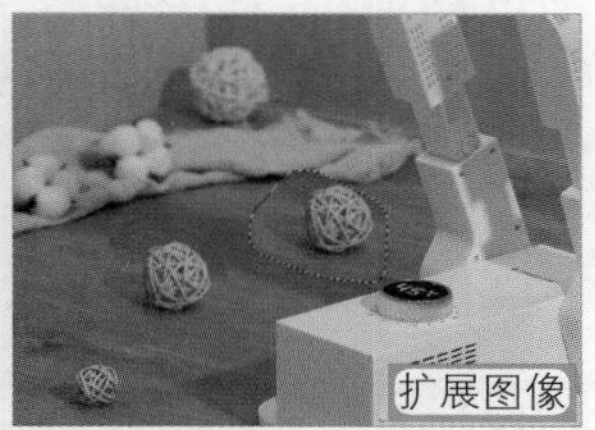


图3-12　使用内容感知移动工具移动和扩展图像的效果

## 3.1.5 红眼工具

使用红眼工具可以快速去除图像中人物眼睛由闪光灯导致的红色、白色或绿色的反光斑点，但是不能用于位图模式、索引颜色模式和多通道模式的图像中。其使用方法：选择红眼工具，再在红眼部分单击，即可快速去除红眼效果。其对应的工具属性栏如图3-13所示。

瞳孔大小：50%　变暗量：50%

图3-13　红眼工具属性栏

红眼工具属性栏中相关选项的含义如下。

- 瞳孔大小：用于设置瞳孔（眼睛暗色的中心）的大小。
- 变暗量：用于设置瞳孔的暗度。

图3-14所示为使用红眼工具去除商品模特图中出现的红眼斑点的效果。

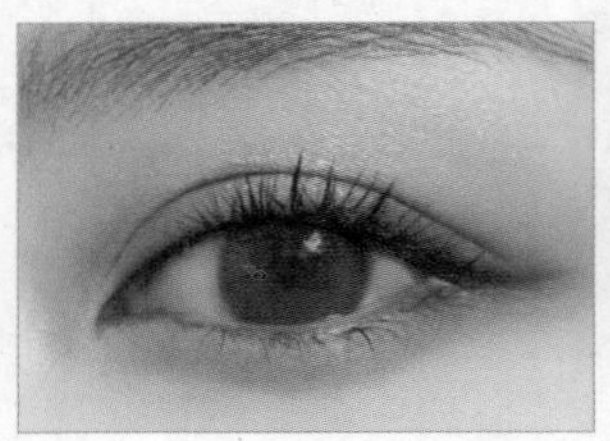

图3-14　使用红眼工具去除红眼斑点的效果

## 3.1.6　仿制图章工具

使用仿制图章工具可以将图像编辑区中的局部图像或全部图像复制到其他图像中。其使用方法：选择仿制图章工具，按住【Alt】键不放，在需要修复的图像周围单击以获取图像信息，再在需要修复的区域进行涂抹即可。但需要注意，使用该工具时要时刻进行取样，这样复制后的图像才会显得更加自然。其对应的工具属性栏如图3-15所示。

图3-15　仿制图章工具属性栏

仿制图章工具属性栏中相关选项的含义如下。

- “切换画笔设置面板”按钮：单击该按钮可打开“画笔设置”面板。
- “切换仿制源面板”按钮：单击该按钮可打开“仿制源”面板。
- 不透明度：用于设置仿制图像的不透明度，数值越小，不透明度越低。
- 流量：用于设置仿制图像时画笔的色彩浓度，数值越大，仿制图像的颜色越深。
- “对齐”复选框：选中该复选框，可连续对像素进行取样；取消选中该复选框，则每次单击都会使用初始取样点中的样本像素进行绘制。

图3-16所示为使用仿制图章工具去除八宝饭商品图像中多余的红豆的效果。

图3-16　使用仿制图章工具修复图像的效果

### ↘ 3.1.7　图案图章工具

使用图案图章工具可以将Photoshop自带的图案或自定义的图案填充到图像中，与使用画笔工具绘制图案的方法一样。其使用方法：选择图案图章工具，然后在工具属性栏中选择需要的图案，接着在需要添加图案的区域进行涂抹即可。其工具属性栏如图3-17所示。

图3-17　图案图章工具属性栏

图案图章工具属性栏中相关选项的含义如下。

- “图案”下拉列表框：在打开的下拉列表中可以选择所需的图案样式。
- “对齐”复选框：选中该复选框，可保持图案与原始起点的连续性；取消选中该复选框，则每次单击都会重新应用图案。
- “印象派效果”复选框：选中该复选框后，绘制的图案将具有印象派绘画的艺术效果。

图3-18所示为使用图案图章工具为婴儿帽添加图案的效果。

图3-18　使用图案图章工具为婴儿帽添加图案的效果

## 3.2　修饰细节

瑕疵、污点被修复后，商品图像还可能存在其他的问题，如画面模糊、质感不足、商品表面不够光滑或颜色显示太暗等。此时网店美工可利用Photoshop中的模糊工具、锐化工具、涂抹工具、减淡工具、加深工具和海绵工具等修饰商品图像的细节部分，使商品图像更加美观。

### ↘ 3.2.1　模糊工具

使用模糊工具可以降低图像中相邻像素之间的对比度，从而使图像产生模糊的效果。其使用方法：选择模糊工具，在图像需要做模糊处理的区域单击或拖曳鼠标指针，即可进行模糊处理。其工具属性栏如图3-19所示。

图3-19　模糊工具属性栏

模糊工具属性栏中相关选项的含义如下。

- “模式”下拉列表框：用于设置模糊后的混合模式。
- 强度：用于设置运用模糊工具时着色的力度，数值越大，模糊的效果越明显，取值范围为1%～100%。

图3-20所示为使用模糊工具模糊商品周围图像的效果。

图3-20　模糊图像效果

## 3.2.2　锐化工具

锐化工具的作用与模糊工具刚好相反，它能使模糊的图像变得清晰，常用于提升图像的细节表现力。下面将打开“手镯.jpg”图像文件，使用锐化工具强化商品图像的细节部分，美化商品图像，并制作详情页中的商品参数图，其具体操作如下。

步骤01 打开“手镯.jpg”图像文件（配套资源：\素材\第3章\商品参数\手镯.jpg），并复制图层。

步骤02 观察图像可知，手镯兔子装饰与镯子内侧的喷砂质感不明显。选择锐化工具，在工具属性栏中设置画笔样式为“柔边圆”，画笔大小为“30像素”，在“模式”下拉列表框中选择“变暗”选项，设置强度为“46%”，将鼠标指针移至兔子装饰位置，按住鼠标左键不放，沿着兔子装饰的表面拖曳鼠标指针进行涂抹，处理前后的效果如图3-21所示。

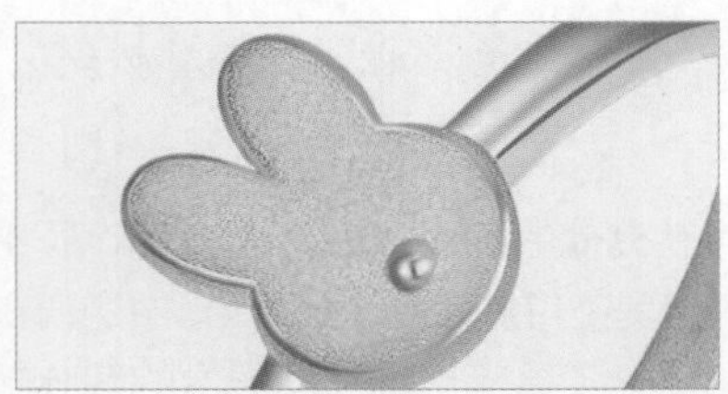
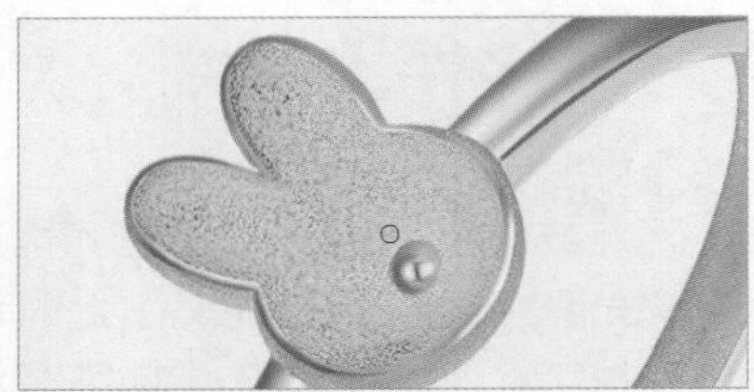

图3-21　涂抹兔子装饰表面前后的效果

步骤03 兔子装饰右耳边缘处喷砂质感较弱，需要增加此处的细节。在工具属性栏中调整画笔大小为“14像素”，在“模式”下拉列表框中选择“正常”选项，然后在该区域进行涂抹，效果如图3-22所示。

步骤04 将鼠标指针移至手镯内侧区域，按住鼠标左键不放，沿着内侧的表面拖曳鼠标指针进行涂抹，尤其是暗部和边缘处需要反复涂抹，如图3-23所示。

步骤05 选择快速选择工具，在工具属性栏中设置画笔大小为“8像素”，然后为手镯图像创建选区。选择【选择】/【修改】/【平滑】命令，打开“平滑选区”对话框，设置取样半径为“2像素”，单击 确定 按钮。

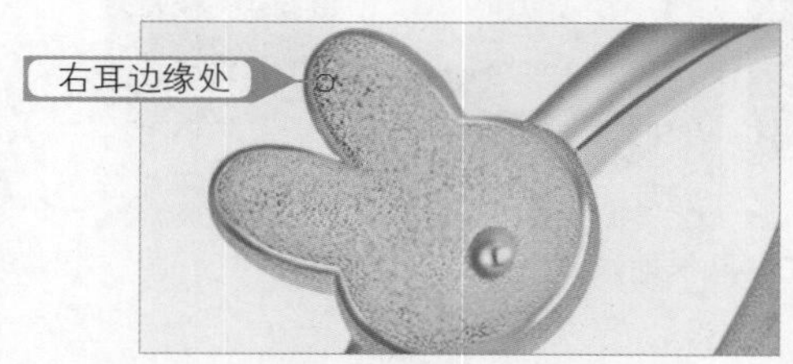

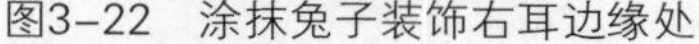

图3-22 涂抹兔子装饰右耳边缘处

图3-23 涂抹手镯内侧

**步骤 06** 选择【选择】/【修改】/【羽化】命令，打开“羽化选区”对话框，设置羽化半径为“2像素”，单击 确定 按钮，然后复制选区。

**步骤 07** 打开“商品参数.psd”文件（配套资源：\素材\第3章\商品推荐区\商品参数.psd），然后粘贴复制的选区图像，并适当调整其大小和位置。

**步骤 08** 由于仅复制了手镯商品的选区，未复制其阴影的选区，因此需要给粘贴后的图像添加“投影”图层样式，设置颜色为“#b49634”，其余参数设置如图3-24所示，单击 确定 按钮。

**步骤 09** 保存文件，并将其命名为“手镯商品参数”，查看完成后的效果，如图3-25所示（配套资源：\效果\第3章\手镯商品参数.psd）。

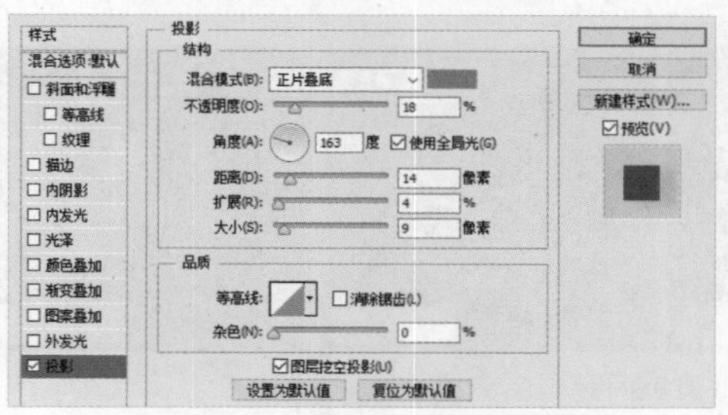


图3-24 添加“投影”图层样式

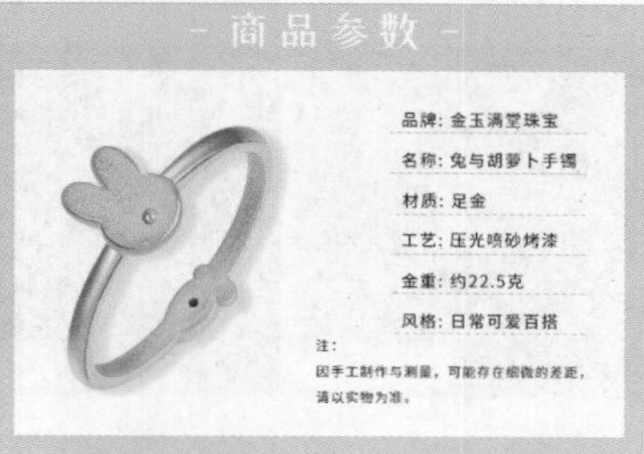


图3-25 完成后的效果

## 经验之谈

利用修饰工具修饰图像时要注意，不能处处都进行优化，要分清图像的主次关系，适当地弱化次要区域，将重心放在主要区域，以免图像的主次关系被破坏，干扰消费者对商品图像的重要信息的判断。

### 3.2.3 涂抹工具

涂抹工具用于选取单击处的颜色，并沿拖曳鼠标指针的方向使颜色扩散开来，从而模拟出用手指蘸取颜料在未干的画布上进行涂抹的效果，常用于美化毛料制品的商品图像。其工具属性栏各选项的含义与模糊工具相同，而选中“手指绘画”复选框将使用前景色绘制图像色彩。图3-26所示为使用涂抹工具涂抹地毯前后的对比效果。

图3-26　使用涂抹工具涂抹地毯前后的对比效果

## ↘ 3.2.4　减淡工具

减淡工具可通过提高图像的曝光度来提高图像的亮度。其使用方法：选择减淡工具，然后在需要减淡的区域进行涂抹，即可快速减淡涂抹区域，提高涂沫区域的亮度。其工具属性栏如图3-27所示。

图3-27　减淡工具属性栏

减淡工具属性栏中相关选项的含义如下。

- "范围"下拉列表框：用于设置修改的色调。选择"中间调"选项时，将只修改灰色的中间色调；选择"阴影"选项时，将只修改图像的暗部区域；选择"高光"选项，将只修改图像的亮部区域。图3-28所示为减淡不同区域的效果。

图3-28　减淡不同区域的效果

- 曝光度：用于设置减淡的强度。图3-29所示为原图、曝光度为40%的图像与曝光度为100%的图像的对比效果。

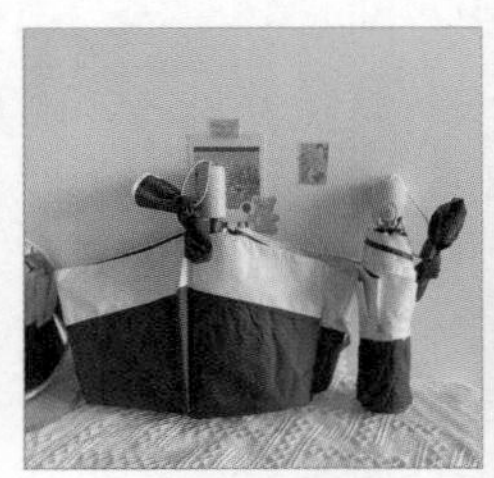
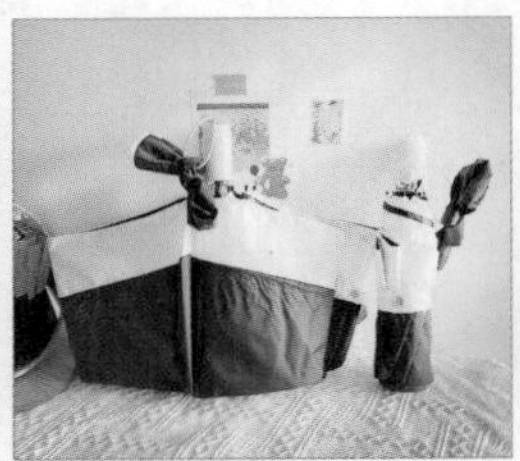
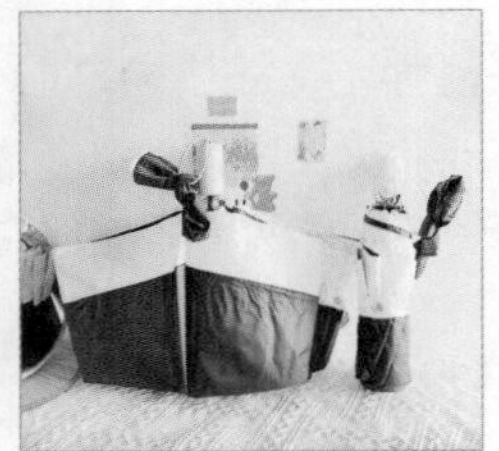

图3-29　不同曝光度的对比效果

- "喷枪"按钮：单击该按钮，可为画笔开启喷枪功能。开启该功能后，在图像某处按住鼠标左键的时间越长，颜色堆积得越多。
- "保护色调"复选框：选中该复选框，可保护色调不受工具的影响。

## ↘ 3.2.5 加深工具

加深工具的作用与减淡工具相反，即通过降低图像的曝光度来降低图像的亮度。加深工具属性栏各选项与减淡工具属性栏各选项的作用完全相同，其操作方法也相同。下面将打开“拖鞋.jpg”图像文件，使用加深工具降低图像中背景部分的亮度，强化拖鞋图像的主体地位，然后制作详情页中的商品卖点图，其具体操作如下。

步骤 01 打开“拖鞋.jpg”图像文件（配套资源：\素材\第3章\商品卖点图\拖鞋.jpg），并复制图层。

步骤 02 观察图像可知，图像整体亮度较高，导致部分图像细节不清晰，且视觉效果不佳。选择加深工具，在工具属性栏中设置画笔样式为“柔边圆”，画笔大小为“288像素”，在“范围”下拉列表框中选择“高光”选项，设置曝光度为“12%”，然后沿同一个方向进行涂抹，使拖鞋成为最暗的区域，远景的杂物其次，地板为亮部区域，涂抹前后的对比效果如图3-30所示。

图3-30 涂抹前后的对比效果

## 视野拓展

修饰图像时，可以先对图像问题进行分析，然后针对问题进行逐一修饰，以免盲目修饰，破坏真实的图像信息。

步骤 03 此时，远景布料与地板及拖鞋与地板之间的阴影区域的色彩变得较浅，右上角物体的立体感也被破坏了。将画笔大小调小，并在“范围”下拉列表框中选择“中间调”选项，然后在阴影区域进行涂抹，效果如图3-31所示。

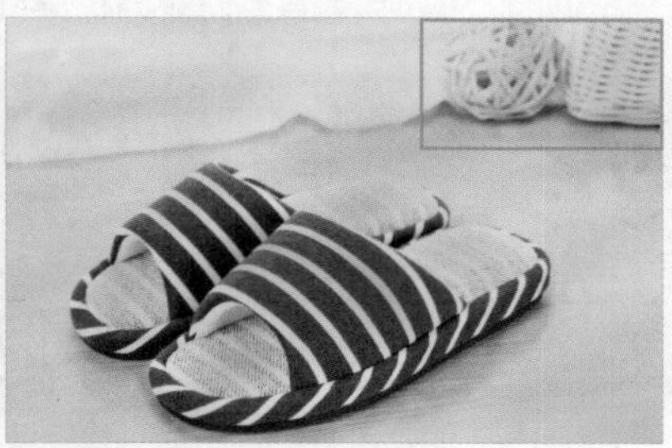

图3-31 涂抹阴影区域

步骤04 选择减淡工具，在工具属性栏中设置画笔样式为“柔边圆”，画笔大小为“166像素”，曝光度为“60%”，顺着原图像的高光区域（如布料的褶皱、拖鞋的白色条纹、地板受光处）进行涂抹，效果如图3-32所示。

步骤05 按【Ctrl+A】组合键全选图像，然后复制该图像，接着打开“卖点图素材.psd”文件（配套资源：\素材\第3章\商品卖点图\卖点图素材.psd），然后将复制的图像粘贴到该文件中，并调整其位置和大小。

步骤06 保存文件，并将其命名为“商品卖点图”，查看完成后的效果，如图3-33所示（配套资源：\效果\第3章\商品卖点图.psd）。

图3-32 涂抹高光区域

图3-33 完成后的效果

## 3.2.6 海绵工具

海绵工具可提高或降低图像的饱和度，即像海绵吸水一样，增强或减弱图像的光泽感。其使用方法：选择海绵工具，然后在工具属性栏中选择图像需要的模式，接着在图像上进行涂抹，即可快速提高或降低涂抹区域的饱和度。其工具属性栏如图3-34所示。

图3-34 海绵工具属性栏

海绵工具属性栏中各相关选项的含义如下。

- “模式”下拉列表框：用于设置是否提高或降低饱和度。选择“去色”选项，表示降低图像的饱和度；选择“加色”选项，表示增加图像的饱和度。
- 流量：用于设置海绵工具的流量，流量值越大，饱和度改变的效果越明显。
- “自然饱和度”复选框：选中该复选框后，在进行提高饱和度的操作时，可避免颜色过于饱和而出现溢色问题。

图3-35所示为使用海绵工具为杧果商品图像进行去色和加色后的效果对比。

图3-35 使用海绵工具进行去色和加色后的效果对比

# 3.3 清除背景

在调整商品图像的过程中，当商品图像中出现了多余的图像或需要清除背景图像时，可以通过擦除工具对这些部分进行擦除。Photoshop提供了橡皮擦工具、背景橡皮擦工具和魔术橡皮擦工具3种擦除工具。各擦除工具的用途不同，网店美工可根据实际情况进行选择。

## 3.3.1 橡皮擦工具

橡皮擦工具主要用来擦除当前图像中的颜色。其使用方法：选择橡皮擦工具，然后在图像中拖曳鼠标指针，根据画笔形状对图像进行擦除。需要注意的是，使用橡皮擦工具擦除后图像将不可恢复。橡皮擦工具属性栏如图3-36所示。

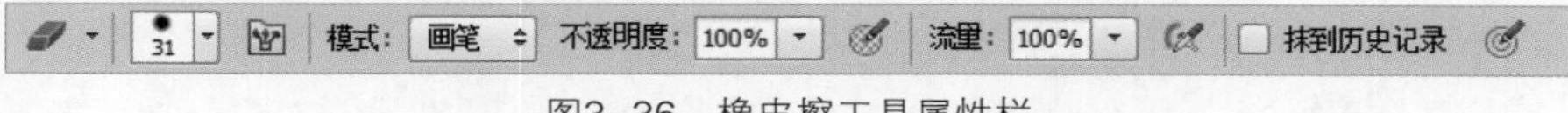


图3-36 橡皮擦工具属性栏

橡皮擦工具属性栏中相关选项的含义如下。

- “模式”下拉列表框：单击其右侧的下拉按钮，在打开的下拉列表中包含了3种擦除模式，即“画笔”“铅笔”“块”。选择“画笔”选项时，可创建柔和的擦除效果；选择“铅笔”选项时，可创建明显的擦除效果；选择“块”选项时，可创建接近块状的擦除效果。图3-37所示为“画笔”“铅笔”“块”模式下擦除雨伞商品图像的效果。

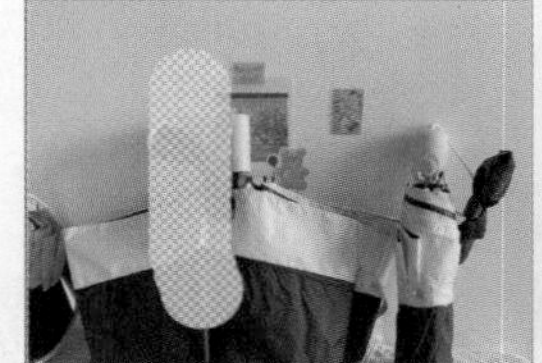

图3-37 “画笔”“铅笔”“块”模式下的擦除效果

- 不透明度：用于设置工具的擦除强度。设置100%的不透明度时，可完全擦除像素；设置较低的不透明度时，将部分擦除像素。当“模式”为“块”时，不能使用该选项。
- 流量：用于控制工具的涂抹速度。
- “抹到历史记录”复选框：选中该复选框，在“历史记录”面板中选择一个状态或快照，可将图像恢复为指定状态，间接恢复图像之前的状态。

图3-38所示为使用橡皮擦工具擦除马克杯商品背景后的效果。

图3-38 使用橡皮擦工具擦除商品背景后的效果

## ↘ 3.3.2 背景橡皮擦工具

与橡皮擦工具相比，使用背景橡皮擦工具可以将图像擦除为透明色，擦除时它会不断吸取经过处的颜色作为背景色。下面将打开“数字闹钟.jpg”图像文件，使用背景橡皮擦工具擦除背景图像，然后将剩余的图像制作成PC端Banner，其具体操作如下。

步骤 01 打开“数字闹钟.jpg”图像文件（配套资源：\素材\第3章\数字闹钟Banner\数字闹钟.jpg），复制图层，隐藏背景图层。

步骤 02 选择背景橡皮擦工具，在工具属性栏中设置画笔大小为“196像素”，保持“取样连续”按钮的选中状态，设置容差为“20%”，将鼠标指针移至背景区域，按住鼠标左键不放，沿着背景图像的左边区域拖曳鼠标指针进行涂抹，如图3-39所示。

图3-39 使用背景橡皮擦工具擦除背景

步骤 03 此时，仍残留不少背景图像，设置画笔大小为“126像素”，依次在背景图像四角的剩余部分单击，擦除残留部分背景图像前后的对比效果如图3-40所示。

### 经验之谈

背景橡皮擦工具属性栏中的取样按钮组用于设置采样点。单击“取样连续”按钮，则在擦除图像过程中连续采集取样点；单击“取样一次”按钮，则以第一次单击的位置的颜色作为取样点；单击“取样背景色板”按钮，则将当前的背景色作为取样色。

步骤 04 在工具属性栏中的“限制”下拉列表框中选择“查找边缘”选项，如图3-41所示。然后将鼠标指针移至数字闹钟图像的下方，按住鼠标左键不放，沿着数字闹钟边缘拖曳鼠标指针擦除图像。在擦除过程中可通过调整画笔大小来实现精确擦除。

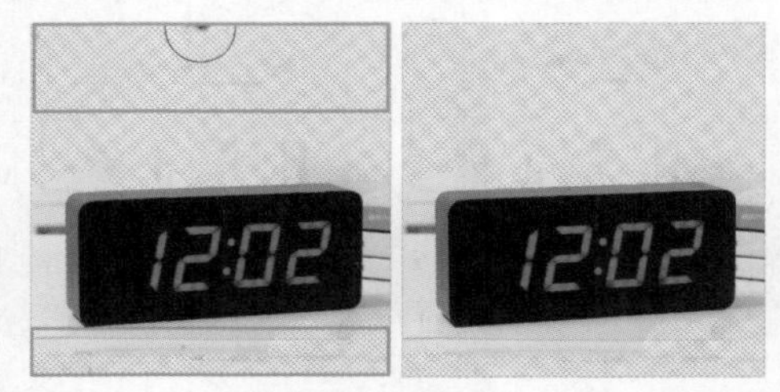

图3-40 擦除残留部分背景图像前后的对比效果

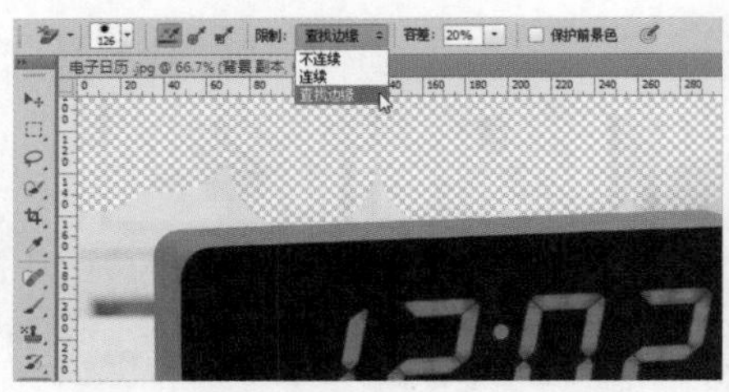


图3-41 选择“查找边缘”选项

## 经验之谈

若在背景橡皮擦工具属性栏中的“限制”下拉列表框中选择“不连续”选项，将擦除整个图像上样本色彩的区域；若选择“连续”选项，将只擦除连续的包含样本色彩的区域；若选择“查找边缘”选项，将自动查找与取样色彩区域连接的边界，也能在擦除过程中更好地保持边缘的锐化效果。

**步骤 05** 选择橡皮擦工具，在工具属性栏的“模式”下拉列表框中选择“块”模式，然后沿着数字闹钟的边缘擦除残留背景，如图3-42所示。

图3-42 使用橡皮擦工具擦除闹钟残留背景

**步骤 06** 按【Ctrl+A】组合键全选图像，然后复制该图像，打开“数字闹钟Banner.psd”文件（配套资源：\素材\第3章\数字闹钟Banner\数字闹钟Banner.psd），然后将复制的图像粘贴到该文件中，并调整粘贴图像的大小，如图3-43所示。

**步骤 07** 双击数字闹钟图像所在图层的图层名称右侧的空白区域，打开“图层样式”对话框，选中“投影”复选框，设置颜色为“#000000”，不透明度为“75%”，角度为“36度”，距离为“1像素”，大小为“5像素”，单击 确定 按钮。

**步骤 08** 保存文件并查看完成后的效果，如图3-44所示（配套资源：\效果\第3章\数字闹钟Banner.psd）。

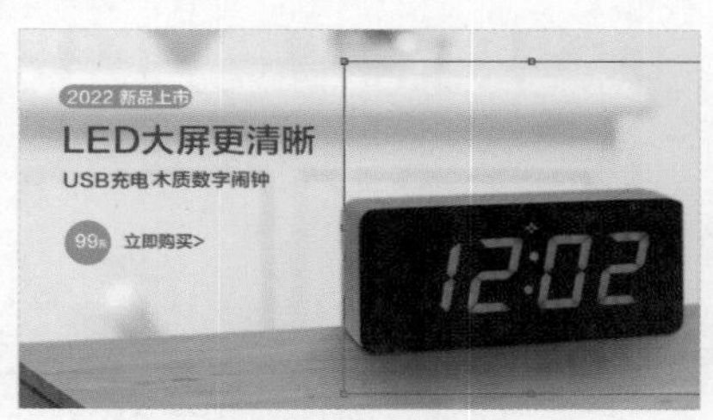


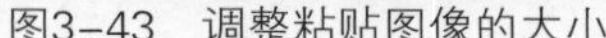
图3-43 调整粘贴图像的大小

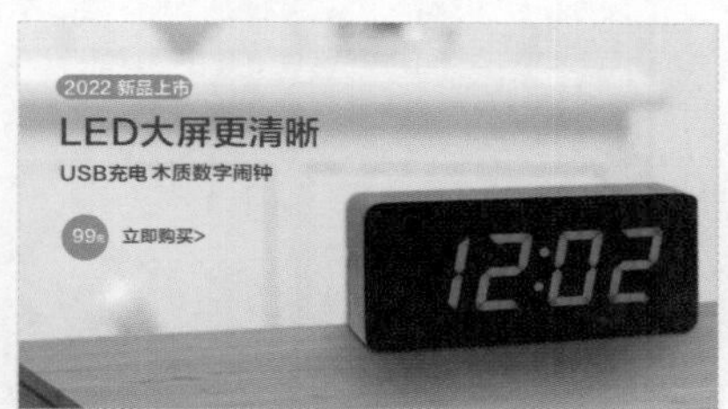


图3-44 完成后的效果

### 3.3.3 魔术橡皮擦工具

魔术橡皮擦工具是一种根据像素颜色擦除图像的工具。使用该工具的方法：选择魔术橡皮擦工具，在图像中单击，所有相似的颜色区域将被擦除且变得透明。魔术橡皮擦工具属性栏如图3-45所示。

容差：32 ☑消除锯齿 ☑连续 ☐对所有图层取样 不透明度：100%

图3-45 魔术橡皮擦工具属性栏

魔术橡皮擦工具属性栏中相关选项的含义如下。

- "容差"数值框：用于设置可擦除的颜色范围。容差值越小，擦除的像素范围越小；容差值越大，擦除的像素范围越大。
- "消除锯齿"复选框：选中该复选框，会使擦除区域的边缘更加光滑。
- "连续"复选框：选中该复选框，则只擦除与单击位置处的像素颜色邻近的相似像素；取消选中该复选框，会擦除图像中所有的相似像素。
- "对所有图层取样"复选框：选中该复选框，可以利用所有可见图层中的组合数据来采集色样；取消选中该复选框，则只采集当前图层的颜色信息。

**经验之谈**

在被锁定的"背景"图层上使用魔术橡皮擦工具时，"背景"图层将转换为普通图层，与单击位置处相似的像素都将变得透明。若在已锁定透明像素的图层中使用该工具，与单击位置处相似的像素颜色都将变为背景色。

图3-46所示为使用魔术橡皮擦工具擦除四件套商品背景的效果。

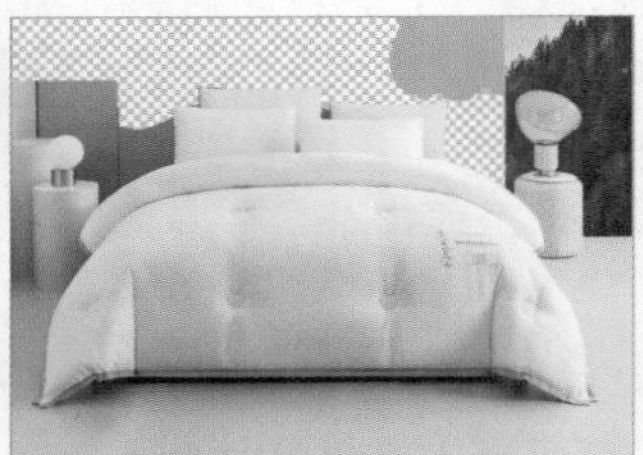
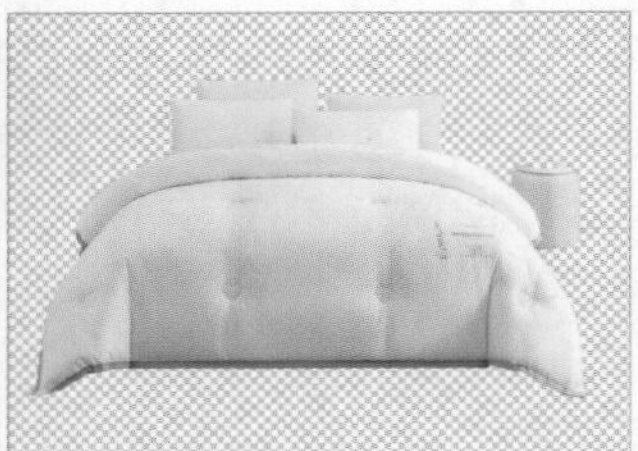

图3-46 使用魔术橡皮擦工具擦除背景的效果

## 3.4 综合案例——制作智能音箱商品主图

### 1. 案例背景

某网店准备上新一款智能音箱，为了提高其销售额，需要制作带有上新优惠价格的商品主图进行宣传。商品主图的尺寸为"800像素×800像素"，分辨率为"96像素/英寸"，画面需要展示出商品的卖点，以及上新优惠活动的相关信息，完成后的效果如图3-47所示。

2．设计思路

图3-47　智能音箱商品主图

（1）上新优惠价格的文字颜色应为画面中最深的颜色，其余的文案和背景颜色均采用浅色，配色遵循蓝橙补色对比原理，整体风格采用极简风。

（2）商品图像是商品主图中的重中之重，因此可采用修复工具对其进行修复，去除瑕疵。

（3）对于商品图像中细节表现不足的地方，可使用锐化工具进行强化，以及使用擦除工具去除商品图像的背景部分，以便为其创建选区。

（4）画面主体物为智能音箱，可使用模糊工具模糊背景图像，凸显主体图像。

（5）适当为文案添加图层样式，使其在视觉上与商品主图背景分开，方便消费者阅读。

3．操作步骤

步骤 01 打开"智能音箱.jpg"图像文件（配套资源：\素材\第3章\商品主图\智能音箱.jpg），复制图层。

步骤 02 选择污点修复画笔工具，在工具属性栏中设置画笔大小为"92像素"，然后将鼠标指针移至智能音箱左上角的瑕疵处进行涂抹，接着将画笔大小改为"30像素"，涂抹剩余瑕疵，如图3-48所示。

图3-48　涂抹瑕疵

步骤 03 选择锐化工具，在工具属性栏中设置画笔大小为"26像素"，在"模式"下拉列表框中选择"正常"选项，设置强度为"57%"，然后在智能音箱的按钮和顶端的光圈区域进行涂抹，如图3-49所示，加强商品图像的细节表现力。

## 经验之谈

采用擦除工具去除背景图像时，若不好判断擦除的效果，可在商品图像下方添加与商品图像颜色相对的填充图层，例如，擦除深色商品的背景图像时，可添加浅色的填充图层。在纯色背景的衬托下，更便于识别残留的背景图像。

步骤04 选择减淡工具，在工具属性栏中设置画笔样式为“柔边圆”，画笔大小为“12像素”，在按钮的高光处和顶端的光圈区域处进行涂抹，如图3-50所示。

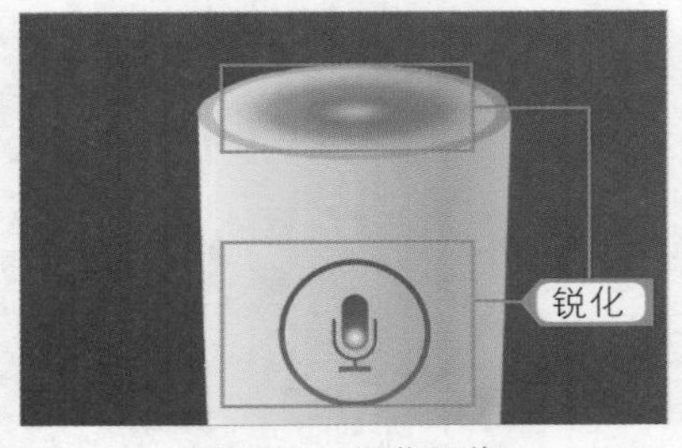

图3-49 锐化图像

图3-50 减淡图像

步骤05 选择魔术橡皮擦工具，在工具属性栏中设置容差为“32”，然后涂抹背景图像，直到基本去除背景图像。

步骤06 打开“背景图.jpg”图像文件（配套资源：\素材\第3章\商品主图\背景图.jpg），复制图层，选择模糊工具，在工具属性栏中设置画笔样式为“柔边圆”，画笔大小为“187像素”，强度为“45%”，接着对图像进行涂抹，重点模糊绿植，注意不要模糊桌子与墙壁的分界线，模糊图像前后的对比效果如图3-51所示。

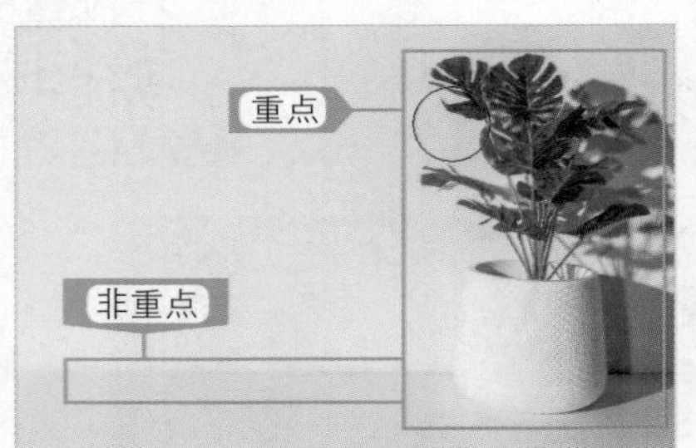

图3-51 模糊图像前后的对比效果

步骤07 全选背景图像，然后复制图像，接着打开“商品主图.psd”文件（配套资源：\素材\第3章\商品主图\商品主图.psd），粘贴复制的图像，并调整其大小和位置。最后置入“装饰图.jpg”图像文件（配套资源：\素材\第3章\商品主图\装饰图.jpg），将其图层放在“背景”图层的上方，并调整图层的不透明度为“39%”。

步骤08 切换到“智能音箱.jpg”文件中，将文件内的图像复制到“商品主图.psd”文件中，调整其位置和大小。最后置入“阴影.png”图像文件（配套资源：\素材\第3章\商品主图\阴影.png），将其图层放在智能音箱图像所在图层的下方。

步骤09 选择“69”文字图层，双击图层名称右侧的空白区域，打开“图层样式”对话框，选中“颜色叠加”复选框，设置颜色为“#e12e1e”。

步骤10 按照步骤09的方法为“文案”图层组添加“描边”图层样式，设置颜色为“#477cba”，大小为“1像素”，如图3-52所示；添加“投影”图层样式，设置颜色为“#477cba”，其他参数设置如图3-53所示。

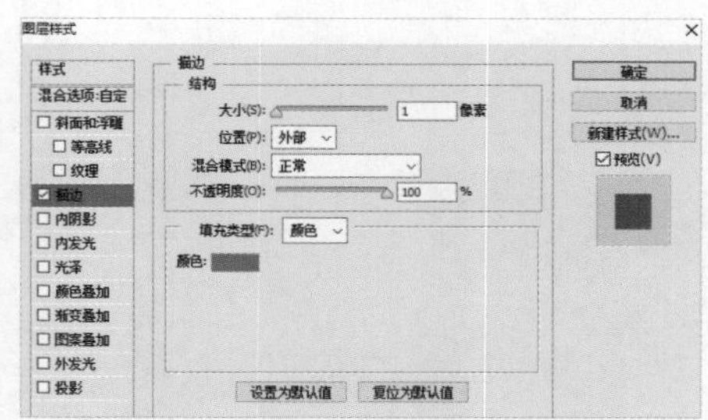


图3-52 添加“描边”图层样式

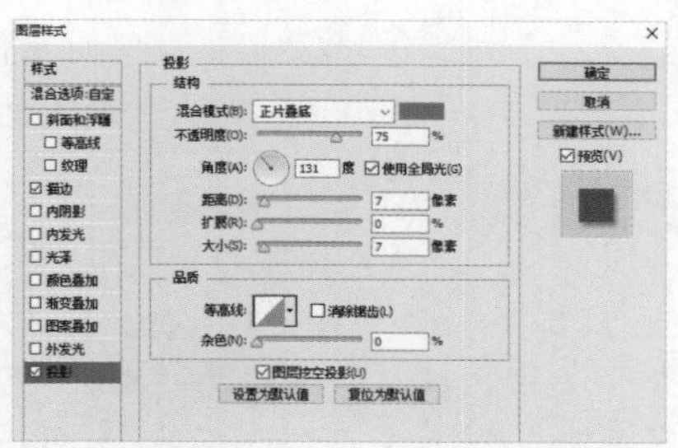


图3-53 添加“投影”图层样式

## 经验之谈

在Photoshop中，给图层组添加图层样式，则图层组内所有图层都将被添加该图层样式。举一反三，调整图层组的不透明度和混合模式时，则图层组内所有图层的不透明度和混合模式都会被调整。因此可将需要统一调整的图层整理成一个图层组，再对图层组进行调整，这样可以免去单独对每一个图层进行相同调整的麻烦，提高制作效率。

步骤 11 按照步骤10的方法与参数为“卖点”图层组添加“投影”图层样式。

步骤 12 按【Shift+Ctrl+Alt+E】组合键盖印图层，保存文件并命名为“智能音箱商品主图”，查看完成后的效果（配套资源：\效果\第3章\智能音箱商品主图.psd）。

# 第 4 章 商品图像调色

拍摄的商品图像除了存在瑕疵、污点外，还可能由于各种主观因素和客观因素而色彩失真，此时可以使用Photoshop的调色功能对图像的色彩进行调整。Photoshop中包含多个调色命令，网店美工使用它们为商品图像调色可以获得意想不到的效果。

## 【本章要点】

- 调整图像的明暗
- 调整图像的色彩
- 调整图像的特殊命令

## 【素养目标】

- 培养有关图像色彩的基本修养
- 提高对色彩的感知能力

# 4.1 调整图像的明暗

在不同时间段所拍摄图像的明暗效果不同。为了使图像效果更接近实物，网店美工可以使用自动调色命令快速调整图像的明暗，也可以使用“亮度/对比度”“色阶”“曲线”“曝光度”“阴影/高光”等命令对图像的明暗进行精细化调整。

## ↘ 4.1.1 自动色调/对比度/颜色

使用“自动色调”“自动对比度”“自动颜色”命令可以校正图像中出现的明显偏色、对比度过低及颜色暗淡等问题。执行这些命令时，Photoshop并不会打开对应的对话框，而是会自动进行调整。

- **自动色调**：该命令可自动调整图像中的黑场和白场，将每个颜色通道中最亮和最暗的像素映射到纯白（色阶为255）和纯黑（色阶为0），中间像素值按比例重新分布，从而提高图像的对比度。图4-1所示为对商品图像应用该命令前后的对比效果。

图4-1 应用“自动色调”命令前后的对比效果

- **自动对比度**：该命令可自动调整图像的对比度，使高光看上去更亮、阴影看上去更暗。图4-2所示为对商品图像应用该命令前后的对比效果。

图4-2 应用“自动对比度”命令前后的对比效果

- **自动颜色**：该命令可通过搜索图像来标识阴影、中间调和高光，从而调整图像的对比度和颜色，常用于校正偏色的图像。图4-3所示为应用“自动颜色”命令校正偏蓝的商品图像前后的对比效果。

图4-3 应用“自动颜色”命令前后的对比效果

## ↘ 4.1.2 “亮度/对比度”命令

使用“亮度/对比度”命令可以调整图像的亮度和对比度。其方法：选择【图像】/

【调整】/【亮度/对比度】命令，在打开的“亮度/对比度”对话框（见图4-4）中调整参数，单击确定按钮。

“亮度/对比度”对话框中相关选项的含义如下。

- **“亮度”数值框**：拖曳“亮度”下方的滑块或在右侧的数值框中输入数值，可以调整图像的明亮度。
- **“对比度”数值框**：拖曳“对比度”下方的滑块或在右侧的数值框中输入数值，可以调整图像的对比度。
- **“使用旧版”复选框**：选中该复选框，调整后的效果将与使用Photoshop CS6以前版本的调整效果一致。
- **“预览”复选框**：选中该复选框，在调整参数时，可以直接在图像编辑区中查看调整后的效果。
- **取消按钮**：单击该按钮，将取消调整图像。若需还原图像的原始参数，可按住【Alt】键不放，此时该按钮将变为复位按钮，单击复位按钮即可还原图像的原始参数。
- **自动(A)按钮**：单击该按钮，将自动调整参数，类似于使用“自动对比度”命令。

图4-5所示为对商品图像使用“亮度/对比度”命令前后的对比效果。

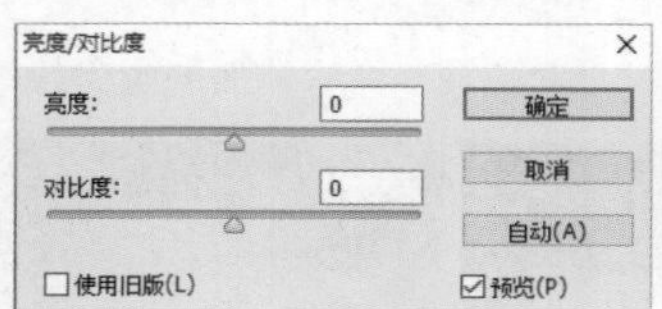


图4-4 “亮度/对比度”对话框

图4-5 使用“亮度/对比度”命令前后的对比效果

### ↘ 4.1.3 “色阶”命令

使用“色阶”命令可以调整图像的高光、中间调及阴影的强度级别，校正色调范围和色彩平衡，即使用该命令可以调整图像的明暗、色调和色彩。

使用“色阶”命令可以对整个图像进行调整，也可以对图像的某一范围、某一图层或某一颜色通道进行调整。其方法：选择【图像】/【调整】/【色阶】命令或按【Ctrl+L】组合键，在打开的“色阶”对话框（见图4-6）中调整参数，单击确定按钮。

“色阶”对话框中相关选项的含义如下。

- **“预设”下拉列表框**：单击“预设”选项右侧的下拉按钮，在打开的下拉列表中选择“存储”选项，可将当前的调整参数保存为一个预设文件。在使用相同的方法处理其他图像时，可以用此预设文件自动完成调整。
- **“通道”下拉列表框**：在其中可以选择要调整的颜色通道，从而改变图像的颜色。默认为“RGB”选项，此时的调整范围是整个图像的颜色。
- **输入色阶**：直方图（即输入色阶下方的图像，用于展现图像明暗像素的分布量）左侧滑块用于调整图像的暗部，中间滑块用于调整图像的中间色调，右侧滑块用于调整图像的亮部。可通过拖曳滑块或在滑块下的数值框中输入数值进行调整。调整暗部时，低于该值的像素将变为黑色；调整亮部时，高于该值的像素将变为白色。

- **输出色阶**：用于限制图像的亮度范围，从而降低图像的对比度，使其呈现褪色效果。从左往右第一个数值框用于增加图像的阴影，第二个数值框用于降低图像的亮度。
- “在图像中取样以设置黑场”按钮：使用该工具在图像上单击，可将单击点的像素调整为黑色，原图中比该点暗的像素都将变为黑色。
- “在图像中取样以设置灰场”按钮：使用该工具在图像上单击，可根据单击点像素的亮度来调整其他中间色调的平均亮度。该按钮常用于校正偏色。
- “在图像中取样以设置白场”按钮：使用该工具在图像上单击，可将单击点的像素调整为白色，原图中比该点亮的像素都将变为白色。
- 选项(T)... 按钮：单击该按钮，将打开“自动颜色校正选项”对话框，在其中可设置黑色像素和白色像素的比例。
- 自动(A) 按钮：单击该按钮，Photoshop会以0.5%的比例自动调整色阶，使图像的亮度分布更加均匀。

图4-7所示为使用“色阶”命令调整手工香皂商品图像前后的对比效果。

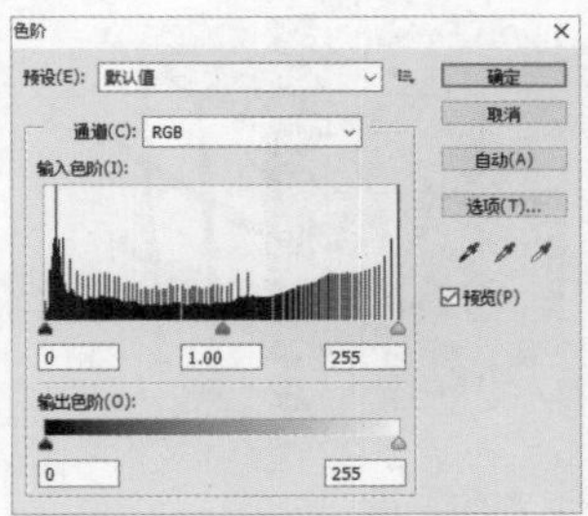


图4-6　“色阶”对话框

图4-7　使用“色阶”命令调整手工香皂商品图像前后的对比效果

## 4.1.4　“曲线”命令

使用“曲线”命令也可以调整图像的亮度、对比度，并纠正偏色。与“色阶”命令相比，“曲线”命令的调整更为精确，它是一种选项丰富、功能强大的色彩调整工具，应用非常广泛。下面将打开“魔方.jpg”图像文件，使用“曲线”命令调整图像的明暗，美化商品图像，再制作该商品的详情页焦点图，其具体操作如下。

**步骤 01** 打开“魔方.jpg”图像文件（配套资源：\素材\第4章\魔方焦点图\魔方.jpg），如图4-8所示，然后复制图层。

**步骤 02** 观察图像可知，红色色块和蓝色色块的颜色对比度较低，整体画面色彩不够鲜亮。选择【图像】/【调整】/【曲线】命令，打开“曲线”对话框，将鼠标指针移至直方图区域，在曲线的下部单击，以增加一个调节点，再按住鼠标左键不放向下拖曳鼠标指针，如图4-9所示。

**步骤 03** 在“通道”下拉列表框中选择“红”选项，然后在曲线的上部单击，以增加一个调节点，再按住鼠标左键不放向上拖曳鼠标指针，提高红色的亮度，如图4-10所示。

**步骤 04** 按照与步骤03相同的方法，在“通道”下拉列表框中选择“蓝”选项，并调节曲线，如图4-11所示。

图4-8　打开图像文件

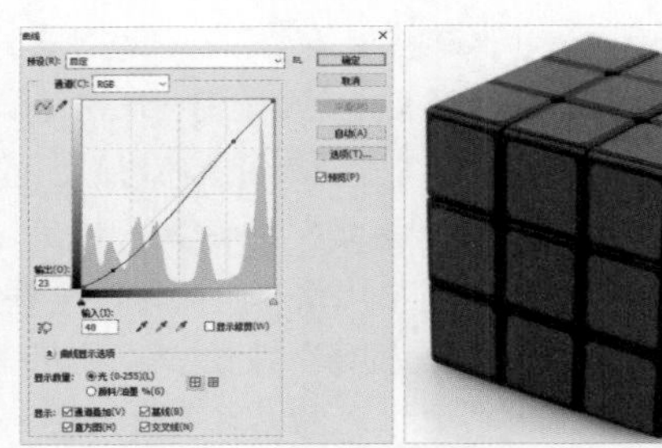

图4-9　调整画面的对比度

## 经验之谈

在“曲线”对话框的直方图曲线上添加调节点后，向上拖曳曲线可调整画面的亮度，向下拖曳曲线可调整画面的对比度。

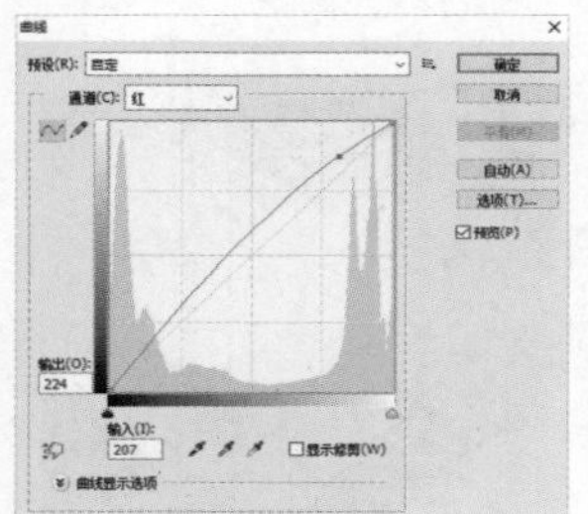

图4-10　调整红色的亮度

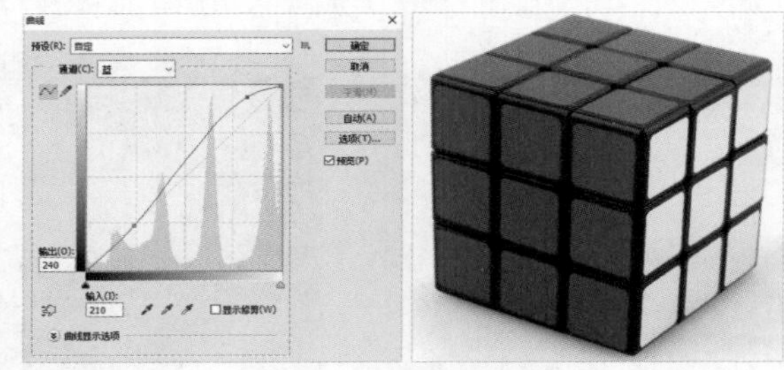

图4-11　调整蓝色的亮度

**步骤05** 在“通道”下拉列表框中选择“RGB”选项，如图4-12所示，在灰色曲线上部单击，以增加一个调节点，然后向上拖曳鼠标指针，提高整体画面亮度，如图4-13所示，单击 确定 按钮。

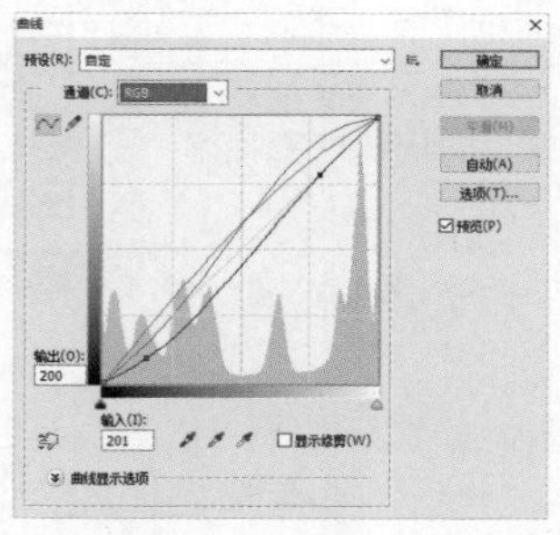

图4-12　选择“RGB”通道

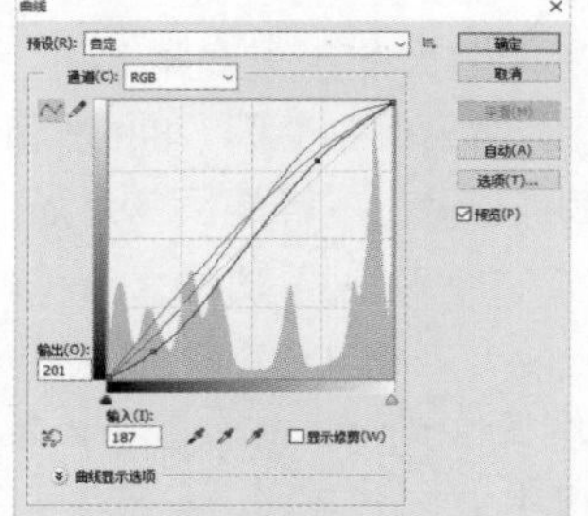

图4-13　调整“RGB”通道的曲线

**步骤06** 使用“快速选择工具”为魔方图像创建选区，进行平滑选区操作，如图4-14所示，复制选区。打开“魔方焦点图.psd”文件（配套资源：\素材\第4章\魔方焦点图\魔方焦点图.psd），然后将选区粘贴到该图像文件中，并调整其大小和位置，如图4-15所示。

**步骤07** 为魔方图像添加颜色为“#121a37”，不透明度为“100%”，角度为“54度”，距离为“7像素”，扩展为“6%”，大小为“7像素”的“投影”图层样式。

## 经验之谈

“编辑点以修改曲线”按钮是Photoshop默认的曲线工具，单击该按钮后，可以通过拖曳曲线上的调节点来调整图像的色调。单击“通过绘制来修改曲线”按钮，可以在直方图中绘制自由形状的色调曲线。单击“曲线显示选项”栏名称前的按钮，可以展开隐藏的选项，展开项中有两个田字型按钮，用于控制曲线调节区域的网格数量。

步骤08 保存文件并查看完成后的效果，如图4-16所示（配套资源：\效果\第4章\魔方焦点图.psd）。

图4-14 进行平滑选区操作

图4-15 调整图像大小和位置

图4-16 完成后的效果

## 4.1.5 “曝光度”命令

在“曝光度”对话框中调整“曝光度”“位移”“灰度系数校正”参数，可以控制图像的明亮程度，使图像变亮或变暗。其方法：选择【图像】/【调整】/【曝光度】命令，在打开的“曝光度”对话框（见图4-17）中调整参数，单击 确定 按钮。

“曝光度”对话框中相关选项的含义如下。

- “曝光度”数值框：拖曳滑块或在其中输入数值，可以调整图像中的阴影区域。
- “位移”数值框：拖曳滑块或在其中输入数值，可以调整图像中的中间色调区域。
- “灰度系数校正”数值框：拖曳滑块或在其中输入数值，可以调整图像中的高光区域。

图4-18所示为对商品图像使用“曝光度”命令前后的对比效果。

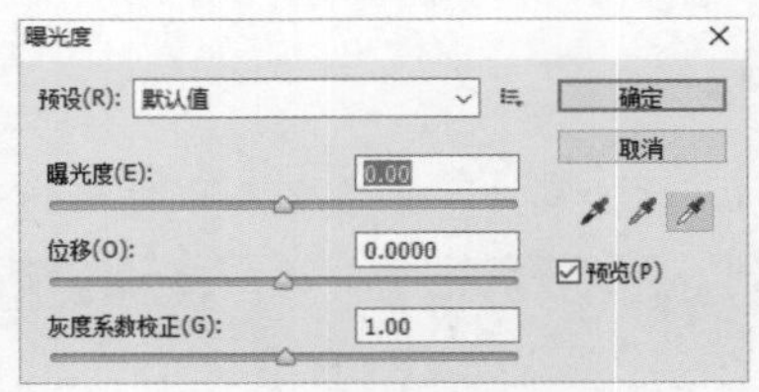

图4-17 “曝光度”对话框

图4-18 使用“曝光度”命令调整商品图像前后的对比效果

## 4.1.6 “阴影/高光”命令

使用“阴影/高光”命令可以修复图像中过亮或过暗的区域，从而使图像显示更多的细节。其方法：选择【图像】/【调整】/【阴影/高光】命令，在打开的“阴影/高光”对话框（见图4-19）中调整参数，单击确定按钮。

“阴影/高光”对话框中相关选项的含义如下。

- “阴影”栏：用于调整图像中的暗部色调。
- “高光”栏：用于调整图像中的高光部分色调。

图4-20所示为对商品图像使用“阴影/高光”命令前后的对比效果。

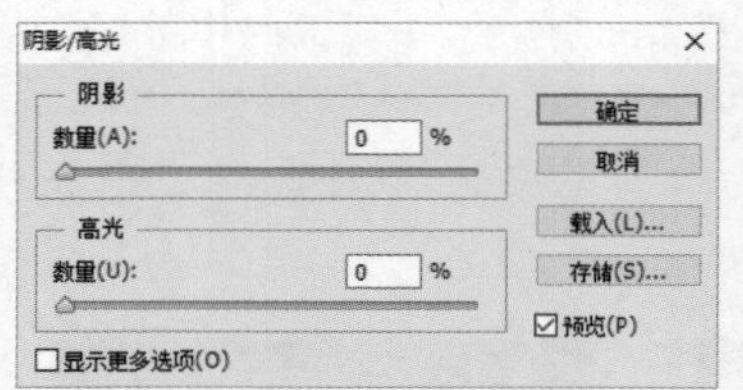


图4-19 “阴影/高光”对话框

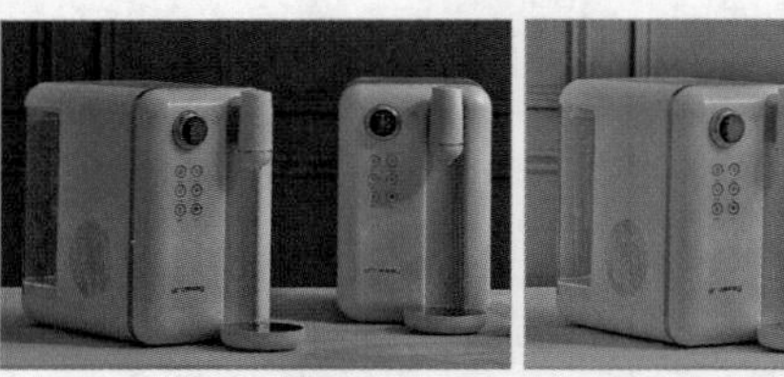

图4-20 使用“阴影/高光”命令调整商品图像前后的对比效果

# 4.2 调整图像的色彩

商品图像要想有出色的视觉效果，不但需要有合理的明暗效果，还要有合理的色彩展现，因此网店美工需要掌握调整图像色彩的方法。调整图像的色彩主要使用“自然饱和度”“色相/饱和度”“色彩平衡”“照片滤镜”“通道混合器”等命令，各个命令的使用效果各有差异，网店美工需要根据商品图像的具体情况来选择使用哪一个命令，也可搭配进行使用。

## 4.2.1 “自然饱和度”命令

使用“自然饱和度”命令可提高图像色彩的饱和度，该命令常用于在提高饱和度的同时，防止色彩过于饱和而出现溢色问题。其方法：选择【图像】/【调整】/【自然饱和度】命令，在打开的“自然饱和度”对话框（见图4-21）中调整参数，单击确定按钮。

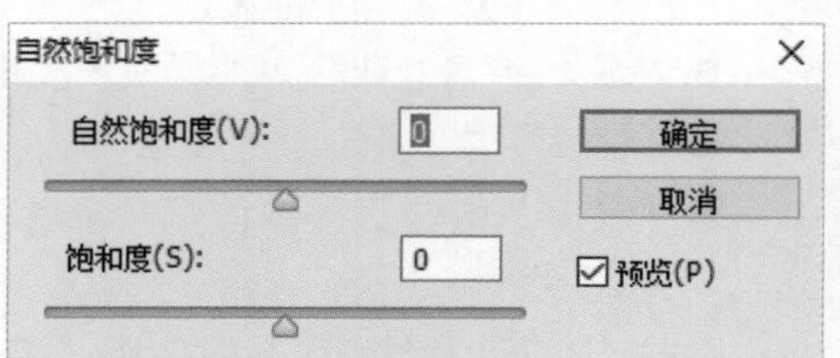


图4-21 “自然饱和度”对话框

“自然饱和度”对话框中相关选项的含义如下。

- “自然饱和度”数值框：用于调整失衡色彩的自然饱和度。本身饱和度较高的像素不会被调整，比“饱和度”更智能，因此建议先调整该参数，然后调整“饱和度”参数。数值越小，自然饱和度越低。
- “饱和度”数值框：用于调整当前所有色彩的饱和度。数值越小，饱和度越低。

图4-22 使用“自然饱和度”命令调整图像前后的对比效果

图4-22所示为对图像使用“自然饱和

度”命令前后的对比效果。

## ↘ 4.2.2 “色相/饱和度”命令

使用“色相/饱和度”命令可以调整图像的色相、饱和度及明度，从而达到改变图像色彩的目的。其方法：选择【图像】/【调整】/【色相/饱和度】命令或按【Ctrl+U】组合键，在打开的“色相/饱和度”对话框（见图4-23）中调整参数，单击 确定 按钮。

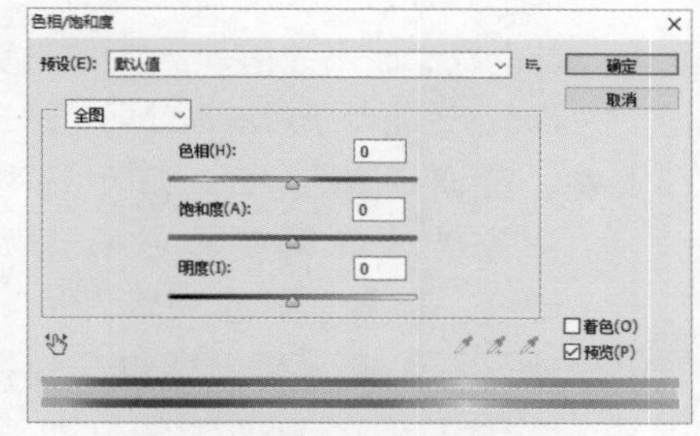

图4-23 “色相/饱和度”对话框

“色相/饱和度”对话框中相关选项的含义如下。

- **“全图”下拉列表框**：用于选择调整范围，共提供7个选项。Photoshop默认选择“全图”选项，即调整对图像中的所有色彩有效。也可以选择对单独某种色彩进行调整，有“红色”“黄色”“绿色”“青色”“蓝色”“洋红”选项。
- **“色相”数值框**：通过拖曳滑块或输入数值可以调整图像的色相。
- **“饱和度”数值框**：通过拖曳滑块或输入数值可以调整图像的饱和度。
- **“明度”数值框**：通过拖曳滑块或输入数值可以调整图像的明度。
- **按钮**：单击该按钮，然后在图像中某一点单击进行取样，接着向右拖曳鼠标指针可提高相应色彩范围的饱和度，向左拖曳鼠标指针可降低相应色彩范围的饱和度。按住【Ctrl】键不放，在图像中某一点单击进行取样，接着向右拖曳鼠标指针可提高相应色彩范围的色相值，向左拖曳鼠标指针可降低相应色彩范围的色相值。
- **“着色”复选框**：选中该复选框，可使用某种色彩来改变原图像中的各种色彩，使整体图像的色调偏向这种色彩，然后通过拖曳“色相”“饱和度”“明度”3个滑块调整整体图像的色调。

图4-24所示为使用“色相/饱和度”命令调整图像前后的对比效果。

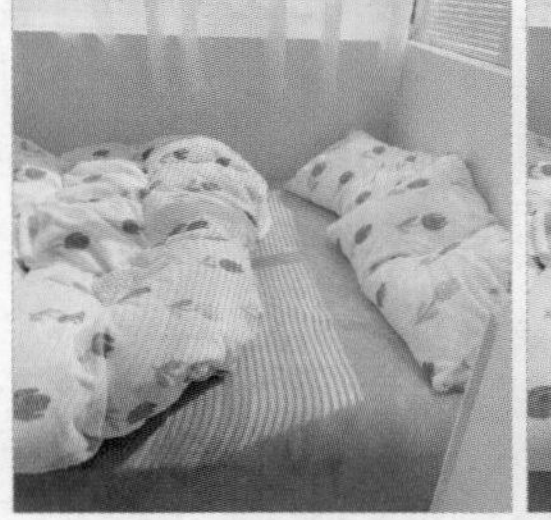
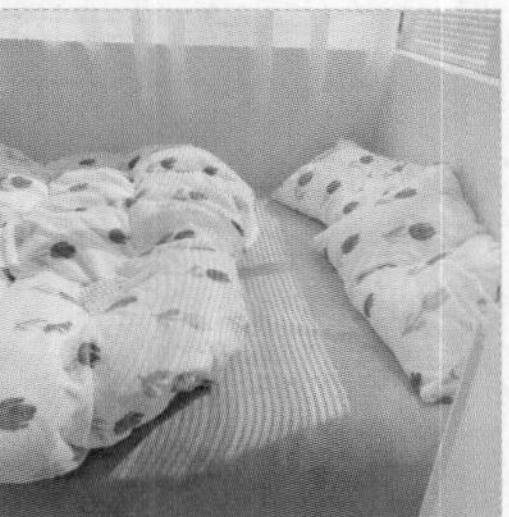
图4-24 使用“色相/饱和度”命令调整图像前后的对比效果

## ↘ 4.2.3 “色彩平衡”命令

使用“色彩平衡”命令可以根据需要在图像原色的基础上添加其他色彩，或通过增加某种色彩的补色以减少该色彩的数量，即使用该命令可以控制图像的整体色彩分布，从而改变图像的原色彩，该命令多用于调整明显偏色的图像。其方法：选择【图像】/【调整】/【色彩平衡】命令或按【Ctrl+B】组合键，在打开的“色彩平衡”对话框（见图4-25）中调整参数，单击 确定 按钮。

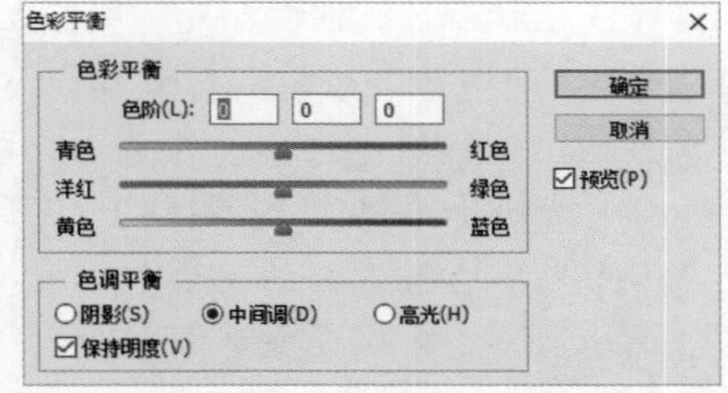

图4-25 “色彩平衡”对话框

“色彩平衡”对话框中相关选项的含义如下。

- “色彩平衡”栏：用于调整“青色—红色”“洋红—绿色”“黄色—蓝色”在图像中的占比。拖曳3个滑块或在“色阶”后的数值框中输入相应的值，可使图像增加或减少相应的色彩，其中，向左拖曳3个滑块分别增加青色、洋红、黄色，向右拖曳3个滑块分别增加红色、绿色、蓝色。
- “色调平衡”栏：用于选择需要着重进行调整的色彩范围。选中“阴影”“中间调”或“高光”单选项，就会对相应的像素进行调整。选中“保持明度”复选框，可保持图像的明度不变，防止明度值随色彩的更改而改变。

图4-26　使用“色彩平衡”命令调整图像前后的对比效果

图4-26所示为使用“色彩平衡”命令调整图像前后的对比效果。

## 4.2.4 “照片滤镜”命令

使用“照片滤镜”命令可以模拟传统光学滤镜特效，使图像呈现暖色调、冷色调或其他色调。下面将使用“照片滤镜”命令调整猕猴桃商品图像的色调，使其在视觉效果上呈现统一的暖色调，再制作该商品的详情页卖点图，其具体操作如下。

**步骤 01** 打开“猕猴桃1.jpg”图像文件（配套资源：\素材\第4章\猕猴桃卖点图\猕猴桃1.jpg），如图4-27所示，复制图层。

**步骤 02** 观察图像可知，图像整体已偏暖色调，此时加强暖色调即可。选择【图像】/【调整】/【照片滤镜】命令，打开“照片滤镜”对话框，在“滤镜”下拉列表框中选择“加温滤镜（81）”选项，设置浓度为“61%”，单击 确定 按钮，如图4-28所示。

图4-27　打开图像文件（1）

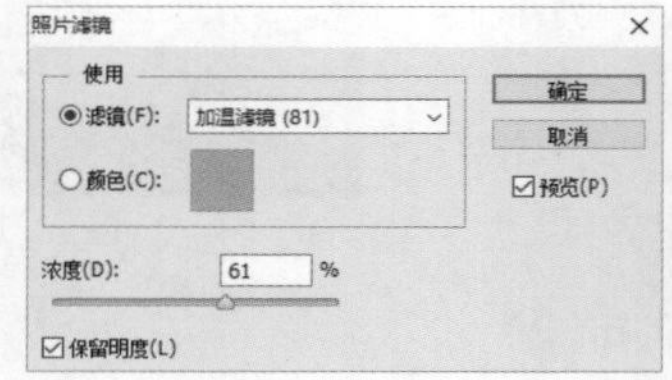

图4-28　加强暖色调（1）

**步骤 03** 打开“猕猴桃2.jpg”图像文件（配套资源：\素材\第4章\猕猴桃卖点图\猕猴桃2.jpg），如图4-29所示，复制图层。

**步骤 04** 观察图像可知，绿色占比较大，因此需要增加红色占比，从而加强图像的暖色调。选择【图像】/【调整】/【照片滤镜】命令，打开“照片滤镜”对话框，单击“颜色”单选项右侧的色块，打开“拾色器（照片滤镜颜色）”对话框，设置颜色为“#ff4e00”，单击 确定 按钮，返回“照片滤镜”对话框，设置浓度为“45%”，如图4-30所示，单击 确定 按钮。

图4-29　打开图像文件（2）

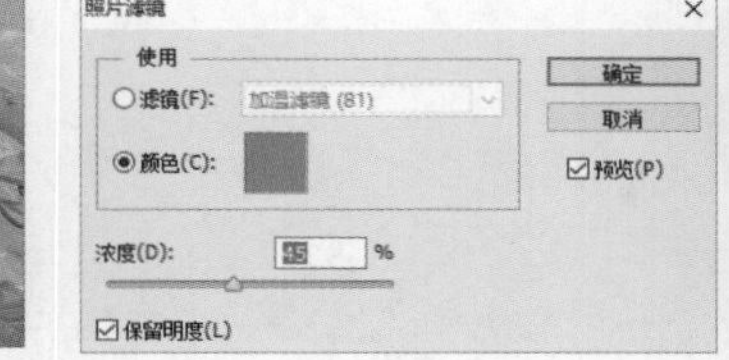

图4-30　增加红色占比

## 经验之谈

在“照片滤镜”对话框中的“滤镜”下拉列表框中可以选择滤镜的类型，单击“颜色”单选项右侧的色块，可以在打开的对话框中自定义滤镜的色彩。在“浓度”数值框中输入数值，或者拖曳其下方的滑块可以调节所添加照片滤镜的浓度。

**步骤05** 打开“猕猴桃3.jpg”图像文件（配套资源：\素材\第4章\猕猴桃卖点图\猕猴桃3.jpg），如图4-31所示，复制图层。

**步骤06** 观察图像可知，图像色彩较暗，整体呈现冷色调。选择【图像】/【调整】/【亮度/对比度】命令，打开“亮度/对比度”对话框，设置亮度为“39”，单击 确定 按钮。

**步骤07** 选择【图像】/【调整】/【照片滤镜】命令，打开“照片滤镜”对话框，在“滤镜”下拉列表框中选择“加温滤镜（LBA）”选项，设置浓度为“59%”，单击 确定 按钮，如图4-32所示。

图4-31　打开图像文件（3）

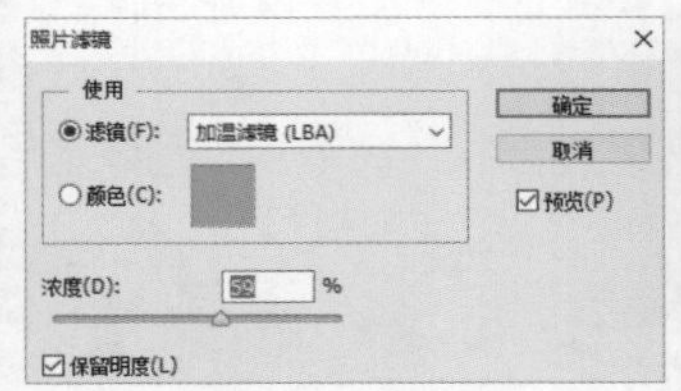

图4-32　加强暖色调（2）

**步骤08** 全选“猕猴桃3.jpg”图像，然后复制选区，接着打开“猕猴桃卖点图.psd”文件（配套资源：\素材\第4章\猕猴桃卖点图\猕猴桃卖点图.psd），粘贴复制的选区，调整图像的大小和位置，然后将其所在的图层放置在“肉”图层组下方。

**步骤09** 按照步骤08的方法，依次将“猕猴桃1.jpg”图像和“猕猴桃2.jpg”图像复制粘贴到“猕猴桃卖点图.psd”文件中，并调整图像的大小和位置。

**步骤10** 保存文件并查看完成后的效果，如图4-33所示（配套资源：\效果\第4章\猕猴桃卖点图.psd）。

图4-33　完成后的效果

## 视野拓展

在调整食品类，尤其是生鲜食品类商品图像的色彩时，应该整体向暖色调、高饱和度的方向进行调整，因为鲜明的色彩会激发消费者的食欲，从而刺激消费行为的产生；而冷色调、饱和度较低的色彩会抑制消费者的食欲，甚至使消费者产生厌烦心理，不适合表现此类商品。需要注意的是，调整不能造成图像色彩失真，以免消费者对商品色彩产生误解。

### 4.2.5 “通道混合器”命令

使用“通道混合器”命令可以对图像不同通道中的颜色进行混合，从而达到改变图像色彩的目的。其方法：选择【图像】/【调整】/【通道混合器】命令，在打开的“通道混合器”对话框（见图4-34）中调整参数，单击 确定 按钮。

“通道混合器”对话框中相关选项的含义如下。

- **“输出通道”下拉列表框：**用于选择要调整的颜色通道。不同颜色模式下的图像对应的颜色通道选项各不相同。
- **“源通道”栏：**拖曳下方的颜色通道滑块或在数值框中输入数值，可调整源通道在输出通道中所占的颜色百分比。
- **总计：**用于显示源通道的总计值。如果值高于100%，旁边将会显示一个警告符号 ⚠，并且图像可能会损失阴影和高光细节。
- **“常数”数值框：**用于调整输出通道的灰度值，负值将增加黑色，正值将增加白色。
- **“单色”复选框：**选中该复选框，可以将图像转换为灰度模式，即彩色图像会变为黑白图像。

图4-35所示为使用“通道混合器”命令调整图像前后的对比效果。

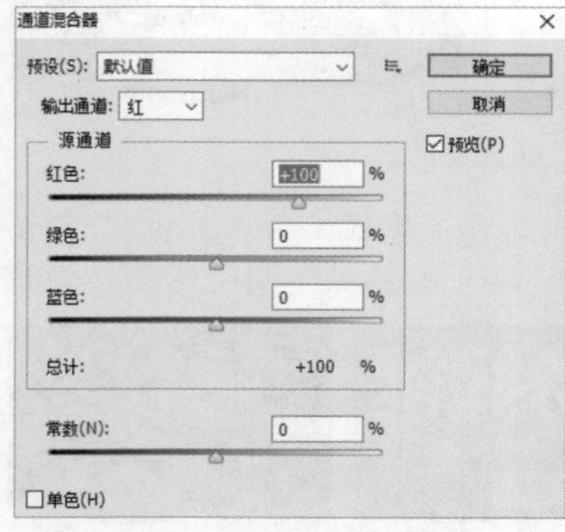


图4-34 “通道混合器”对话框

图4-35 使用“通道混合器”命令调整图像前后的对比效果

# 4.3 调整图像的特殊命令

Photoshop除了能调整图像的明暗和色彩外，还提供了“渐变映射”“可选颜色”“匹配颜色”“替换颜色”“色调分离”等特殊命令，从而满足一些商品图像的特殊调整要求。

## 4.3.1 “渐变映射”命令

使用“渐变映射”命令可使图像颜色根据指定的渐变颜色改变。其方法：选择【图像】/【调整】/【渐变映射】命令，在打开的“渐变映射”对话框（见图4-36）中调整参数，单击 确定 按钮。

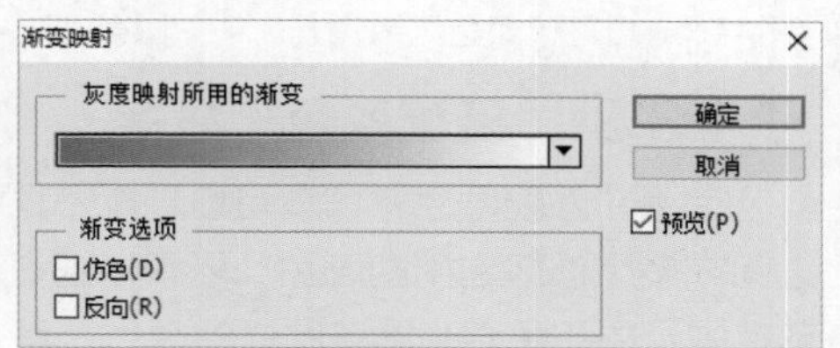


图4-36 “渐变映射”对话框

“渐变映射”对话框中相关选项的含义如下。

- **“灰度映射所用的渐变”栏**：单击栏内渐变条右边的下拉按钮，在打开的下拉列表中将出现一个包含预设效果的选择面板，在其中可选择需要的渐变样式，选择完成后单击渐变条可打开“渐变编辑器”对话框，双击位于对话框下方两侧的色标，可在打开的“拾色器（色标颜色）”对话框中调整颜色。
- **“仿色”复选框**：选中该复选框，可以添加随机的杂色来使渐变填充的外观更平滑。
- **“反向”复选框**：选中该复选框，可以反转渐变颜色的填充方向。

图4-37所示为使用“渐变映射”命令调整图像前后的对比效果。

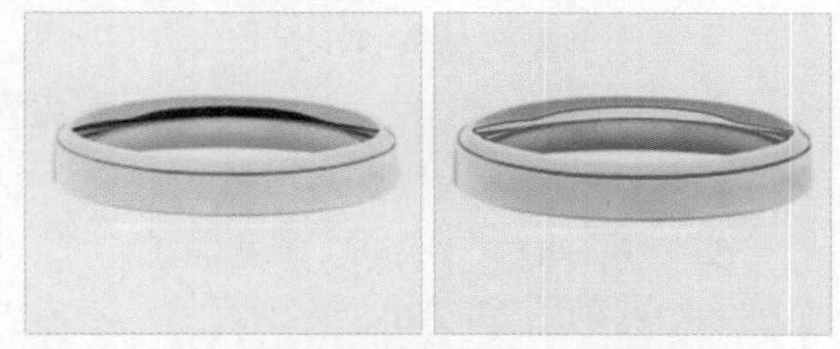

图4-37 使用“渐变映射”命令调整图像前后的对比效果

## 4.3.2 “可选颜色”命令

使用“可选颜色”命令可以对RGB颜色、CMYK颜色及灰度等颜色模式下的商品图像中的某种颜色进行调整，并且不影响其他颜色。其方法：选择【图像】/【调整】/【可选颜色】命令，在打开的“可选颜色”对话框（见图4-38）中调整参数，单击 确定 按钮。

“可选颜色”对话框中相关选项的含义如下。

- **“颜色”下拉列表框**：用于设置要调整的颜色选项。设置好选项后，再拖曳下面各种颜色对应的滑块，即可调整所选颜色中青色、洋红、黄色及黑色的含量。
- **“方法”栏**：用于选择增减颜色的模式。选中“相对”单选项，将按CMYK总量的百分比来调整颜色；选中“绝对”单选项，将按CMYK总量的绝对值来调整颜色。

图4-39所示为使用“可选颜色”命令调整图像前后的对比的效果。

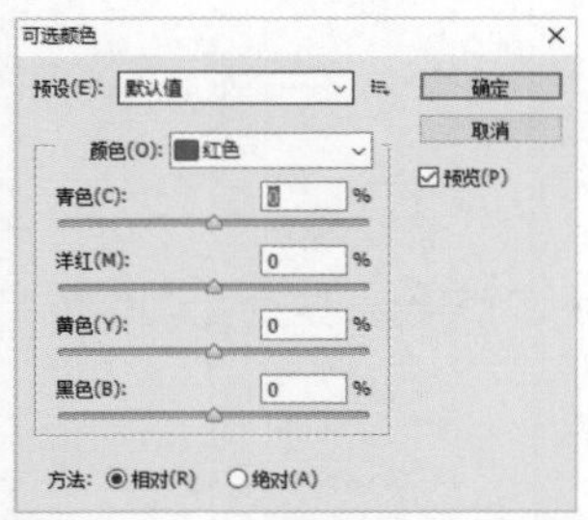
图4-38 “可选颜色”对话框

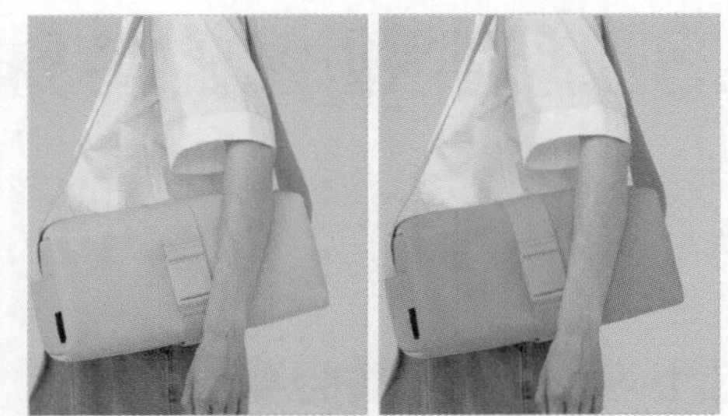
图4-39 使用“可选颜色”命令调整图像前后的对比的效果

## 4.3.3 “匹配颜色”命令

使用“匹配颜色”命令可以匹配不同图像之间、多个图层之间或多个选区之间的颜色，还可以通过更改图像的亮度、色彩范围及中和色调来调整图像的颜色。其方法：选择【图像】/【调整】/【匹配颜色】命令，在打开的“匹配颜色”对话框（见图4-40）中调整参数，单击 确定 按钮。

图4-40 “匹配颜色”对话框

“匹配颜色”对话框中相关选项的含义如下。

- **“目标图像”栏**：用来显示当前图像文件的名称。
- **“图像选项”栏**：用于调整匹配颜色时的明亮度、颜色强度、渐隐效果。选中“中和”复选框，可以中和两个图像中间色的色调。
- **“图像统计”栏**：用于选择匹配颜色时图像的来源或所在的图层。

图4-41所示为使用“匹配颜色”命令调整图像色彩前后的对比效果。

图4-41 使用“匹配颜色”命令调整图像色彩前后的对比效果

## 4.3.4 “替换颜色”命令

使用“替换颜色”命令可以改变图像中某些区域颜色的色相、饱和度和明度，从而达到改变图像色彩的目的。下面将打开“手包.jpg”图像文件，使用“替换颜色”命令调整手包的色彩，使其变为同款不同色的商品图像，再制作该商品的详情页设计理念图，其具体操作如下。

**步骤01** 打开“手包.jpg”图像文件（配套资源：\素材\第4章\设计理念\手包.jpg），复制图层，然后使用“快速选择工具”为手包图像创建选区，接着进行收缩并平滑选区操作。

**步骤02** 复制选区，然后打开“设计理念.psd”文件（配套资源：\素材\第4章\设计理念\设计理念.psd），接着将复制的选区图像粘贴到该文件中，调整图像的位置与大小。复制3次手包图像，并调整图像的位置，使其均匀分布，如图4-42所示。

**步骤03** 选择第一排右侧手包图像所在的图层，选择【图像】/【调整】/【替换颜色】命令，打开“替换颜色”对话框，设置颜色容差为“174”，单击“替换”栏中的“结果”缩略图，打开“拾色器（结果颜色）”对话框，设置颜色为“#ffffff”，单击 确定 按钮。返回“替换颜色”对话框，设置色相为“+4”，饱和度为“−82”，明度为“+45”，单击 确定 按钮，如图4−43所示。

## 经验之谈

“替换颜色”对话框的“颜色容差”数值框用于控制颜色选择的精度，该数值越大，选择的范围越广。“替换”栏用于调整图像所拾取颜色的色相、饱和度和明度的值，调整后的颜色变化将显示在“结果”缩略图中，原图像也会发生相应的变化。

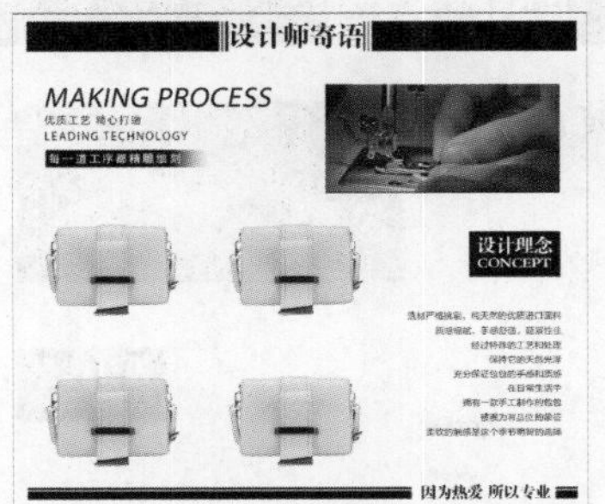

图4−42 调整图像的位置

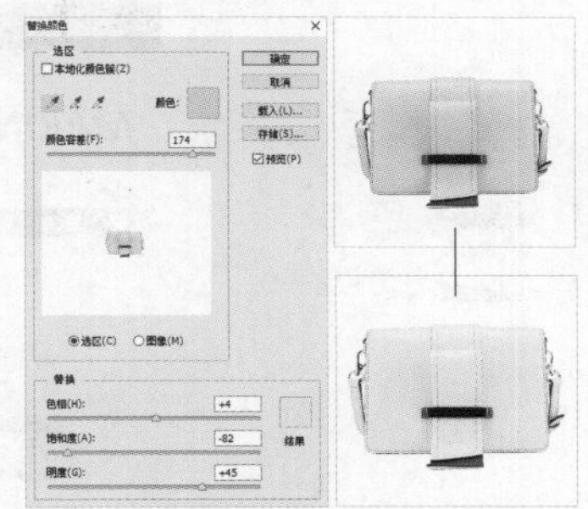

图4−43 调整第一排右侧手包图像的颜色

**步骤 04** 在调整第二排手包图像的颜色之前，需先调整手包装饰品的颜色。复制第二排左侧手包图像所在的图层，选择【图像】/【调整】/【替换颜色】命令，打开“替换颜色”对话框，将鼠标指针（此时鼠标指针呈✎状态）移至装饰品区域，单击选区上方的预览区域只呈现同色区域，调整颜色容差为“42”，如图4−44所示，将颜色容差调整到最大值，单击 确定 按钮。然后用选区工具框选装饰品区域，反选选区，删除选区，只保留装饰品区域。

**步骤 05** 按照与步骤03相同的方法将第二排左侧手包图像的颜色调整为“#d2e6c9”，如图4−45所示。

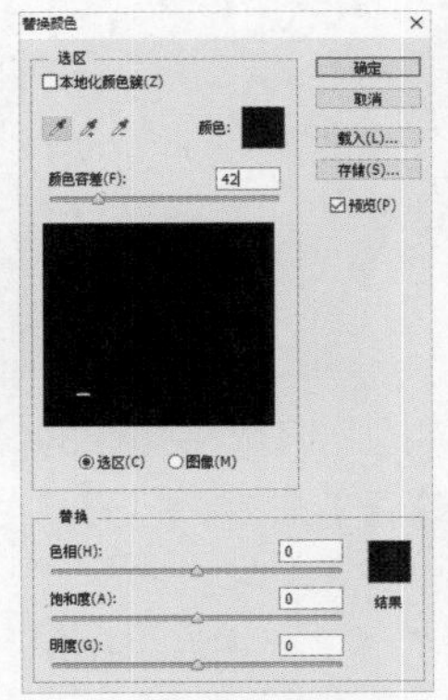

图4−44 调整装饰品的颜色

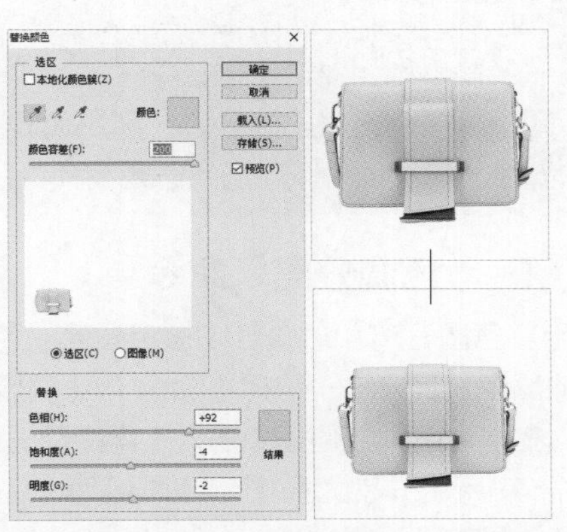

图4−45 调整第二排左侧手包图像的颜色

## 经验之谈

若需要在图像中选择相似且连续的颜色，可选中“本地化颜色簇”复选框，使选择范围更加精确。使用吸管工具、、在图像中单击，也可分别进行拾取、增加或减少颜色的操作，使选择更加精准。

步骤06 按照与步骤03、步骤04相同的方法，将第二排右侧手包图像的颜色调整为“#ebe7cf”，装饰品颜色调整为白色，效果如图4-46所示。

步骤07 保存文件并查看完成后的效果，如图4-47所示（配套资源：\效果\第4章\设计理念.psd）。

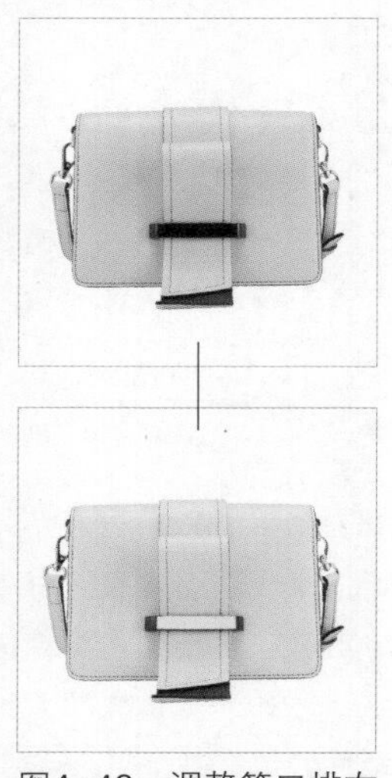

图4-46 调整第二排右侧手包图像的颜色

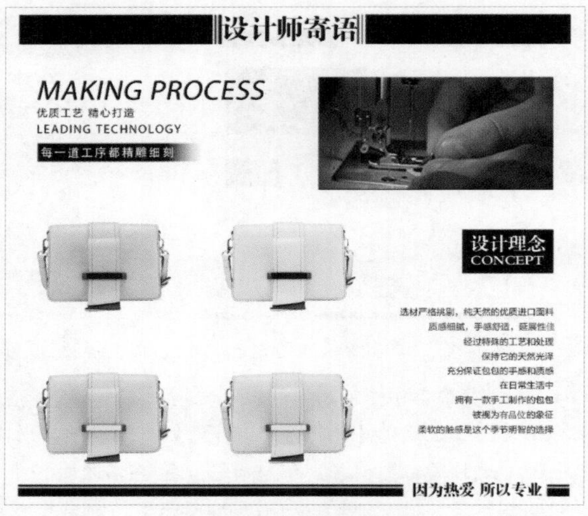


图4-47 完成后的效果

## 经验之谈

在“替换颜色”对话框中选中“选区”单选项，将以白色蒙版的方式在预览区域中显示图像，白色代表已选区域，黑色代表未选区域，灰色代表部分被选择区域；若选中“图像”单选项将以原图的方式在预览区域中显示图像。

### 4.3.5 “色调分离”命令

使用“色调分离”命令可以指定图像的色调级数，并按此级数将图像的像素映射为最接近的颜色。其方法：选择【图像】/【调整】/【色调分离】命令，打开“色调分离”对话框，在“色阶”数值框中输入不同的数值或拖曳滑块。

图4-48所示分别为原图、色阶值为“9”和色阶值为“21”时的图像，色阶值越大，分离效果越不明显。

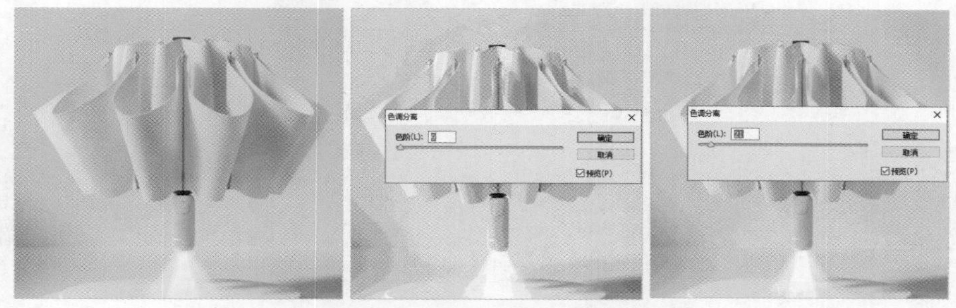


图4-48　不同色阶值的图像展现效果

# 4.4 综合案例——制作移动端网店冲锋衣Banner

## 1. 案例背景

某移动端户外运动网店为参与平台的促销活动，准备为热销商品——冲锋衣制作Banner，从而提高销售额。移动端网店Banner的尺寸为“608像素×304像素”，需要展示出户外运动类商品的特点，完成后的效果如图4-49所示。

图4-49　冲锋衣Banner效果

## 2. 设计思路

（1）为了展示出户外运动类商品的特点，可选取高山图像作为背景图像，同时也与主题文字契合。为避免背景图像过于抢眼，可使用调整图像明暗的相关命令，同时辅以模糊工具调整背景图像，使其能更好地衬托商品图像。

（2）冲锋衣商品图像存在饱和度、明度不足等问题，可先调整图像的明暗，再提高商品图像的色彩饱和度，调整图像的色彩。

（3）置入Banner中的冲锋衣商品图像为暖色调，而使用的背景图像为冷色调，可使用“照片滤镜”命令统一色调，使Banner整体呈冷色调。

（4）为避免文案与背景图像在视觉上融合，缺乏层次，可为部分文案添加图层样式或者装饰元素，使其在视觉上与背景图像区分开来，方便向消费者传达促销信息。

## 3. 操作步骤

**步骤01** 打开“背景图.jpg”图像文件（配套资源：\素材\第4章\冲锋衣Banner\背景图.jpg），复制图层。

**步骤02** 选择【图像】/【调整】/【亮度/对比度】命令，设置亮度为“−38”，对比度为

“–24”，单击 确定 按钮，如图4–50所示。

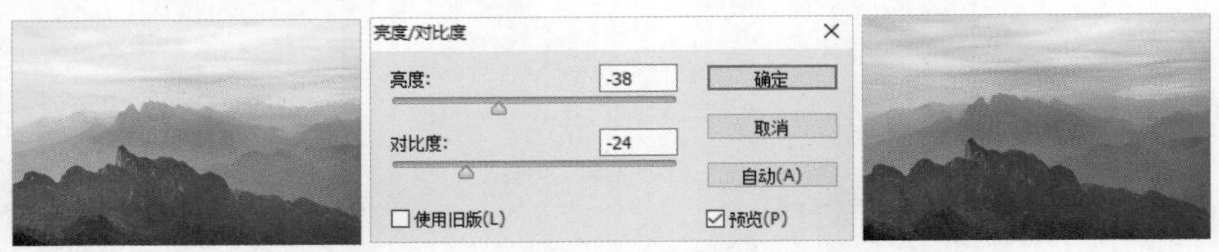


图4–50　调整亮度/对比度

步骤03 选择模糊工具，在工具属性栏中设置画笔样式为“硬边圆”，强度为“78%”，接着对全图进行涂抹，重点涂抹山脉区域。最后全选图像，复制选区。

## 经验之谈

在调整图像色彩时，可使用“撤销”“重做”命令来重新调整图像色彩，按【Ctrl+Z】组合键可以撤销最近一次操作，再次按【Ctrl+Z】组合键可以撤销之前的撤销操作。也可通过在每一步操作时复制一次原图层来保留原信息，从而可以重新调整图像色彩。

步骤04 新建尺寸为“608像素×304像素”，名称为“冲锋衣Banner”的文件。将复制的选区粘贴到该文件中，调整图像的大小和位置。

步骤05 置入“冲锋衣.png”图像（配套资源：\素材\第4章\冲锋衣Banner\冲锋衣.png），在该图像所在的图层上单击鼠标右键，在弹出的快捷菜单中选择“栅格化图层”命令。选择【图像】/【调整】/【曝光度】命令，设置参数如图4–51所示，单击 确定 按钮。

步骤06 选择【图像】/【调整】/【自然饱和度】命令，设置参数如图4–52所示，单击 确定 按钮。

步骤07 选择【图像】/【调整】/【色彩平衡】命令，设置参数如图4–53所示，补足图像缺少的蓝色，并减少红色，单击 确定 按钮。

图4–51　调整曝光度

图4–52　调整自然饱和度

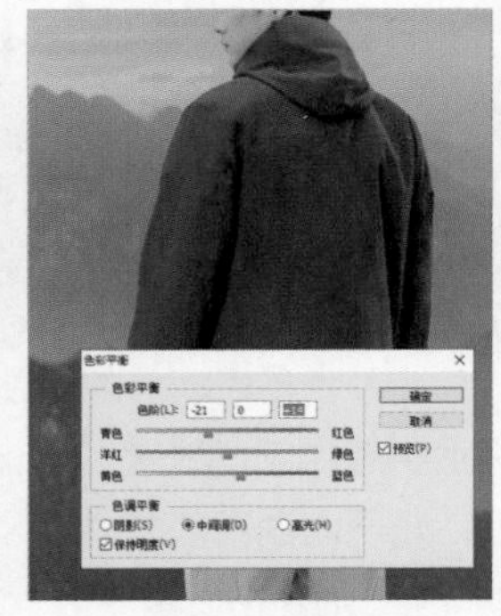

图4–53　调整色彩平衡

步骤08 使用套索工具为模特脸部创建选区，再选择【图像】/【调整】/【替换颜色】命令，设置参数如图4–54所示，将模特脸部皮肤的颜色与手部皮肤的颜色统一。

图4-54 替换模特脸部皮肤的颜色

## 经验之谈

在不需要调整商品图像全图的色彩时，可将调整图像色彩的命令与选区结合使用，从而对商品图像某区域进行精确调整，使调整后的商品图像的真实度更高。

**步骤09** 使用矩形选框工具创建矩形选区，并将选区填充为“#e6fbfb”，将填充后的选区放置在冲锋衣图像下方，然后调整不透明度为“28%”。

**步骤10** 盖印图层，选择【图像】/【调整】/【照片滤镜】命令，选择“蓝”滤镜，设置浓度为“13%”，单击 确定 按钮，如图4-55所示。

图4-55 调整图像色调

**步骤11** 打开“文案与装饰.psd”文件（配套资源：\素材\第4章\文案与装饰.psd），将“文案”“装饰”图层组移至“冲锋衣Banner”文件中，并依次调整图像的位置和大小。

**步骤12** 选择“文案”图层组，添加“投影”图层样式，设置颜色为“#478594”，不透明度为“75%”，角度为“75度”，距离为“9像素”，扩展为“5%”，大小为“13像素”。

**步骤13** 盖印图层，保存文件并查看图像效果（配套资源：\效果\第4章\冲锋衣Banner.psd）。

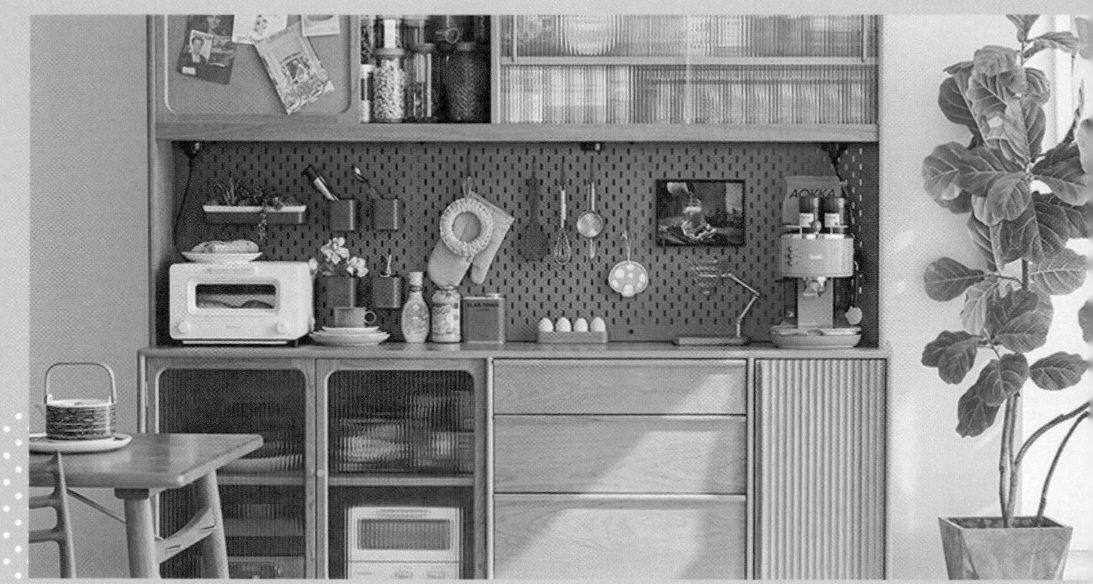

# 第 5 章 使用图形和文字完善网店内容

在网店中，除了要展现出美观、真实的商品图像外，还需要通过不同的图形和文字内容来丰富和完善网店内容。网店美工可以使用钢笔工具组、形状工具组和画笔工具来绘制图形，还可以使用文字工具组添加文字，对图像进行文字描述，以便消费者了解相关信息。

## 【本章要点】

- 使用钢笔工具组绘制图形
- 使用形状工具组绘制图形
- 使用画笔工具绘制图形
- 使用文字工具组添加文字
- 掌握点、线、面三要素在美化商品图像中的作用，强化构图能力

## 【素养目标】

- 强化创意思维，对图像美化思路进行合理发散
- 培养基本的美学修养

# 5.1 使用钢笔工具组绘制图形

钢笔工具组是Photoshop提供的矢量绘图工具组。使用钢笔工具不仅可以自由地绘制丰富多变的矢量图形，还可以对边缘复杂的对象进行抠图处理；相比钢笔工具，使用自由钢笔工具可以绘制出边缘更加随意的图形；添加锚点工具、删除锚点工具和转换点工具则是前两个工具的辅助工具，使用它们可以使绘制出的图形更加精准。要想掌握钢笔工具组的使用方法，需要先了解路径的相关知识。

## 5.1.1 认识路径

使用钢笔工具组绘制的线段即为路径。在Photoshop中，路径常用于勾画图像的轮廓，在图像中显示为不可打印的矢量图形。沿着路径可对其进行填充和描边，如图5-1所示，使其成为可打印的矢量图形，并且可将路径转换为选区或形状图层。

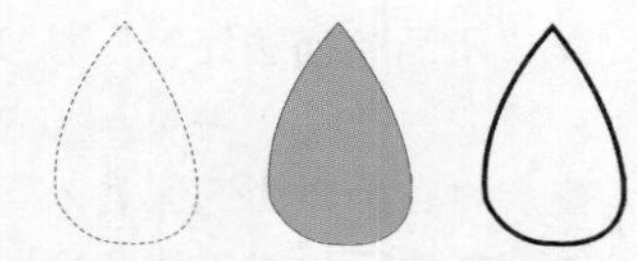

图5-1 路径、路径填充和路径描边

路径可根据起点与终点的情况分为开放路径和闭合路径，如图5-2所示。起点和终点未连接的即为开放路径，常用于绘制线条；起点和终点合为一点的则是闭合路径，常用于绘制图形和抠取图像。

图5-2 开放路径和闭合路径

### 1. 认识路径元素

路径主要由线段、锚点和控制柄组成，如图5-3所示。

下面分别对路径的各个组成部分进行介绍。

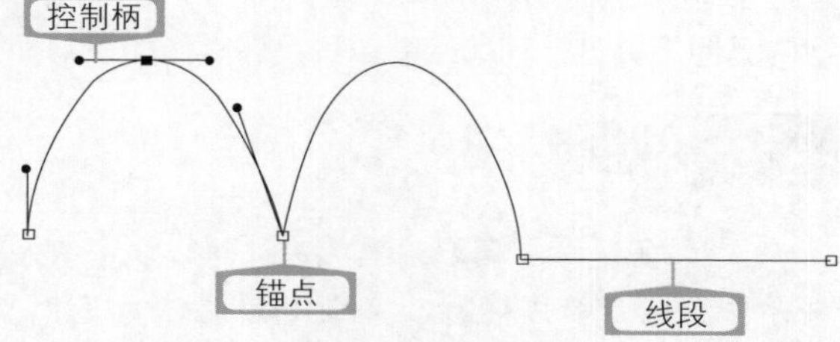


图5-3 路径的组成

- **线段**：线段可分为直线段和曲线段两种类型。
- **锚点**：锚点指与路径相关的点，即每条线段两端的点，由小正方形表示。当锚点表现为黑色实心时，表示该锚点为当前选择的定位点（定位点分为平滑点和拐点两种类型，平滑点可以形成曲线，拐点可以形成直线或拐角直线）；当锚点表现为黑色空心时，表示该锚点当前未被选中。
- **控制柄**：控制柄用于调整线段（曲线段）位置、长短和平滑度等参数。选择任意锚点后，该锚点上将显示与其相关的控制柄，拖曳控制柄一端的小圆点，可修改该线段的形状和曲度。

### 2. 认识“路径”面板

“路径”面板主要用于存储和编辑路径。在默认情况下，“路径”面板与“图层”面板在同一面板组中，但因为路径不是图层，所以创建的路径不会显示在“图层”面板中，而是单独存在于“路径”面板中。选择【窗口】/【路径】命令，打开“路径”面板，如图5-4所示。

"路径"面板中相关选项的含义如下。

- 当前路径："路径"面板中以蓝色底纹显示的路径为当前路径，选择路径后的所有操作都针对该路径。
- 路径缩略图：用于显示该路径的缩略图，可查看路径的大致样式。
- 路径名称：显示该路径的名称。双击路径后，将打开"存储路径"面板，此时可对路径进行重命名。

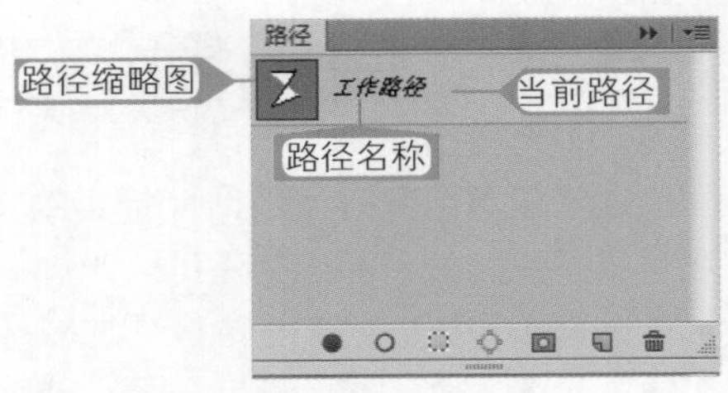

图5-4 "路径"面板

- "用前景色填充路径"按钮：单击该按钮，将在当前图层为选择的路径填充前景色。
- "用画笔描边路径"按钮：单击该按钮，将在当前图层为选择的路径以前景色描边，描边粗细为画笔大小。
- "将路径作为选区载入"按钮：单击该按钮，可将当前路径转换为选区。
- "从选区生成工作路径"按钮：单击该按钮，可将当前选区转换为路径。
- "添加图层蒙版"按钮：单击该按钮，将以此路径形状创建图层蒙版。
- "创建新路径"按钮：单击该按钮，将创建一个新路径。
- "删除当前路径"按钮：单击该按钮，将删除选择的路径。

微课视频

使用钢笔工具组绘图

### 5.1.2 使用钢笔工具组绘图

当需绘制的图形为不规则、较复杂的形状时，可使用钢笔工具组进行绘制。下面将使用钢笔工具绘制茶叶店的店标，并使用钢笔工具组内其他工具进行辅助绘制，其具体操作如下。

## 视野拓展

因为矢量图具有高度缩放性，可以任意放大或缩小，且不会降低图像质量，所以一般情况下制作的店标、Logo等都默认为矢量图。矢量图的优势给了网店美工充分的自由来完成创作和后期编辑工作。

步骤01 新建尺寸为"800像素×800像素"，分辨率为"300像素/英寸"，名称为"茶叶店店标"的文件。

步骤02 选择【视图】/【显示】/【网格】命令，激活网格功能。

步骤03 选择钢笔工具，在工具属性栏中设置工具模式为"路径"，将鼠标指针移至第二排中间大格中点下方位置，单击以创建第1个锚点，如图5-5所示。

步骤04 将鼠标指针移至第一排最左侧大格偏下的位置，按住鼠标左键不放并拖曳鼠标指针，创建第2个锚点的同时，使连接两锚点间的线段变为饱满的曲线段，如图5-6所示。

步骤05 按住【Alt】键，此时鼠标指针呈状态，功能切换到转换点工具，单击第2个锚点超出图像编辑区的控制柄上的小圆点，将曲线走向移到右下角方向，如图5-7所示。

步骤06 创建第3个锚点，如图5-8所示。继续绘制锚点直到绘制完毕，然后在起点处单击，使路径变为闭合选区，如图5-9所示。

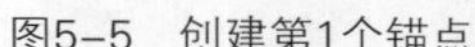

图5-5　创建第1个锚点

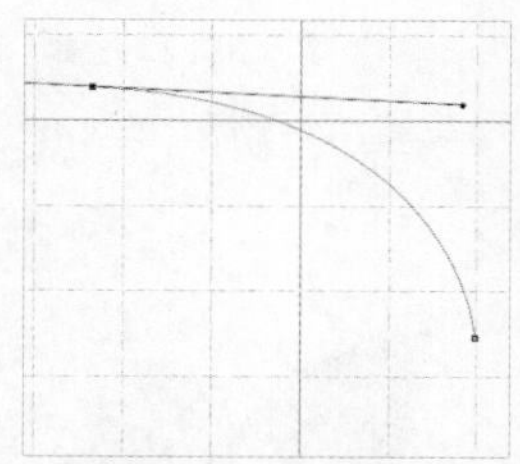

图5-6　创建第2个锚点

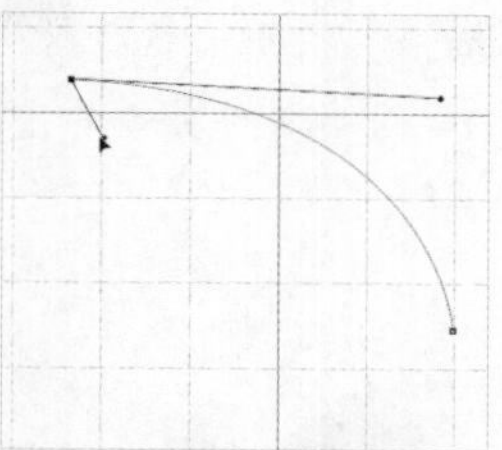

图5-7　调整曲线段走向

## 经验之谈

转换点工具 主要用于改变锚点上控制柄的方向，从而更改曲线段的平滑度（弯曲）和走向。需要新增控制柄时，在锚点上单击并拖曳鼠标指针，可生成一条或者两条新的控制柄。

步骤 07 单击鼠标右键，在弹出的快捷菜单中选择“填充路径”命令，打开“填充路径”对话框，在“使用”下拉列表框中选择“颜色”选项，打开“拾色器（填充颜色）”对话框，设置颜色为“#4cb653”，单击 确定 按钮，返回“填充路径”对话框，单击 确定 按钮，效果如图5-10所示。

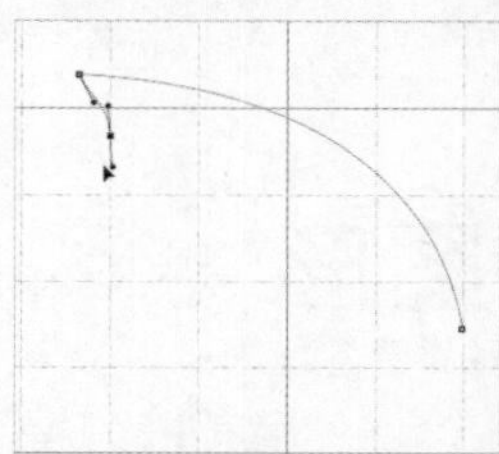

图5-8　创建第3个锚点

图5-9　闭合路径

图5-10　填充路径

步骤 08 打开“路径”面板，单击“删除当前路径”按钮 ，将绘制的路径删除，此时填充后的路径已转化为图形。复制两次绘制的图形，并调整其大小、位置和方向，效果如图5-11所示。

## 经验之谈

绘制路径后，若需要修改路径的大小或方向等，可通过变换路径来实现。其方法：选择路径后，按【Crtl + T】组合键或者单击鼠标右键，在弹出的快捷菜单中选择“自由变换路径”命令，即可进行编辑。

步骤 09 全选图形，将其往上移动，然后取消网格显示，使用横排文字工具 T 输入图5-12所示的文字，字体为“方正中雅宋简体”，文字颜色为“#3c8841”。

步骤 10 使用椭圆选框工具 绘制圆形选区，单击鼠标右键，在弹出的快捷菜单中选择“描边”命令，打开“描边”对话框，设置宽度为“8像素”，颜色为“#469a4c”，单

击 确定 按钮。然后取消选区，选择橡皮擦工具擦除圆形的部分区域。

步骤 11 保存文件并查看完成后的效果，如图5-13所示（配套资源：\效果\第5章\茶叶店店标.psd）。

图5-11 复制并调整图形

图5-12 输入文字

图5-13 完成后的效果

**经验之谈**

钢笔工具组中的自由钢笔工具用于绘制比较随意的路径。与套索工具类似，选择自由钢笔工具后，在图像编辑区上按住鼠标左键不放并拖曳鼠标指针，即可沿着拖曳轨迹绘制路径。添加锚点工具用于在绘制好的路径上单击以添加锚点，可将一条线段分为两段，以便对这两条线段的一部分进行编辑。删除锚点工具用于删除路径上已有的锚点，使用时只需要在要删除的锚点上单击。

## 5.2 使用形状工具组绘制图形

除了钢笔工具组外，Photoshop还提供了形状工具组，网店美工使用其中的工具可以精确又迅速地绘制出预设好的图形。形状工具组包括矩形工具、圆角矩形工具、椭圆工具、多边形工具、直线工具和自定形状工具等，这些工具的工具属性栏及使用方法有相通之处。

### 5.2.1 矩形工具

使用矩形工具可以绘制矩形和正方形。其使用方法：选择矩形工具，然后在工具属性栏中设置填充、描边等参数，然后在图像编辑区中按住鼠标左键不放并拖曳鼠标指针，可绘制不固定尺寸、不固定比例的矩形；按住【Shift】键的同时进行该操作可绘制不固定尺寸的正方形。

矩形工具属性栏（见图5-14）中相关选项的含义如下。

图5-14 矩形工具属性栏

- **“形状”下拉列表框**：用于设置绘制的模式，有“形状”“路径”“像素”3种类型。
- **填充**：用于设置填充颜色。
- **描边**：用于设置描边的颜色、粗细、线条样式。

- “W”和“H”：“W”用于设置绘制形状的宽度，“H”用于设置绘制形状的高度。
- “链接形状的宽度和高度”按钮：单击该按钮，可以锁定绘制形状的宽高比，确保调整形状时不会改变其宽高比。
- “路径操作”按钮：单击该按钮，在打开的下拉列表中可选择形状之间的交互方式。
- “路径对齐方式”按钮：单击该按钮，在打开的下拉列表中可选择形状的对齐方式。
- “路径排列方式”按钮：单击该按钮，在打开的下拉列表中可选择形状的堆叠顺序。
- “设置其他形状和路径选项”按钮：用于绘制固定尺寸、固定比例的矩形。
- “对齐边缘”复选框：选中该复选框，可使绘制形状的边缘与像素网格对齐。

使用矩形工具也可以绘制固定尺寸、固定比例的矩形，其方法：选择矩形工具，在工具属性栏中设置填充、描边等参数后，单击“设置其他形状和路径选项”按钮，在打开的面板（见图5-15）中设置参数，然后在图像编辑区中进行绘制。

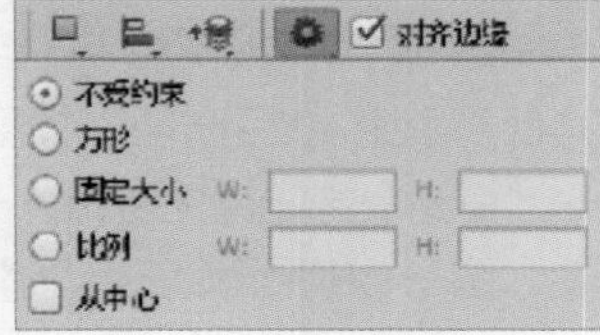

图 5-15　设置矩形比例

该面板中相关选项的含义如下。

- “不受约束”单选项：默认的矩形选项。在不受约束的情况下，可通过拖曳鼠标指针绘制任意大小、比例的矩形。
- “方形”单选项：选中该单选项后，拖曳鼠标指针绘制的矩形为正方形，效果与按住【Shift】键不放并进行绘制的效果相同。
- “固定大小”单选项：选中该单选项后，在其后的“W”和“H”数值框中可输入矩形具体的宽、高值，然后在图像编辑区中按住鼠标左键不放并拖曳鼠标指针，可绘制指定宽度和高度的矩形。
- “比例”单选项：选中该单选项后，在其后的“W”和“H”数值框中输入矩形的宽、高比例值，然后在图像编辑区中按住鼠标左键不放并拖曳鼠标指针，可绘制宽、高等比的矩形。
- “从中心”复选框：一般情况下，绘制的矩形的起点均为按住鼠标左键时的点，而选中该复选框后，按住鼠标左键时的点将成为绘制矩形的中心点，拖曳鼠标指针时矩形由中间向外扩展。

图5-16所示为使用矩形工具绘制网店首页优惠活动区底纹的效果。

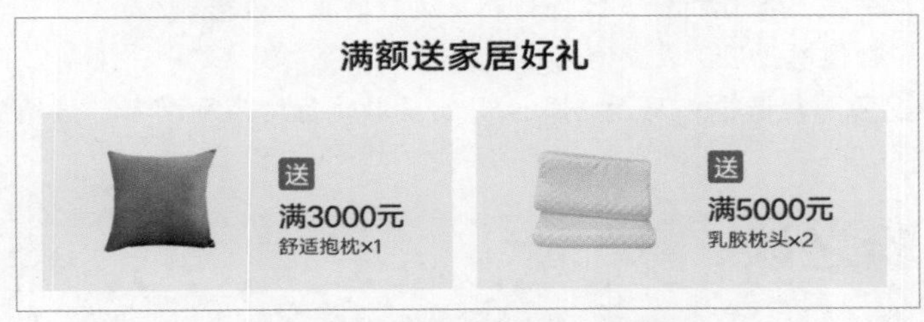

图5-16　使用矩形工具的效果

## 5.2.2　圆角矩形工具

使用圆角矩形工具可以绘制出具有圆角效果的矩形，其常用于按钮、优惠券的底纹绘制。圆角矩形工具使用方法与矩形工具相同，其工具属性栏相较于矩形工具属性栏只多了一个“半径”选项，用于控制圆角的大小。“半径”数值越大，圆角弧度越大；“半径”数值越小，圆角弧度越小。

图5-17所示为使用圆角矩形工具绘制文字底纹后效果。

图 5-17 使用圆角矩形工具的效果

## 5.2.3 椭圆工具

椭圆工具用于绘制椭圆和正圆。其使用方法：选择椭圆工具后，在图像编辑区中按住鼠标左键不放并拖曳鼠标指针进行绘制。按住【Shift】键不放并绘制，或在工具属性栏中单击“设置其他形状和路径选项”按钮，在打开的下拉列表中选中“圆形”单选项后绘制，可得到正圆。

图5-18所示为使用椭圆工具绘制标题装饰的效果。

图5-18 使用椭圆工具的效果

## 5.2.4 多边形工具

多边形工具用于绘制正多边形和星形。其使用方法：选择多边形工具后，在工具属性栏中设置多边形的边数，然后在图像编辑区中按住鼠标左键不放并拖曳鼠标指针进行绘制。此外，也可以在选择该工具后，在工具属性栏中单击“设置其他形状和路径选项”按钮，在打开的列表中设置其他与绘制多边形相关的选项，如图5-19所示。

图5-19 多边形工具属性栏

多边形工具属性栏中相关选项的含义如下。

- **“边”数值框**：用于设置多边形的边数。输入数值后，在图像编辑区中按住鼠标左键不放并拖曳鼠标指针，可得到相应边数的正多边形。
- **“半径”数值框**：用于设置绘制的多边形的半径，数值越小，绘制出的图形越小。
- **“平滑拐角”复选框**：用于将多边形或星形的角变为平滑角，该功能多用于绘制星形。

## 经验之谈

绘制多边形时，“半径”是指中心点到角的距离，而非中心点到边的距离。绘制星形时，设置的边数对应星形角的个数，即5条边对应五角星、6条边对应六角星，以此类推。

- “星形”复选框：用于创建星形。选中该复选框后，“缩进边依据”数值框和“平滑缩进”复选框被激活。其中“缩进边依据”用于设置星形边缘向中心缩进的量，值越大，缩进量越大；“平滑缩进”复选框用于设置平滑的中心缩进，即选中该复选框后，绘制的星形的每条边将向中心缩进。

图5-20所示为使用多边形工具绘制的三边形价格底纹形状。

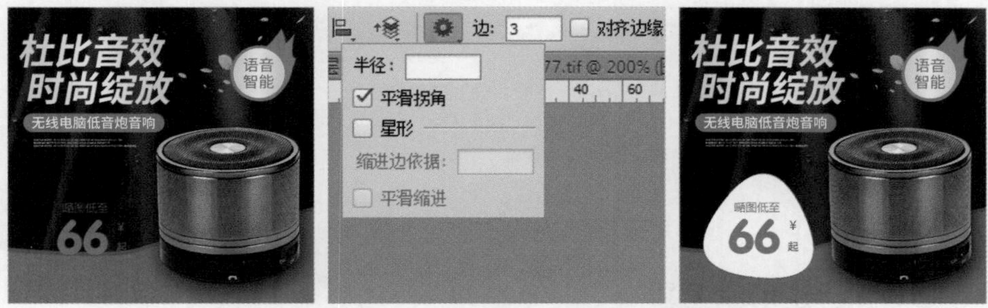


图5-20 使用多边形工具绘制的三边形价格底纹形状

## 5.2.5 直线工具

使用直线工具可绘制直线或带箭头的线段。其使用方法：选择直线工具，然后在图像编辑区中按住鼠标左键不放并拖曳鼠标指针进行绘制。此外，在工具属性栏中单击“设置其他形状和路径选项”按钮，在打开的列表中可设置箭头的参数，如图5-21所示。

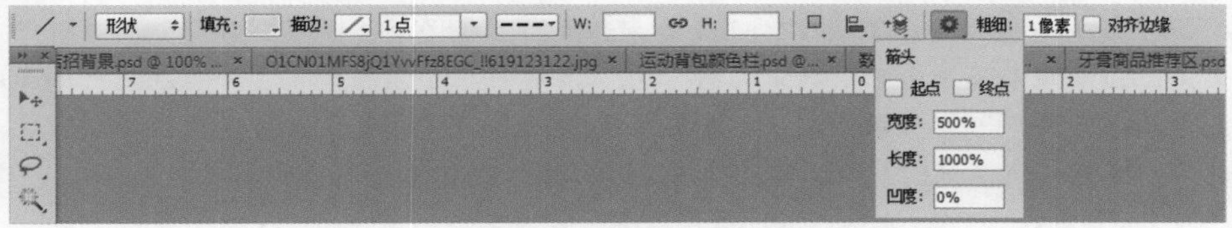


图5-21 直线工具属性栏

箭头列表中相关选项的含义如下。

- “起点”复选框：选中该复选框，可为绘制的直线起点添加箭头。
- “终点”复选框：选中该复选框，可为绘制的直线终点添加箭头。
- “宽度”数值框：用于设置箭头宽度与直线宽度的百分比。图5-22所示为宽度分别为500%和1000%的箭头的对比效果。
- “长度”数值框：用于设置箭头长度与直线宽度的百分比。图5-23所示为长度分别为200%和500%的箭头的对比效果。
- “凹度”数值框：用于设置箭头的凹陷程度。当数值为0%时，箭头尾部平齐；当数值大于0%时，箭头尾部将向内凹陷；当数值小于0%时，箭头尾部将向外凹陷，如图5-24所示。

图5-25所示为使用直线工具绘制的网店首页分类导购区域的分界线。

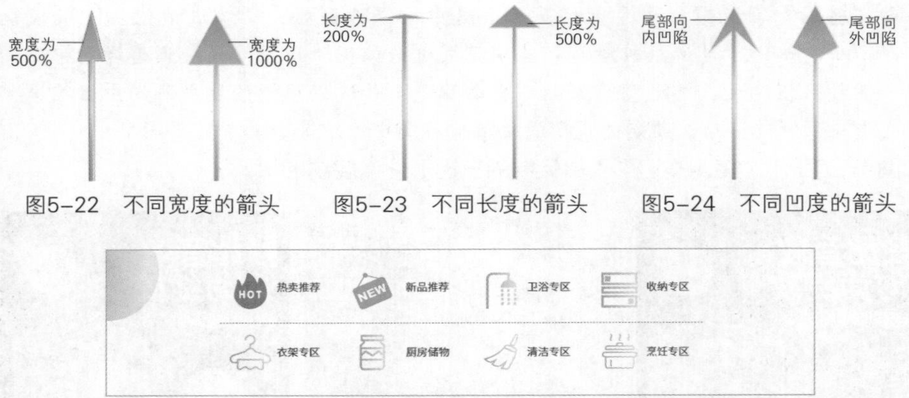


图5-22 不同宽度的箭头　图5-23 不同长度的箭头　图5-24 不同凹度的箭头

图5-25 使用直线工具绘制的网店首页分类导购区域的分界线

## 5.2.6 自定形状工具

自定形状工具用于创建自定义的形状，包括Photoshop预设的形状或外部载入的形状。下面使用“蔬菜.jpg”商品图像制作该商品的智钻图，并使用外部载入的形状美化智钻图，其具体操作如下。

步骤01 打开“智钻图素材.psd”文件（配套资源：\素材\第5章\智钻图\智钻图素材.psd），置入“蔬菜.jpg”图像文件（配套资源：\素材\第5章\智钻图\蔬菜.jpg），调整图像大小和位置，将其置于“旗舰店”图层组下方。

步骤02 观察图像可知，下方文案部分文字和画面不易区分，如图5-26所示。展开“下方文案”图层组，选择自定形状工具，在工具属性栏中单击填充色块，在打开的下拉列表中单击“纯色”按钮，然后在色板中选择“白色”选项，如图5-27所示。单击描边色块，在打开的下拉列表中单击“取消”按钮，取消描边，如图5-28所示。

图5-26 分析画面

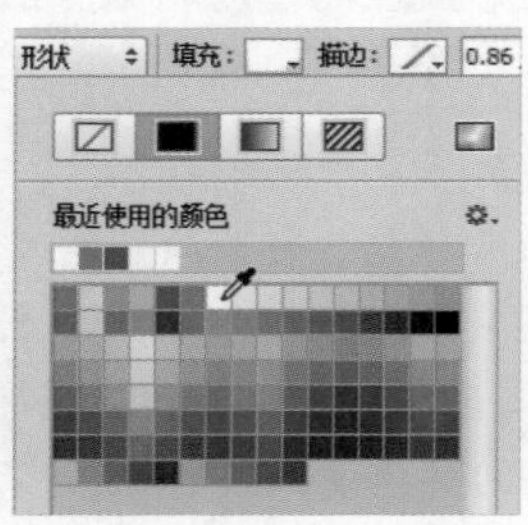


图5-27 设置填充颜色

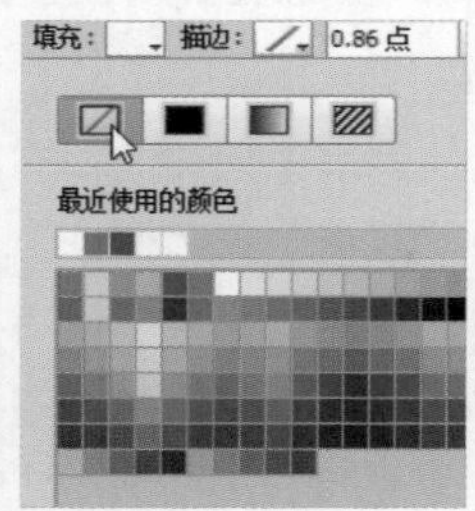


图5-28 取消描边

步骤03 在工具属性栏中单击形状右侧的下拉按钮▾，打开“‘自定形状’拾色器”面板，再单击面板右上角的按钮，在弹出的快捷菜单中选择“载入形状”命令，如图5-29所示。打开“载入”对话框，选择“自定义形状.csh”文件（配套资源：\素材\第5章\智钻图\自定义形状.csh），如图5-30所示，单击 载入(L) 按钮。

步骤04 此时，“‘自定形状’拾色器”面板中已载入外部形状，选择“71”选项，然后按住【Shift】键，同时在图像编辑区中按住鼠标左键不放并拖曳鼠标指针绘制该图形，按【Ctrl+T】组合键调整形状的大小和位置，如图5-31所示。

图5-29　选择“载入形状”命令

图5-30　“载入”对话框

图5-31　绘制并调整形状

**步骤05** 展开“价格”图层组，在工具属性栏中设置填充颜色为“#f62320”，描边颜色为“#ffffff”，描边粗细为“2点”，描边样式为“实线”，如图5-32所示，然后在“‘自定形状’拾色器”面板中选择“花1”选项，如图5-33所示，在画面右下角绘制形状并调整形状的位置和大小。

**步骤06** 调整“价格”图层组内的文字位置，然后保存文件并将文件命名为“蔬菜智钻图”，完成后的效果如图5-34所示（配套资源：\效果\第5章\蔬菜智钻图.psd）。

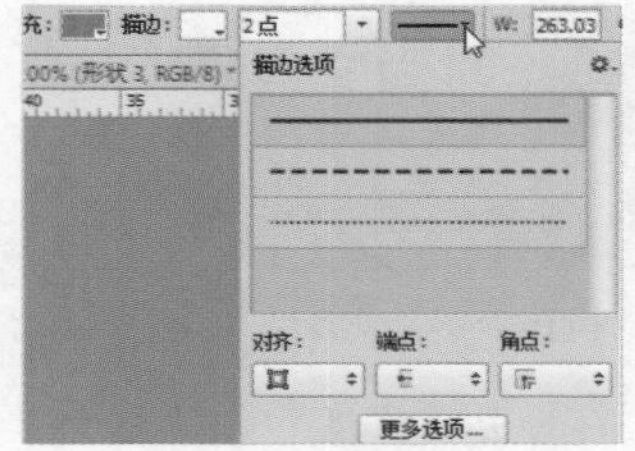


图5-32　设置填充和描边参数

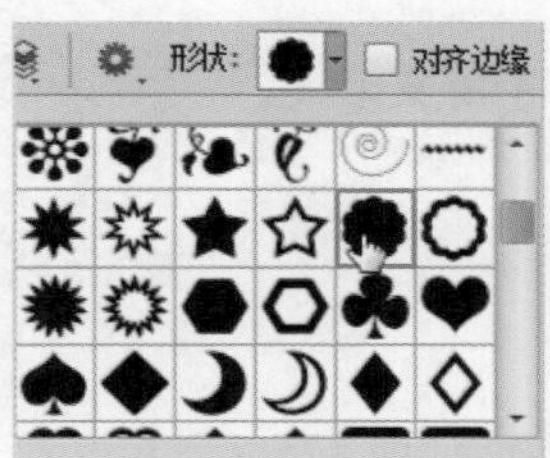


图5-33　选择“花1”选项

图5-34　完成后的效果

## 经验之谈

使用自定形状工具中预设的形状时，只需打开“‘自定形状’拾色器”面板，选中所需的形状，在图像编辑区中按住鼠标左键不放并拖曳鼠标指针即可绘制对应的形状。除了可以使用预设形状或者载入外部形状，也可将自己绘制在图像编辑区的形状保存在“‘自定形状’拾色器”面板中，以便之后使用。其方法：选中形状，选择【编辑】/【定义自定形状】命令，打开“形状名称”对话框，输入形状名称后，该形状即可被保存在该面板中，作为预设形状使用。

# 5.3 使用画笔工具绘制图形

在绘制图形的过程中，钢笔工具组和形状工具组多用于绘制棱角分明的图形，若需要绘制类似于用毛笔画出的线条，或者具有特殊形状的线条，可使用画笔工具。网店美工需要先了解画笔工具的相关知识，如工具属性栏、画笔预设等，再学习设置与运用画笔样式的方法等内容，以快速掌握画笔工具的使用方法。

## ↘ 5.3.1 认识画笔工具

认识画笔工具可从工具属性栏和画笔预设入手，这两方面是控制画笔工具的关键所在。

### 1. 认识画笔工具属性栏

在工具箱中选择画笔工具，可打开对应的工具属性栏。在画笔工具属性栏中可设置画笔的各种属性参数，如图5-35所示。

图5-35 画笔工具属性栏

画笔工具属性栏中相关选项的含义如下。

- **画笔预设选取器**：用于设置画笔笔尖的大小和使用样式，单击右侧的下拉按钮，可在打开的下拉列表中选择画笔样式，设置画笔的大小和硬度参数。
- **“模式”下拉列表框**：用于设置画笔工具对当前图像中像素的作用形式，即当前使用的绘图颜色与原有底色之间进行混合的模式，模式的效果与图层混合模式效果相似。图5-36所示分别为设置“点光”“溶解”模式绘制的海报白色底纹效果图。

图5-36 设置“点光”“溶解”模式绘制的海报白色底纹效果图

- **“不透明度”下拉列表框**：用于设置绘制时画笔色彩的透明程度。数值越大，不透明度越高。单击其右侧的下拉按钮，在弹出的滑动条上拖曳滑块也可实现不透明度的调整。
- **“始终对‘不透明度’使用压力”按钮**：单击该按钮，在使用压感笔时，压感笔的即时数据将自动覆盖“不透明度”设置。
- **“流量”下拉列表框**：用于设置绘制时画笔的压力程度。数值越大，画笔笔触越重。
- **“喷枪工具”按钮**：单击该按钮可以启用喷枪工具进行绘图，绘制的线条边缘过渡更加自然。图5-37所示为单击“喷枪工具”按钮前后的绘制效果。
- **“绘图板压力控制大小”按钮**：单击该按钮，使用绘图板绘画时，光感压力可覆盖“画笔”面板中的不透明度和大小设置。

图5-37 单击“喷枪工具”按钮前后的绘制效果

## 2. 认识画笔预设

选择【窗口】/【画笔预设】命令，打开“画笔预设”面板（见图5-38），在其中选择画笔样式后，可拖曳“大小”滑块调整笔尖大小。单击“画笔预设”面板右上角的按钮，可在弹出的快捷菜单中设置画笔在面板中的显示方式，以及载入预设的画笔库等。

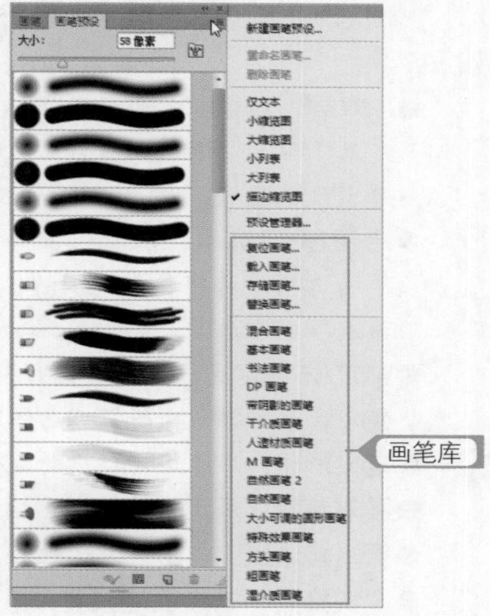


图5-38 “画笔预设”面板

快捷菜单中相关选项的含义如下。

- **新建画笔预设**：用于创建新的画笔预设。
- **删除画笔**：选择一个画笔样式后，可使用该命令将其删除。
- **仅文本/小缩览图/大缩览图/小列表/大列表/描边缩览图**：用于设置画笔在面板中的显示方式。选择“仅文本”命令，只显示画笔的名称；选择“小缩览图”或“大缩览图”命令，只显示画笔的缩览图和画笔大小；选择“小列表”或“大列表”命令，则以列表的形式显示画笔的名称和缩览图；选择“描边缩览图”命令，可显示画笔的缩览图和使用时的预览效果。
- **预设管理器**：选择该命令可打开“预设管理器”窗口。
- **复位画笔**：当添加或删除画笔后，可选择该命令使面板恢复为显示默认的画笔状态。
- **载入画笔**：选择该命令可以打开“载入”对话框，在其中选择一个外部的画笔库，单击“载入”按钮，可将新画笔样式载入“画笔”面板和“画笔预设”面板。
- **存储画笔**：可将面板中的画笔保存为一个画笔库。
- **替换画笔**：选择该命令可打开“载入”对话框，在其中可选择一个画笔库来替换面板中的画笔。
- **画笔库**：该列表中列出了Photoshop提供的各种预设的画笔库。选择任意一个画笔库，在打开的提示对话框中单击追加(A)按钮，可将该画笔库内的画笔载入“画笔预设”面板中，如图5-39所示。

图5-39 载入“带阴影的画笔”中的画笔

## 5.3.2 设置与应用画笔样式

网店美工可通过“画笔”面板来更改Photoshop中的画笔样式属性设置，以满足实际的需要。其方法：选择画笔工具，单击工具属性栏中的“切换画笔面板”按钮，可打开“画笔”面板（见图5-40），在其中调整参数可更改画笔样式。

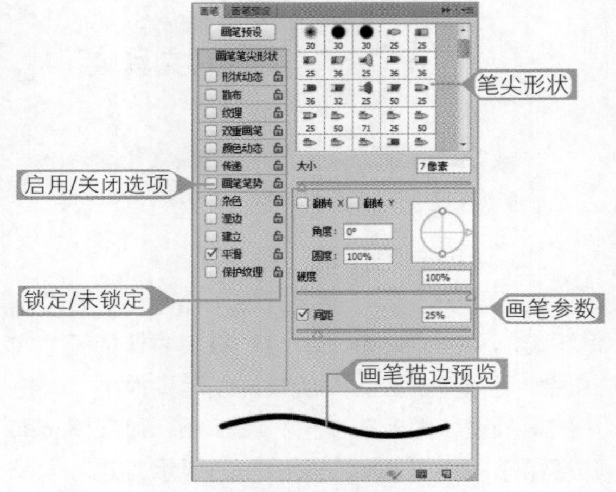


图5-40 “画笔”面板

“画笔”面板中相关选项的含义如下。

- **画笔预设按钮**：单击该按钮，可从“画笔”面板切换到“画笔预设”面板。
- **启用/关闭选项**：用于设置画笔的选项。选中状态下的选项表示该选项已启用，未选中状态下的选项表示该选项未启用。
- **锁定/未锁定**：出现图标时表示该选项已被锁定，出现图标时表示该选项未被锁定。单击或图标可在锁定状态和未锁定状态之间切换。
- **笔尖形状**：用于显示预设的笔尖形状。
- **画笔参数**：用于设置画笔的相关参数。
- **画笔描边预览**：用于显示设置各参数后绘制时将出现的画笔形状。
- **“切换实时笔尖画笔预览”按钮**：单击该按钮，在使用笔刷时，画布中将显示笔尖的形状，以及绘画时笔尖的实时状态。
- **“打开预设管理器”按钮**：单击该按钮，可打开“预设管理器”窗口。
- **“创建新画笔”按钮**：单击该按钮，可将当前设置的画笔保存为一个新的预设画笔。

网店美工在使用画笔工具绘制图形时，可在“画笔”面板中选中不同的复选框，从而设置不同的画笔样式属性。

- **画笔笔尖形状**：在“画笔笔尖形状”选项面板中，可对画笔的形状、大小、硬度等进行设置。
- **形状动态**：用于设置绘制时画笔笔迹的变化，可设置绘制时画笔的大小、圆角等产生的随机效果。
- **散布**：在“散布”选项面板中，可以对绘制的笔迹数量和位置进行设置。
- **纹理**：在“纹理”选项面板中设置参数，可以让绘制的笔迹出现纹理质感。
- **双重画笔**：在“双重画笔”选项面板中，可以为画笔添加两种画笔效果，使画笔的编辑变得更加自由。
- **颜色动态**：在“颜色动态”选项面板中，可以为笔迹设置颜色的变化效果。
- **传递**：在“传递”选项面板中，可以对笔迹的不透明度、流量、湿度及混合等抖动参数进行设置。

- **画笔笔势**：用于调整毛刷画笔笔尖、侵蚀画笔笔尖的角度。
- **杂色**：用于为一些特殊的画笔增加随机效果。
- **湿边**：用于增大画笔的油彩量，从而使笔迹产生水彩效果。
- **建立**：用于模拟喷枪效果，使用时根据单击程度来确定画笔线条的填充量。
- **平滑**：用于在使用画笔绘制时产生平滑的曲线。若使用压感笔绘制，该选项产生的效果最为明显。
- **保护纹理**：用于将相同图案和缩放应用到具有纹理的所有画笔预设中。启用该选项，在使用多种纹理画笔时，可绘制出统一的纹理效果。

## 5.3.3　载入特殊画笔样式

在Photoshop中，除了可以使用“画笔”面板设置画笔样式外，也可以载入一些特殊的画笔样式，以丰富画笔样式，从而制作出一些特殊效果。其方法：选择【窗口】/【画笔预设】命令，打开“画笔预设”面板，在其右上角单击按钮，在弹出的快捷菜单中选择“预设管理器”命令，打开“预设管理器”窗口，单击 载入(L)... 按钮，打开“载入”对话框，选择要载入的画笔文件，单击 载入(L) 按钮，返回“预设管理器”窗口，单击 完成 按钮，如图5-41所示。

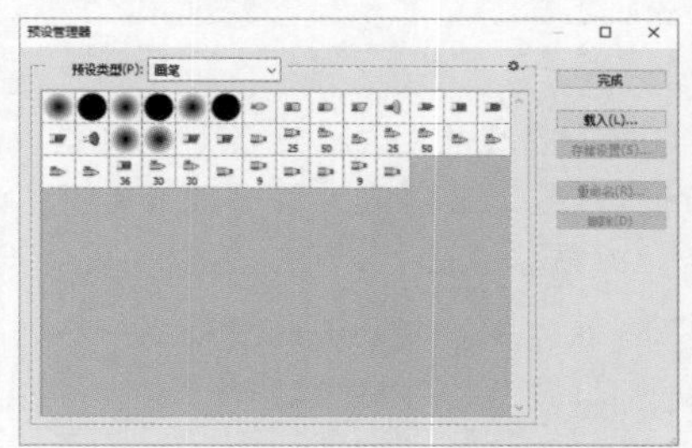

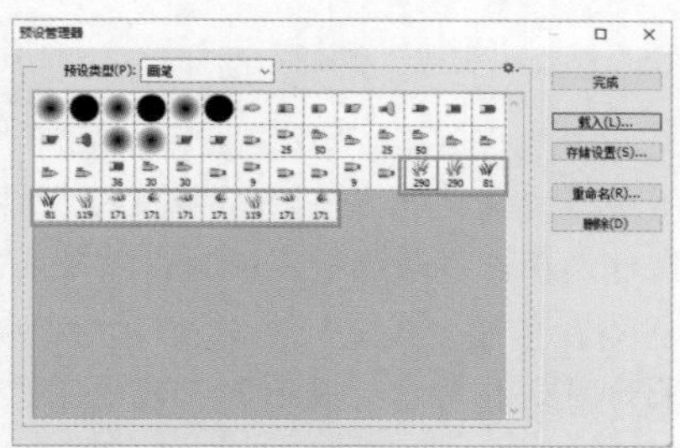

图5-41　载入特殊画笔样式

## 5.3.4　使用画笔工具绘图

在认识了画笔工具的各个面板后，接下来还需要掌握画笔工具的使用方法。下面将使用画笔工具制作牛奶商品的淘宝海报，整体海报采用插画风，因此在置入插画风格的素材后，还要使用画笔工具绘制各类装饰元素，使画面风格统一，视觉效果美观，其具体操作如下。

微课视频

使用画笔工具

**步骤01** 打开“淘宝海报背景图.psd”文件（配套资源：\素材\第5章\牛奶淘宝海报\淘宝海报背景图.psd），置入“牛奶.png”“奶牛.png”“文案.png”图像文件（配套资源：\素材\第5章\牛奶淘宝海报\牛奶.png、奶牛.png、文案.png），依次调整图像的位置和大小。

**步骤02** 观察图像可知，蓝色天空占比较大，视觉上有些单调，需要添加装饰元素。隐藏置入的图像文件所在的图层。选择画笔工具，再选择【窗口】/【画笔】命令或按【F5】键，打开“画笔”面板，在笔尖样式中选择“尖角30”选项，然后选中“纹理”复选框，设置参数如图5-42所示。

**步骤03** 在“画笔”面板中选中“杂色”复选框，然后选中“双重画笔”复选框，设置参数如图5-43所示。

步骤 04 单击“画笔笔尖形状”选项，设置参数如图5-44所示。再单击“画笔”面板下方的“创建新画笔”按钮，打开“画笔名称”对话框，设置名称为“噪点笔刷”，单击 确定 按钮。

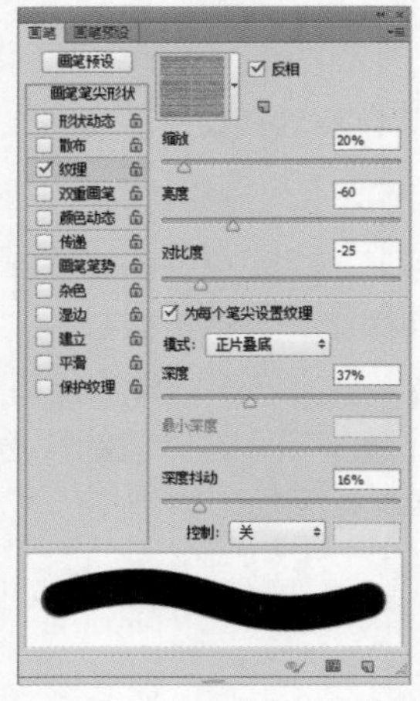


图5-42　设置“纹理”参数

图5-43　设置“双重画笔”参数

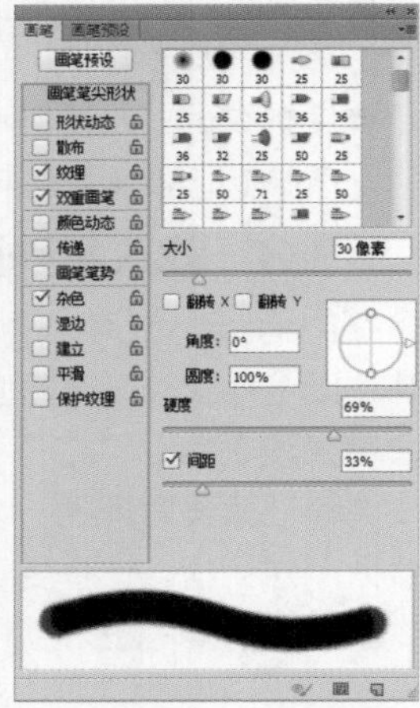


图5-44　设置画笔参数

步骤 05 设置前景色为“#b3ecfc”，展开“背景”图层组，在“远景”图层组中的“环境色”图层下方新建图层，然后将鼠标指针移动到图像编辑区，按住鼠标左键不放并拖曳鼠标指针，在左右两侧绘制山脉，效果如图5-45所示。

步骤 06 新建图层，设置前景色为“#9aceea”，在左侧绘制的山脉前绘制一个矮小的山脉，效果如图5-46所示。显示置入的图像文件所在的图层，以便观察画面。

图5-45　绘制两侧山脉

图5-46　绘制矮小的山脉

步骤 07 此时，蓝色天空仍有些空旷。在“画笔”面板上单击“画笔预设”选项卡，切换到“画笔预设”面板，单击面板右上角的按钮，在弹出的快捷菜单中选择“预设管理器”命令，打开“预设管理器”窗口，单击 载入(L)... 按钮，打开“载入”对话框，选择“云笔刷.abr”画笔文件（配套资源：\素材\第5章\牛奶淘宝海报\云笔刷.abr），单击 载入(L) 按钮，返回“预设管理器”窗口，单击 完成 按钮。

步骤 08 切换到“画笔”面板，单击“画笔笔尖形状”选项，在笔尖样式中选择“2048”选项，然后新建图层，将鼠标指针移至图像编辑区，单击以绘制云彩，每次单击均可根据实际需要绘制一些云彩，效果如图5-47所示。

步骤 09 观察图像可知，牛奶商品图像缺少阴影。在“牛奶”图层下方新建图层，设置前景色为“#418b53”，选择画笔工具，在工具属性栏的“画笔”面板中选择步骤04创建的“噪点笔刷”画笔样式，调整大小为“44像素”，然后在工具属性栏中的“模式”下拉列表框中选择“溶解”选项，如图5-48所示。

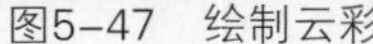

图5-47　绘制云彩

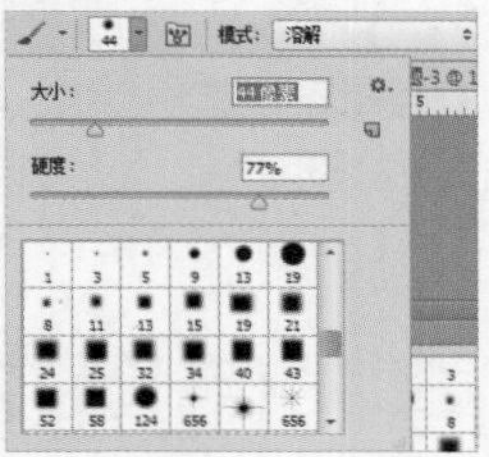


图5-48　设置画笔

步骤10 将鼠标指针移至牛奶商品图像下方，沿着其与草地接触的区域绘制阴影，注意接触面颜色最深，过渡面颜色较浅，接着在工具属性栏中设置不透明度为“83%”，流量为“56%”，涂抹过渡区域，效果如图5-49所示。

步骤11 按照步骤07的方法载入“小草笔刷.abr”画笔文件（配套资源：\素材\第5章\牛奶淘宝海报\小草笔刷.abr），然后在工具属性栏的画笔预设选取器中选择“290”画笔样式，如图5-50所示。

图5-49　绘制阴影

图5-50　载入并选择笔刷

步骤12 在“奶牛”图层上方新建图层，然后设置前景色为“#4baf4b”，接着在草地周围绘制小草进行点缀，效果如图5-51所示，绘制过程中可通过调整画笔大小和前景色来构建画面的空间感。

## 经验之谈

使用画笔工具绘制的多为平面图形，自身缺乏立体感，此时可根据近大远小、近实远虚的透视规律，在近处绘制体积较大、细节清晰的物体，在远处绘制体积较小、细节模糊的物体；或者在近处绘制颜色鲜亮的物体，在远处绘制颜色昏暗的物体来构建画面空间感，使画面具有立体感，在提升画面层次的同时，也增强画面整体的视觉效果。

步骤13 适当调整文案图像的位置，完成后保存文件并命名为“牛奶淘宝海报”，查看完成后的效果，如图5-52所示（配套资源：\效果\第5章\牛奶淘宝海报.psd）。

图5-51　绘制小草

图5-52　完成后的效果

# 5.4 使用文字工具组添加文字

绘制完图形后，网店美工还可以在图像编辑区输入文字，对商品图像进行说明，这样做不但能够丰富图像内容，起到强化主题、明确主旨的作用，文字还能作为装饰元素使用，从而美化图像，使图像更加美观。

## 5.4.1 认识工具属性栏

文字工具组内的不同文字工具的工具属性栏基本相同，此处以较为常用的横排文字工具属性栏（见图5-53）为例进行介绍。

T　思源黑体 CN　Normal　132 点　aa　平滑

图5-53　横排文字工具属性栏

横排文字工具属性栏中相关选项的含义如下。

- **“文字方向”按钮**：输入文字后，单击该按钮，可改变文字的方向。例如，输入横排文字后单击该按钮，可将横排文字转化为竖排文字。
- **“字体”下拉列表框**：用于设置文字的样式。单击右侧的下拉按钮，可在打开的下拉列表中选择文字字体。
- **“字体样式”下拉列表框**：用于设置字体的样式，下拉列表中的选项会根据当前所选择的字体改变。
- **“字号”下拉列表框**：用于设置文字的大小，可直接输入数值，也可以单击右侧的下拉按钮，在打开的下拉列表中拖曳滑块来设置。
- **设置消除锯齿的方法**：用于消除文字锯齿，包括“无”“锐利”“犀利”“浑厚”“平滑”5个选项。
- **“对齐文本”按钮组**：用于设置文字的对齐方式，从左往右依次为“左对齐”按钮、“居中对齐”按钮和“右对齐”按钮。当选择直排文字工具时，按钮组将变为“顶对齐”按钮、“居中对齐”按钮和“底对齐”按钮。
- **“文本颜色”色块**：单击该色块，可打开“拾色器（文本颜色）”对话框，在其中可设置文本颜色。
- **“创建文字变形”按钮**：用于使文字变形，从而改变文字的视觉效果。
- **“切换字符和段落面板”按钮**：单击该按钮，可以显示或隐藏“字符”面板和“段落”面板。

## ↘ 5.4.2　创建文字

在Photoshop中，可使用文字工具组在图像中创建点文字。如果需要输入的文字较多，可以创建段落文字。此外，为了满足特殊编辑的需要，还可以创建选区文字或路径文字。

- **创建点文字**：点文字是指一个垂直或水平的文本行。创建点文字的方法：选择横排文字工具T或直排文字工具IT，在图像编辑区中需要输入文字的位置单击，定位文字插入点，此时将新建文字图层，然后直接输入文字，如图5-54所示，最后在工具属性栏中单击✔按钮完成点文字的创建。输入文字前，为了得到更好的文字效果，可在文字工具属性栏中设置文字的字体、字号、颜色及对齐方式等参数。

图5-54　创建点文字

- **创建段落文字**：段落文字是指在文本框中创建的文字，具有统一的字体、字号和字间距等属性，并且可以整体修改与移动。段落文字同样需要通过横排文字工具T或直排文字工具IT进行创建，其创建方法：打开图像，在工具箱中选择横排文字工具T或直排文字工具IT，在工具属性栏中设置文字的字体、字号和颜色等参数，按住鼠标左键不放并拖曳鼠标指针以创建文本框，然后输入段落文字，如图5-55所示。若绘制的文本框不能完整地显示文字，移动鼠标指针至文本框四周的控制点，当其变为↘形状时，可通过拖曳控制点来调整文本框的大小，从而使文字完整显示出来。

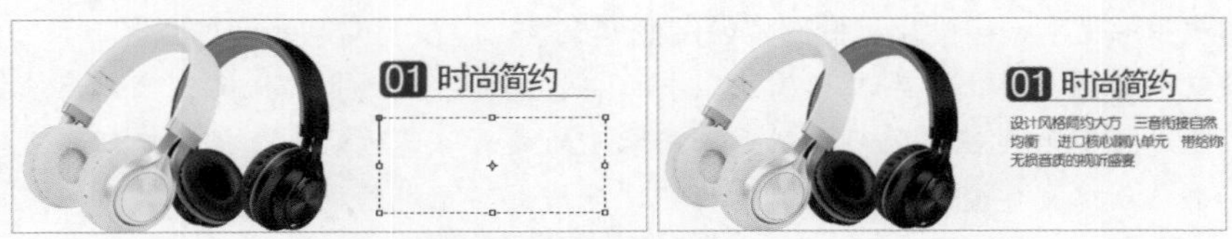


图5-55　创建段落文字

### 经验之谈

若要将点文字转换为段落文字，可选择需要转换的文字图层，在其上单击鼠标右键，在弹出的快捷菜单中选择“转换为段落文本”命令；若要将段落文字转换为点文字，则在弹出的快捷菜单中选择“转换为点文本”命令。

- **创建选区文字**：选区文字是指以选区形式存在的文字。其创建方法与创建点文字的方法相似，具体方法：选择横排文字蒙版工具T或直排文字蒙版工具IT后，在图像编辑区中需要输入文字的位置单击，定位文字插入点并直接输入文字，然后在工具属性栏中单击✔按钮，完成选区文字的创建，如图5-56所示 。

图5-56　创建选区文字

- **创建路径文字**：路径文字是指使文字沿着斜线、曲线或形状边缘等路径进行排列的文字。其创建方法：先创建文字排列的路径，再选择横排文字工具T或直排文字工具↓T，将鼠标指针移至路径上，当鼠标指针变为![]状态时单击，定位文字插入点并直接输入文字，然后在工具属性栏中单击✓按钮，完成路径文字的创建，如图5-57所示。另外，还可以通过编辑文字中的锚点来改变文字样式，从而产生意想不到的效果。

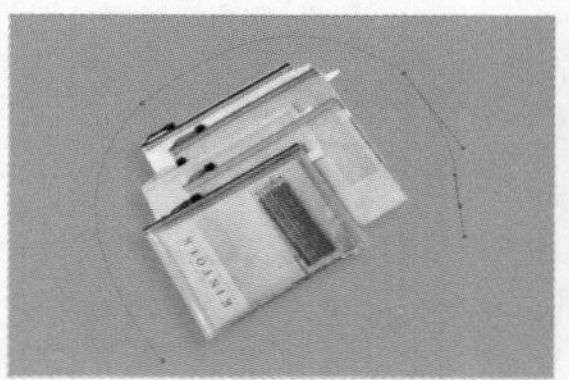
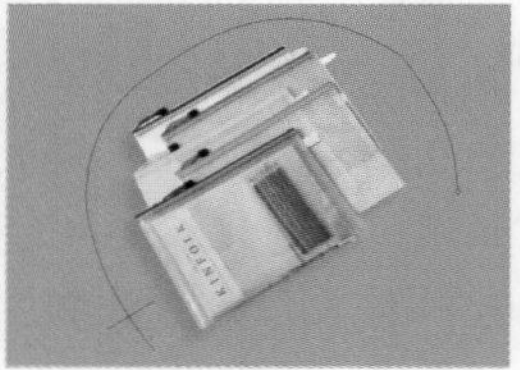
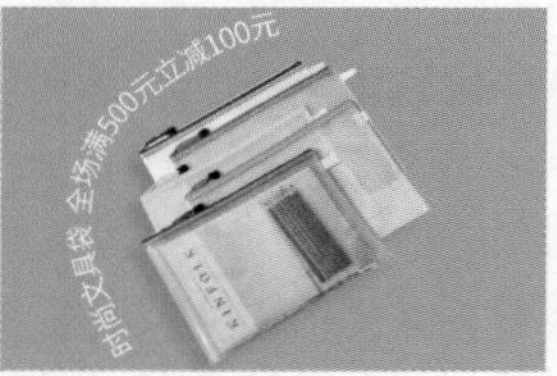


图5-57　创建路径文字

## 5.4.3　创建变形文字

网店美工在美化商品图像时经常需要用到一些变形文字。Photoshop提供了3种方法来创建变形文字，包括文字变形、自由变换文字，以及将文字转换为路径。

- **文字变形**：单击文字工具属性栏中的“创建文字变形”按钮![]，可以对选择的文字进行变形处理，从而得到更加艺术化的效果。其方法：选择要变形的文字，单击“创建文字变形”按钮![]，打开“变形文字”对话框，在“样式”下拉列表框中选择“上弧”选项，完成后单击“确定”按钮，如图5-58所示。

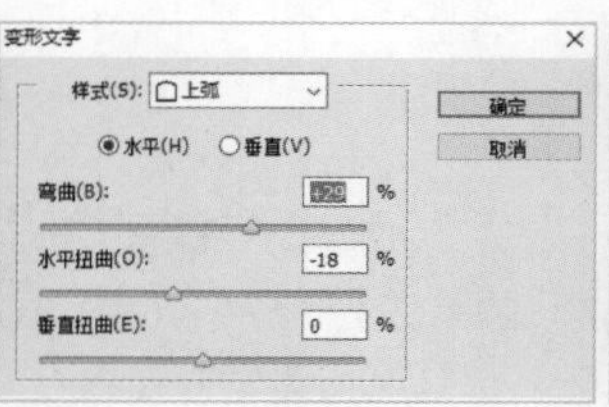

图5-58　文字变形

- **自由变换文字**：在对文字进行自由变换前，需要先对文字所在的图层进行栅格化处理。其方法：选择文字所在图层，在其上单击鼠标右键，在弹出的快捷菜单中选择“栅格化文字”命令，这样可将文字图层转换为普通图层，然后选择【编辑】/【变换】命令，在弹出的子菜单中选择相应的命令，拖曳定界框四周的控制点可对文字进行透视、缩放、旋转、扭曲或变形等操作，如图5-59所示。

图5-59　自由变换文字

● **将文字转换为路径**：输入文字后，在文字图层上单击鼠标右键，在弹出的快捷菜单中选择“转换为形状”或“创建工作路径”命令，可将文字转换为路径。将文字转换为路径之后，使用路径选择工具或钢笔工具编辑路径，可使文字变形。图5-60所示为文字转换为工作路径后，使用路径选择工具选择文字后的路径展示效果。

图5-60　将文字转换为路径

## 经验之谈

文字变形后，若需要重新编辑文字变形的样式，可再次打开“变形文字”对话框，在其中修改参数。若需要取消文字变形，可在“变形文字”对话框中的“样式”下拉列表框中选择“无”选项。

### ↘ 5.4.4　使用“字符”面板

通过文字工具属性栏只能对文字的字体、字形和字号等部分属性进行设置。若要进行更详细的设置，可选择【窗口】/【字符】命令，或者单击工具属性栏中的“切换字符和段落面板”按钮，在打开的“字符”面板（见图5-61）中进行设置。

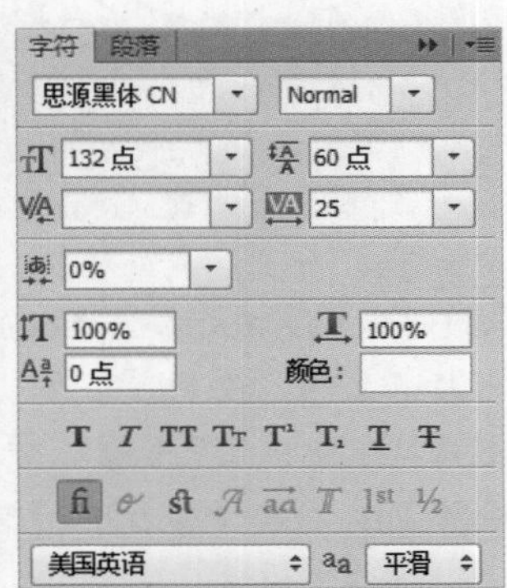


图5-61　“字符”面板

“字符”面板中相关选项的含义如下。

● **下拉列表框**：用于设置文字大小。数值越大，对应的文字也就越大。

● **下拉列表框**：用于设置行间距。单击文本框右侧的下拉按钮，在打开的下拉列表中可以选择行间距的大小。

- 下拉列表框：用于微调两个文字间的距离。其方法：将鼠标指针定位到需调整的两个文字之间，然后输入数值。
- 下拉列表框：用于设置所选文字的间距。单击文本框右侧的下拉按钮，可在打开的下拉列表中选择字符间距，也可以直接在数值框中输入数值。
- 下拉列表框：用于设置所选字符的比例间距，设置后文字本身不会被挤压或者伸展，文字的间距会被挤压或伸展。
- 数值框：用于设置文字的垂直缩放比例，可以调整文字的高度。
- 数值框：用于设置文字的水平缩放比例，可以调整文字的宽度。
- 数值框：用于设置基线偏移。当设置的参数为正值时，文字将向上移动；当设置的参数为负值时，文字将向下移动。
- 按钮组：分别用于对文字进行加粗、倾斜、全部字母大写、将大写字母转换成小写字母、上标、下标、添加下划线及添加删除线等操作。设置时，选择文字后单击相应的按钮即可。

## 5.4.5 使用“段落”面板

使用“段落”面板可使输入的文字更具规范性，还能使文字的排版更加美观，更符合文字展现的需要。下面制作网店详情页中的网店介绍图，通过文字叙述网店实力，并使用“段落”面板设置其中的段落文字，其具体操作如下。

**步骤01** 打开“网店介绍图.psd”文件（配套资源：\素材\第5章\网店介绍图\网店介绍图.psd），新建“批量定制”图层组。

**步骤02** 选择横排文字工具，在工具属性栏中设置字体为“思源黑体 CN”，字号为“8点”，文字颜色为“#1e5a92”，然后在图像编辑区内最左侧的矩形中输入“批量定制”文字。

**步骤03** 按照与步骤02相同的方法在“批量文字”下方输入字号为“3点”、其他文字属性不变的“MASS CUSTOMIZATION”文字。置入“图标1.png”图像文件（配套资源：\素材\第5章\网店介绍图\图标1.png），然后调整图像的大小和方向。

### 经验之谈

位于“段落”面板上的“对齐文本”按钮组内的按钮，从左到右依次为“左对齐”“居中对齐”“右对齐”“最后一行左对齐”“最后一行居中对齐”“最后一行右对齐”“全部对齐”，对应的功能正如自身名称一样。

**步骤04** 打开“网店介绍.txt”文本文件（配套资源：\素材\第5章\网店介绍图\网店介绍.txt），按照文本顺序在英文文字下方输入段落文字，设置字号为“6点”，其余参数保持不变，效果如图5-62所示。

**步骤05** 选择【窗口】/【段落】命令，打开“段落”面板，单击“居中对齐”按钮，效果如图5-63所示，使文本居中对齐。

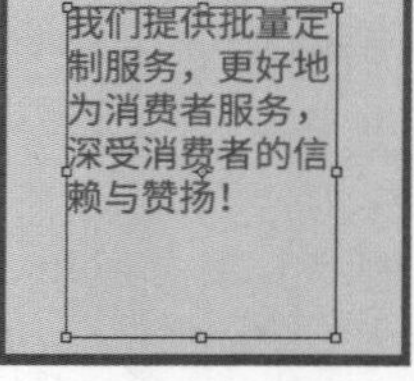


图5-62 输入段落文字

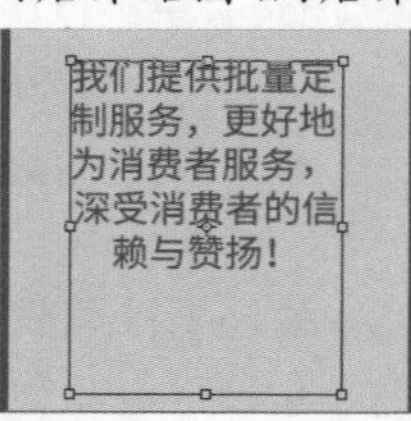


图5-63 居中对齐

步骤 06 将光标定位到第一句句末，然后在“段落”面板上的“段后添加空格”按钮右侧的数值框中输入“2点”，接着单击工具属性栏中的✓按钮，如图5-64所示。

## 经验之谈

“段后添加空格”按钮用于设置插入光标所在段落与前一段落间的距离；“段前添加空格”按钮用于设置插入光标所在段落与后一段落间的距离。而选中“连字”复选框可将西文的最后一个英文单词拆开，形成连字符号，使剩余的部分自动换到下一行。

步骤 07 按照与步骤02～步骤06相同的方法依次输入“网店介绍.txt”文本文件内剩余的内容，其中与“批量定制”底纹颜色一致的区域内的字体颜色保持一致，不同底纹颜色区域内主标题文字的颜色改为“#ffffff”，其他文字的颜色改为“#c4d0fc”，并且不需要置入图像，如图5-65所示。

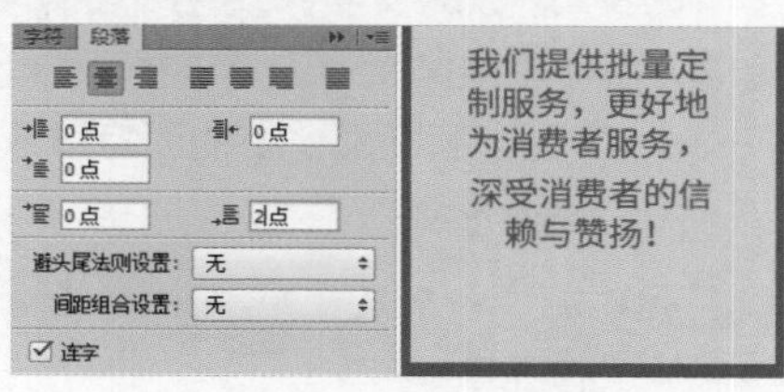


图5-64　段后添加空格

步骤 08 置入“图标2.png”图像文件（配套资源：\素材\第5章\网店介绍图\图标2.png），调整图像的大小和方向并保存文件，完成后的效果如图5-66所示（配套资源：\效果\第5章\网店介绍图.psd）。

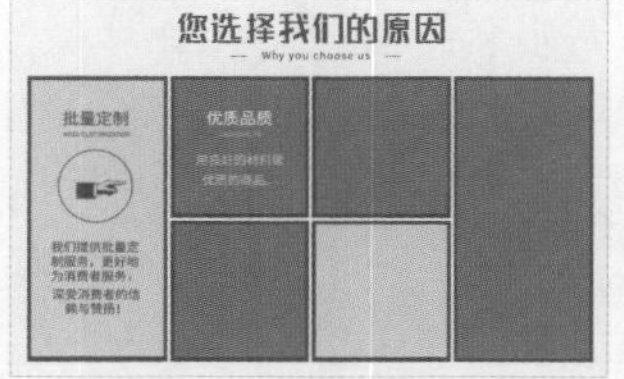


图5-65　输入其他文字

图5-66　完成后的效果

## 经验之谈

“左缩进”按钮用于设置所选段落文字左边向内缩进的距离；“右缩进”按钮用于设置所选段落文字右边向内缩进的距离；“首行缩进”按钮用于设置所选段落文字首行缩进的距离。

# 5.5 综合案例——制作曲奇咔咔脆店标

### 1. 案例背景

“曲奇咔咔脆”网店即将开业，因此需要制作店标，以加深消费者对该网店的印象。

移动端网店店标的尺寸为“300像素×300像素”，整体需要展示出休闲零食轻松、闲适的特点，并且突出网店定位，完成后的效果如图5-67所示。

## 2. 设计思路

（1）店标整体风格较为轻松，因此可采用多色搭配和可爱风进行设计。

（2）为凸显网店的主打商品——巧克力曲奇，店标的主体图像可采用巧克力曲奇的插画形象，并使用椭圆工具和钢笔工具进行绘制。

曲奇咔咔脆
COOKIE DELICIOUS

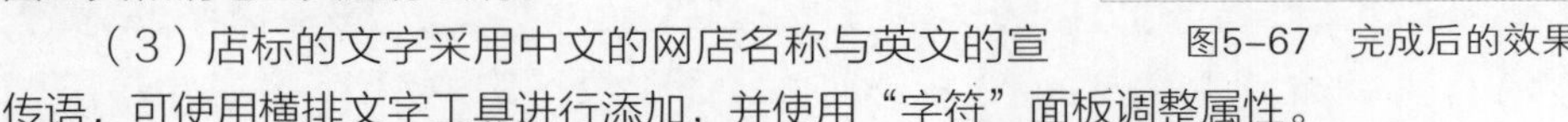

图5-67 完成后的效果

（3）店标的文字采用中文的网店名称与英文的宣传语，可使用横排文字工具进行添加，并使用“字符”面板调整属性。

（4）为丰富画面，可使用特殊效果的画笔样式添加装饰元素，装点画面。

## 3. 操作步骤

**步骤01** 新建一个尺寸为“300像素×300像素”，名称为“曲奇咔咔脆店标”的文件。

**步骤02** 新建图层，选择椭圆工具，在工具属性栏中的“模式”下拉列表框中选择“路径”选项，然后在图像编辑区先绘制一个较大的椭圆路径，再绘制一个较小的椭圆路径，如图5-68所示。

**步骤03** 使用路径选择工具选择较小的椭圆路径，然后在工具属性栏中单击“路径操作”按钮，选择“减去顶层形状”选项，接着选择“合并形状组件”选项，如图5-69所示。

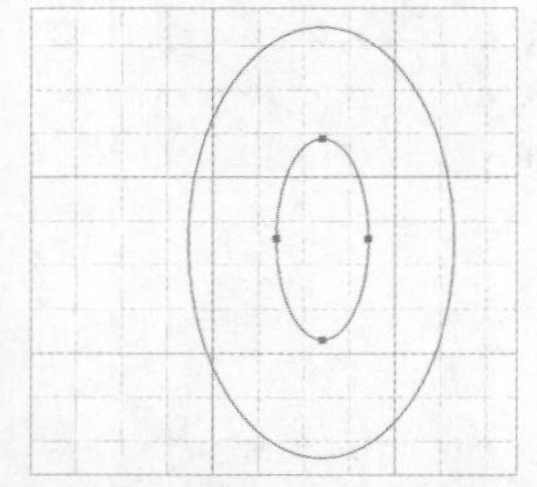

图5-68 绘制两个椭圆路径

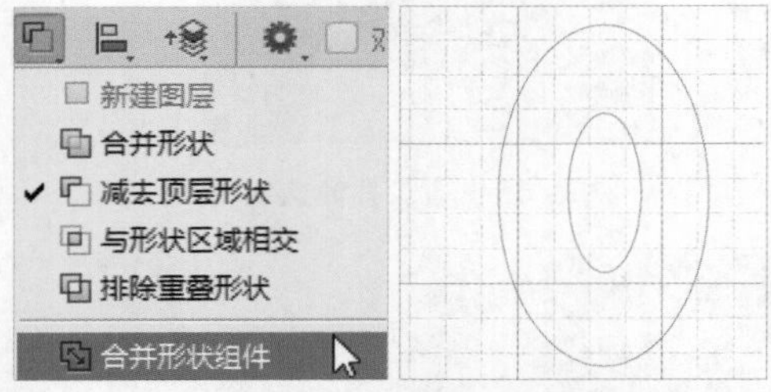


图5-69 编辑路径

**步骤04** 单击鼠标右键，在弹出的快捷菜单中选择“自由变换路径”命令，调整路径的方向，使图像整体倾斜。接着将路径创建为选区，然后填充选区为“#ffb562”。

### 经验之谈

使用“路径操作”按钮中的功能后，建议在使用其他工具前，先在“路径操作”下拉列表框中重选为“合并形状”选项，以免对其他工具的使用造成影响。例如在本例步骤03后，使用钢笔工具绘制路径后，填充路径的效果为反相效果。

**步骤05** 在绘制的曲奇形状下方新建图层，选择钢笔工具，绘制曲奇内侧的厚度，然后填充路径为“#ed732a”，最后删除路径，如图5-70所示。

步骤06 在绘制的曲奇形状上方新建图层，重复步骤05，绘制曲奇外侧的厚度并填充路径，如图5-71所示。然后新建图层，绘制曲奇上的巧克力碎，填充路径为“#573a2b”，效果如图5-72所示。

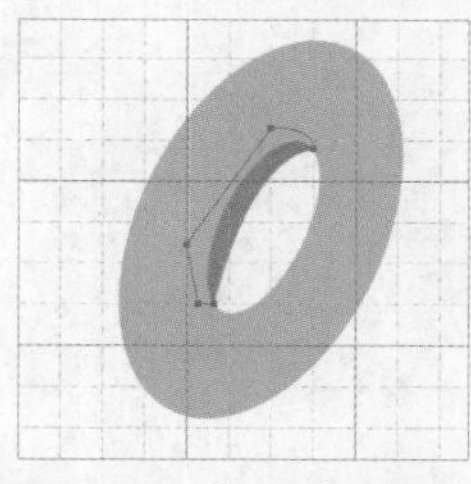
图5-70 绘制内侧厚度

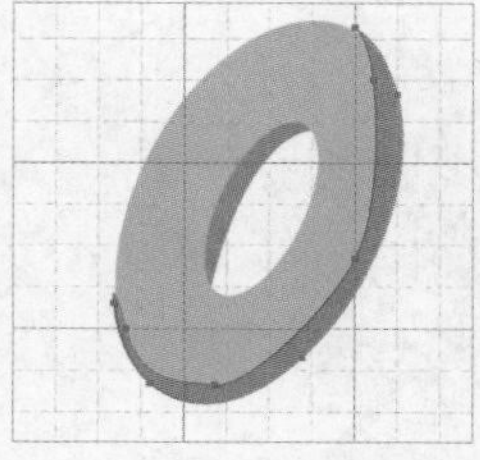
图5-71 绘制外侧厚度

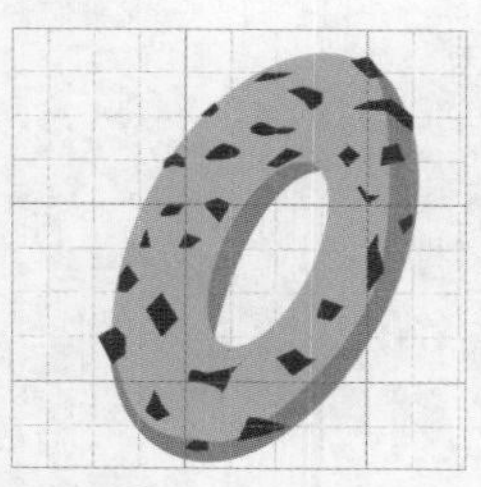
图5-72 绘制巧克力碎

步骤07 选择曲奇图像全部的图层，调整大小和位置，然后取消网格显示。

步骤08 选择横排文字工具T，设置字体为“优设标题黑”，字号为“20点”，文字颜色为“#ed732a”，输入“曲奇咔咔脆”文字，效果如图5-73所示。

步骤09 按照步骤08的方法在文字下方输入“COOKIE DELICIOUS”文字，然后打开“字符”面板，调整字号为“10点”，文字颜色为“#573a2b”，字距为“50”，并单击“仿斜体”按钮T和“下划线”按钮T，如图5-74所示。

图5-73 输入文字

图5-74 设置文字

步骤10 选择画笔工具，打开“画笔”面板，选择“柔角30”画笔样式，选中“湿边”复选框，设置参数如图5-75所示。

步骤11 新建图层，不断变换颜色和画笔大小，在图像编辑区绘制装饰元素，颜色依次为“#dafcfd、#e3f880、#fdcfbd、#fbf39f”，选择橡皮擦工具，擦除部分遮挡文字的色彩，效果如图5-76所示，然后设置图层混合模式为“溶解”。

步骤12 保存文件并查看图像效果（配套资源：\效果\第5章\曲奇咔咔脆店标.psd）。

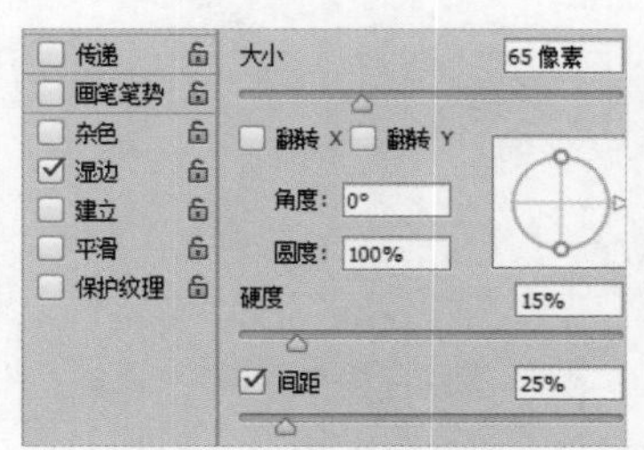

图5-75 设置画笔样式

图5-76 绘制装饰元素

# 第6章 使用通道、蒙版和滤镜

通道、蒙版和滤镜是Photoshop中非常重要的功能，也是网店美工使用较频繁的工具。使用通道可以更改商品图像的色彩，或抠取一些复杂的商品图像；使用蒙版可以隐藏部分商品图像，便于商品图像的合成与美化，并且不会对商品图像造成损坏；使用滤镜则可以让商品图像变得更加出彩。

## 【本章要点】

- 使用通道
- 使用蒙版
- 使用滤镜

## 【素养目标】

- 培养创意思维能力
- 合理运用滤镜美化图像，提升自身对美的追求

# 6.1 使用通道

通道用于存放颜色和选区信息。一个图像最多可以有56个通道。在实际应用中，通道是选取图层中某部分图像的重要工具。网店美工可以分别调整商品图像中每个颜色通道的明暗、对比度等，从而制作出各种图像效果；也可以利用通道抠取与美化商品图像，相较于选区工具，使用通道能抠取更复杂的商品图像。

## ↘ 6.1.1 认识通道和“通道”面板

网店美工通过对各通道的颜色、对比度、明暗等进行编辑，可以得到特殊的图像效果。而了解通道的相关知识及“通道”面板中相关选项的功能，是网店美工掌握通道使用方法的基础。

### 1. 认识通道

通道可以分为颜色通道、Alpha通道和专色通道3种类型。在Photoshop中打开或创建一个新的图像文件后，“通道”面板将默认创建颜色通道。颜色通道通常有一个或多个，而图像文件的颜色模式不同，包含的颜色通道也会有所不同。

- **RGB颜色模式下图像的通道：**包括红（R）、绿（G）、蓝（B）3个颜色通道，用于保存图像中相应的颜色信息。
- **CMYK颜色模式下图像的通道：**包括青色（C）、洋红（M）、黄色（Y）、黑色（K）4个颜色通道，分别用于保存图像中相应的颜色信息。
- **Lab颜色模式下图像的通道：**包括明度（L）、色彩（a）、色彩（b）3个颜色通道。其中a通道包括的颜色是从深绿色到灰色再到红色；b通道包括的颜色是从亮蓝色到灰色再到黄色。图6-1所示分别为原图、a通道下的图像和b通道下的图像。

图6-1 Lab颜色模式下图像的通道

- **灰度模式下图像的通道：**该模式只有一个颜色通道，用于保存纯白、纯黑或一系列从黑到白的过渡色信息。
- **位图模式下图像的通道：**该模式只有一个颜色通道，用于表示图像的黑白两种颜色。
- **索引颜色模式下图像的通道：**该模式只有一个颜色通道，用于保存调色板的位置信息，具体的颜色由调色板中该位置所对应的颜色决定。

### 2. 认识“通道”面板

对通道的操作需要在“通道”面板中进行。在默认情况下，“通道”面板、“图层”面板和“路径”面板在同一面板组中，只需单击面板组上的“通道”选项卡，就可打开“通道”面板。图6-2所示为“通道”面板。

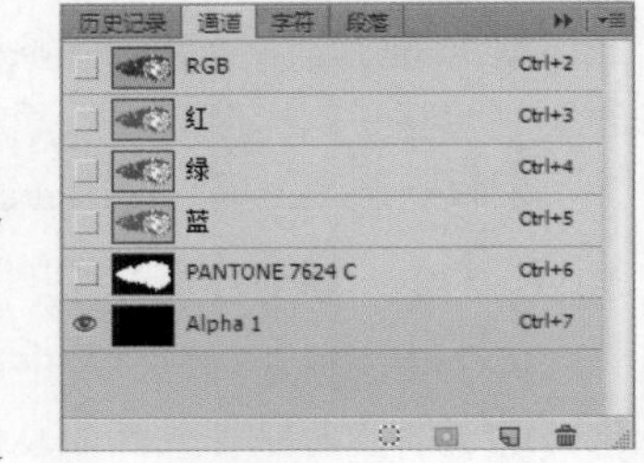


图6-2 “通道”面板

“通道”面板中相关选项的含义如下。

- **“将通道作为选区载入”按钮**：单击该按钮可以将当前通道中的图像内容转换为选区。选择【选择】/【载入选区】命令和单击该按钮的效果一样。
- **“将选区存储为通道”按钮**：单击该按钮可以自动创建Alpha通道，并保存图像中的选区。选择【选择】/【存储选区】命令和单击该按钮的效果一样。
- **“创建新通道”按钮**：单击该按钮可以创建新的Alpha通道。
- **“删除当前通道”按钮**：单击该按钮可以删除选择的通道。

## ↘ 6.1.2 创建通道

前文提到在Photoshop中打开或创建一个新的图像文件后，“通道”面板将默认创建颜色通道，而其他类型的通道，如Alpha通道和专色通道，都需要手动进行创建。

### 1. 创建Alpha通道

Alpha通道主要用于保存图像的选区。在默认情况下，新创建的通道名称一般为“Alpha X”（X为按创建顺序依次排列的数字）。创建Alpha通道的方法：选择【窗口】/【通道】命令，打开“通道”面板，单击“通道”面板下方的“创建新通道”按钮，可新建一个Alpha通道。此时整个商品图像被黑色覆盖，“通道”面板中出现“Alpha 1”通道。接着单击“RGB”通道前的“显示通道”按钮，剩余3个通道也将被显示，可发现白色铺满了整个商品图像，这代表白色区域都可被创建为选区，如图6-3所示。

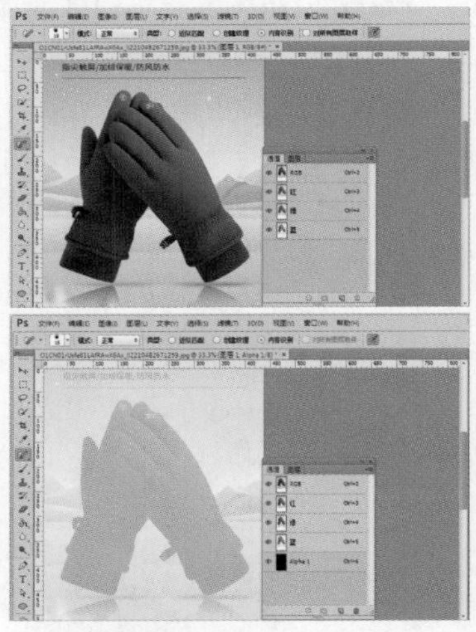

图 6-3 创建 Alpha 通道

## 经验之谈

在Alpha通道中，白色代表可被选择的区域，黑色代表不可被选择的区域，灰色代表可被部分选择的区域（由灰色的深浅来决定可被选择的程度），即羽化区域。因此，使用白色画笔涂抹Alpha通道可扩大选区范围，使用黑色画笔涂抹Alpha通道可收缩选区范围，使用灰色画笔涂抹Alpha通道可增大羽化范围。

### 2. 创建专色通道

专色是指使用一种预先混合好的颜色替代或补充除了CMYK以外的油墨颜色，如明亮的橙色、绿色、荧光色及金属金银色等。如果要印刷带有专色的商品图像，就需要在商品图像中创建一个存储这种颜色的专色通道。其方法：在打开的图像中单击“通道”面板右上角的按钮，在弹出的快捷菜单中选择“新建专色通道”命令，接着在打开的对话框中输入新通道名称，单击“颜色”色块设置专色的油墨颜色，在“密度”数值框中设置油墨的密度，单击确定按钮，可得到新建的专色通道，如图6-4所示。

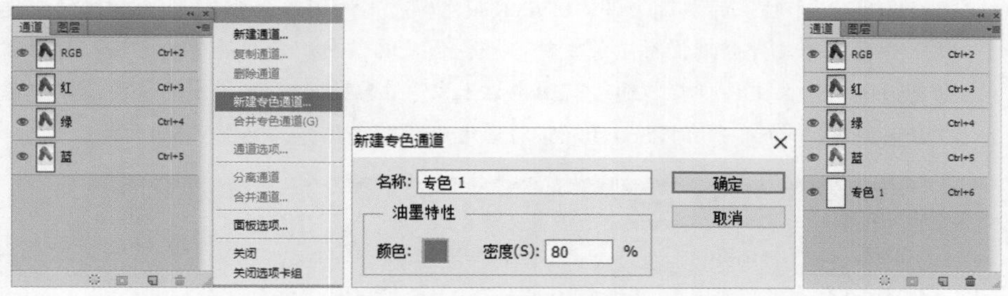


图6-4　创建专色通道

## 经验之谈

按住【Ctrl】键不放，同时单击“通道”面板底部的“创建新通道”按钮，也可以打开“新建专色通道”对话框。

### 6.1.3　编辑通道

编辑通道是指对通道进行复制和删除、分离和合并等操作，从而使商品图像产生特殊的视觉效果。

#### 1. 复制和删除通道

在处理通道时，为了不对原通道造成影响，损伤原图像信息，往往需要先复制通道。另外，通道数量过多会影响文件的大小，因此可删除不需要的通道。

- **复制通道**：复制通道可采用两种方法。一种是通过拖曳鼠标指针进行复制，具体操作：在“通道”面板中选择需要复制的通道，按住鼠标左键不放将其拖曳到“通道”面板下方的“创建新通道”按钮上，释放鼠标左键可复制通道。另一种是通过命令进行复制，具体操作：在需要复制的通道上单击鼠标右键，在弹出的快捷菜单中选择“复制通道”命令，完成复制操作。
- **删除通道**：删除通道可采用3种方法。第一种是通过拖曳鼠标指针进行删除，具体操作：打开“通道”面板，在其中选择需要删除的通道，按住鼠标左键不放，将其拖曳到“通道”面板下方的“删除当前通道”按钮上，释放鼠标左键可完成删除操作。第二种是通过命令进行删除，具体操作：在需要删除的通道名称上单击鼠标右键，在弹出的快捷菜单中选择“删除通道”命令，完成删除操作。第三种是通过按钮删除，具体操作：选择需要删除的通道，单击“删除当前通道”按钮，可删除通道。

### 2. 分离和合并通道

在美化一些商品图像时，可将图像文件中的各通道分开单独进行编辑。分离的通道将以灰度模式显示图像，无法正常使用。当编辑完成后再将分离的通道进行合并，能得到奇特的图像效果。

- **分离通道：**图像的颜色模式直接影响通道分离出的文件个数，如RGB颜色模式下的图像会分离出3个独立的灰度文件，CMYK颜色模式下的图像会分离出4个独立的灰度文件。分离出的文件分别保存了原文件各颜色通道的信息。分离通道的方法：打开需要分离通道的图像文件，在“通道”面板右上角单击按钮，在弹出的快捷菜单中选择“分离通道”命令，此时Photoshop将对通道进行分离操作，如图6-5所示。

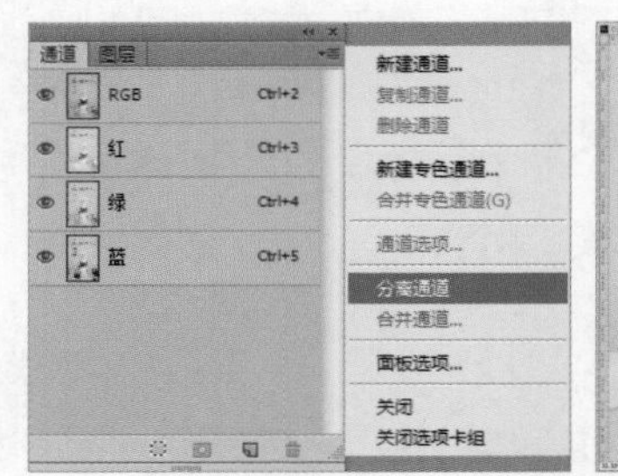


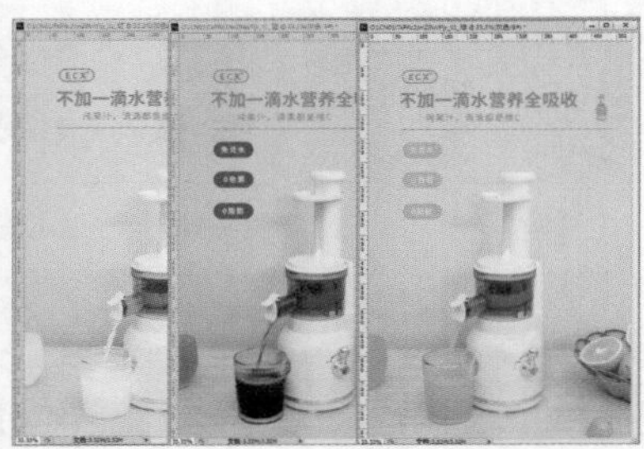


图 6-5　分离通道

- **合并通道：**在对各通道的图像进行单独编辑时，必须保证分离出的图像文件仍为灰度模式，并且其分辨率、尺寸都保持一致才能被合并。合并通道的方法：打开当前图像窗口中的“通道”面板，在右上角单击按钮，在弹出的快捷菜单中选择“合并通道”命令，此时将打开“合并通道”对话框，在“模式”下拉列表框中选择“多通道”选项，单击 确定 按钮，然后在打开的“合并多通道”对话框中保持指定通道的默认设置，单击 下一步(N) 按钮，直到对话框出现 确定 按钮，单击该按钮，完成通道的合并，如图6-6所示。

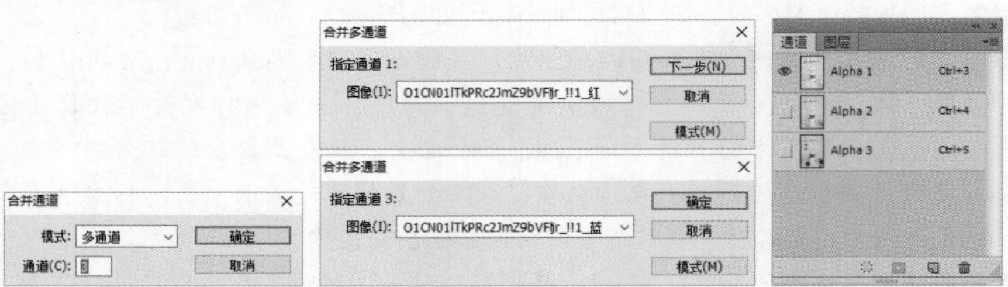


图 6-6　合并通道

## ↘ 6.1.4　混合通道

通道的作用并不仅限于存储选区、抠图等，它还经常被用于将不同图像的效果混合在一起，从而产生新的图像效果。混合通道可通过“应用图像”和“计算”命令来实现。

### 1. 使用“应用图像”命令

为了得到更加丰富的图像效果，网店美工可通过使用Photoshop中的“应用图像”

命令对两个通道图像进行运算。其方法：将需要混合通道的两个图像放置到一个图像文件的不同图层中，选择目标图层，选择【图像】/【应用图像】命令，打开“应用图像”对话框，设置源图层与通道，以及混合模式与不透明度，单击 确定 按钮。

图6-7所示为使用眼镜盒商品图像（即“背景”图层）混合“质感图”图层RGB通道的效果。

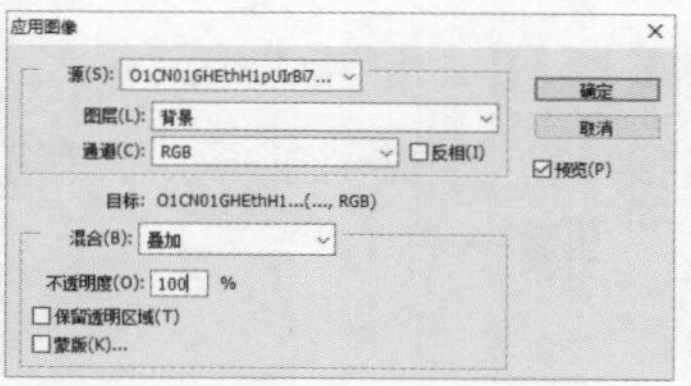

图 6-7　使用“应用图像”命令

## 经验之谈

混合两个图层的复合通道的效果与混合图层的效果差不多，不同的是，使用“应用图像”命令可单独选择混合的颜色通道、Alpha通道和专色通道。

### 2. 使用“计算”命令

使用“计算”命令可以将一个图像文件或多个图像文件中的单个通道混合起来，但是使用“计算”命令混合不同图像文件中的通道时，必须保证多个图像文件的像素、尺寸一致。其方法：选择图层，选择【图像】/【计算】命令，打开“计算”对话框，设置源1通道、源2通道和混合模式，单击 确定 按钮，生成新的Alpha通道。

图6-8所示为混合眼镜盒商品图像“红”“蓝”两个通道后得到的Alpha 1通道效果。

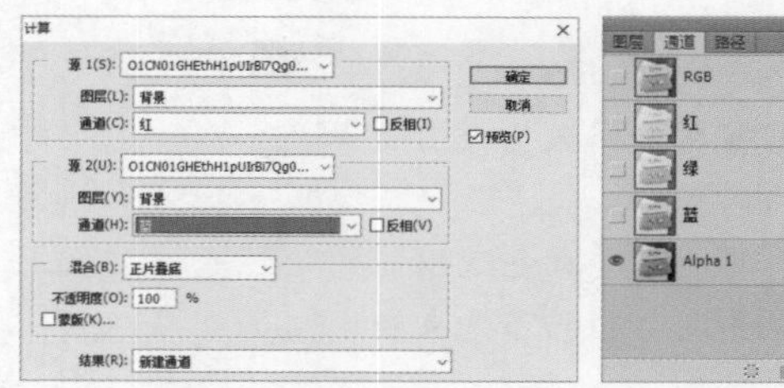

图6-8　使用“计算”命令

## 经验之谈

使用“计算”命令并叠加通道可以突出显示人物皮肤的瑕疵，然后通过更改色阶、曲线、明度和对比度等调整瑕疵区域，使该区域的亮度与周围一致，可达到修饰皮肤的效果，因此该命令常用于美化含有人物的商品图像。

# 6.2 使用蒙版

网店美工在制作店铺首页或详情页时，使用蒙版可以轻松地完成图像的合成。使用蒙版不但能避免使用擦除工具或删除功能时的误操作，还可以制作出一些创意效果。网店美工在学习使用蒙版前，应先认识蒙版和“蒙版”面板，以及掌握创建和编辑蒙版的方法。

## ↘ 6.2.1 认识蒙版和“蒙版”面板

蒙版具有不同的类型，不同类型的蒙版又有不同的创建和编辑方法，但是对于蒙版的管理都可在“蒙版”面板中进行。

### 1. 认识蒙版

蒙版包括矢量蒙版、剪贴蒙版、图层蒙版和快速蒙版4种类型，网店美工可根据实际需求来选择使用哪种类型的蒙版。

- **矢量蒙版：**通过路径和矢量形状来控制图像的显示区域。
- **剪贴蒙版：**可使用一个对象的形状来控制其他图层的显示区域。
- **图层蒙版：**通过控制蒙版中的灰度信息来控制图像的显示区域，常用于图像的合成。
- **快速蒙版：**可以在编辑的图像上暂时产生蒙版效果，常用于选区的创建。

### 2. 认识“蒙版”面板

在为图层添加蒙版后，选择【窗口】/【属性】命令，打开“蒙版”面板（见图6-9），在其中可设置与该蒙版相关的属性。

“蒙版”面板中相关选项的含义如下。

- **“选择图层蒙版”按钮：**单击该按钮，可为当前图层添加图层蒙版和剪贴蒙版。
- **“添加矢量蒙版”按钮：**单击该按钮可为当前图层添加矢量蒙版。
- **“浓度”数值框：**拖曳滑块或输入数值可控制蒙版的不透明度，即蒙版的遮盖强度。
- **“羽化”数值框：**拖曳滑块或输入数值可柔化蒙版边缘。
- **蒙版边缘...按钮：**单击该按钮，可对图像进行视图模式、边缘检测、调整边缘和输出等设置。
- **颜色范围...按钮：**单击该按钮，可打开“颜色范围”对话框，此时可在图像中取样并调整颜色容差来修改蒙版范围。
- **反相按钮：**单击该按钮，可翻转蒙版的遮盖区域。
- **“从蒙版中载入选区”按钮：**单击该按钮，可载入蒙版中包含的选区。

图6-9 “蒙版”面板

- **“应用蒙版”按钮：**单击该按钮，可将蒙版应用到图像中，同时删除被蒙版遮盖的图像。
- **“停用/启用蒙版”按钮：**单击该按钮或按住【Shift】键不放并单击蒙版缩略图，可停用或重新启用蒙版。停用蒙版时，蒙版缩略图或图层缩略图后会出现一个红色的“×”标记。

- **"删除蒙版"按钮**：单击该按钮，可删除当前蒙版。将蒙版缩略图拖曳到此按钮上，也可将其删除。

## ↘ 6.2.2　矢量蒙版

矢量蒙版是使用钢笔工具和自定形状工具等矢量工具创建的蒙版。矢量图的清晰度与分辨率无关，它被无限放大后仍能保持清晰。网店美工可以通过在图像上绘制路径形状来控制图像的显示与隐藏，并且可以调整与编辑路径，从而制作出可控的、形状多变的矢量蒙版。另外，使用矢量蒙版抠图不仅可以保证原图不受损，并且可以使用钢笔工具修改其形状。

### 1. 创建矢量蒙版

创建矢量蒙版具体而言就是将绘制的路径作为蒙版。其方法：选择需要添加矢量蒙版的图层，使用矢量工具绘制路径，选择【图层】/【矢量蒙版】/【当前路径】命令，基于当前路径创建矢量蒙版，如图6-10所示。

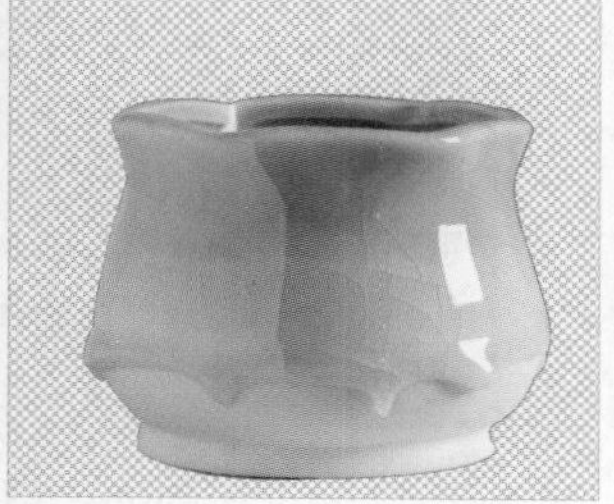

图 6-10　创建矢量蒙版

### 2. 编辑矢量蒙版

创建矢量蒙版后，可对矢量蒙版进行编辑，如将矢量蒙版转换为图层蒙版、删除矢量蒙版、链接/取消链接矢量蒙版、停用矢量蒙版等。

- **将矢量蒙版转换为图层蒙版**：在编辑过程中，图层蒙版的使用非常频繁。有时为了方便，可以将矢量蒙版转换为图层蒙版进行编辑。其方法：在矢量蒙版缩略图上单击鼠标右键，在弹出的快捷菜单中选择"栅格化矢量蒙版"命令，如图6-11所示。栅格化后的矢量蒙版将会变为图层蒙版，不会再有矢量形状存在。
- **删除矢量蒙版**：矢量蒙版和其他蒙版一样都可删除。其方法：只需在矢量蒙版缩略图上单击鼠标右键，在弹出的快捷菜单中选择"删除矢量蒙版"命令，即可删除该矢量蒙版，如图6-12所示。

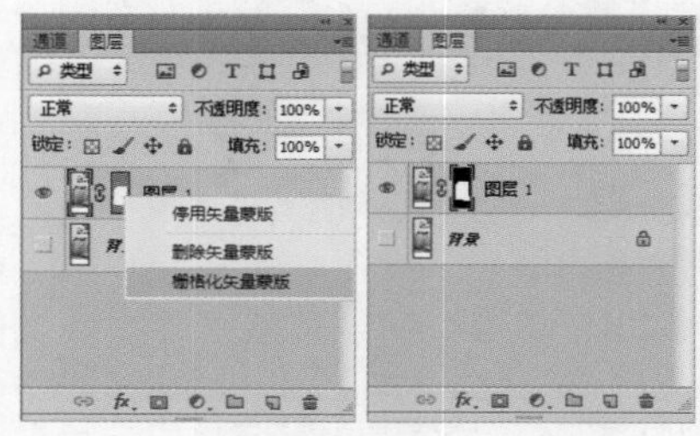


图6-11　将矢量蒙版转换为图层蒙版

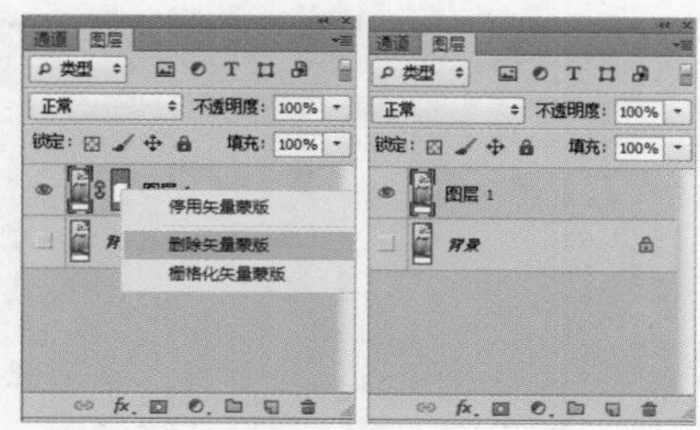


图6-12　删除矢量蒙版

- **链接/取消链接矢量蒙版**：默认情况下，图层和其矢量蒙版之间有个图图标，它表示图层与矢量蒙版相互链接。当移动或变换图层时，矢量蒙版将会跟着发生变化。若不想图层或矢量蒙版影响到与之链接的图层或矢量蒙版，需要取消链接矢量蒙版。其方法：单击图图标取消链接，如图6-13所示。若想恢复链接，可在取消链接的位置再次单击。
- **停用矢量蒙版**：停用矢量蒙版可将蒙版还原到编辑前的状态。其方法：选择矢量蒙版后，在其上单击鼠标右键，在弹出的快捷菜单中选择“停用矢量蒙版”命令，对编辑的矢量蒙版进行停用操作，如图6-14所示。当需要恢复时，只需单击鼠标右键，在弹出的快捷菜单中选择“启用矢量蒙版”命令。

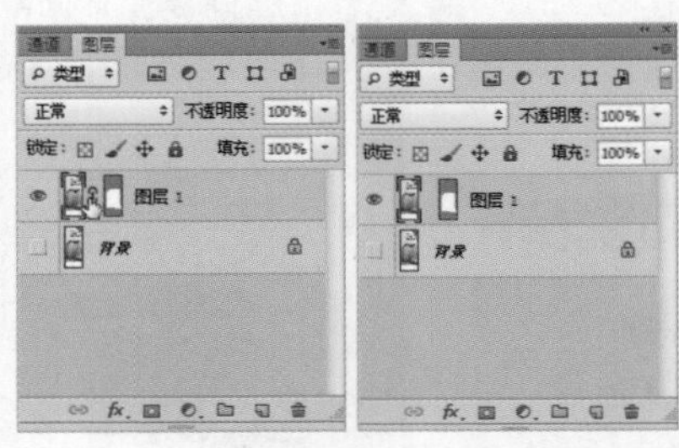

图6-13　链接/取消链接矢量蒙版

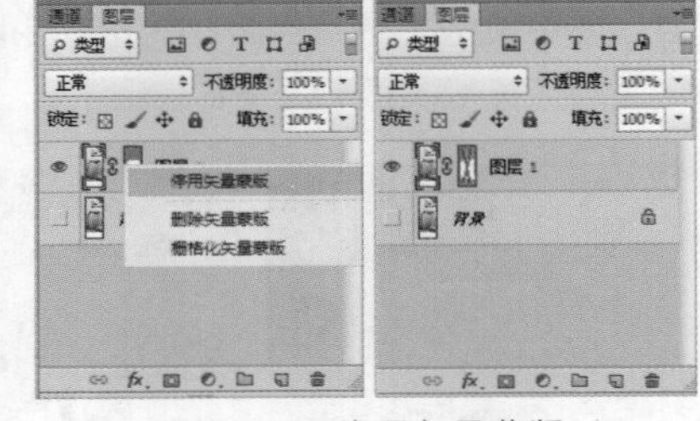


图6-14　停用矢量蒙版

## 6.2.3　剪贴蒙版

剪贴蒙版是美化商品图像时常常用到的一种蒙版，不但能将图像置入形状中，还能使图像与形状融为一体，使画面的视觉效果更加美观。

### 1. 创建剪贴蒙版

剪贴蒙版主要由基底图层和内容图层组成，使用基底图层（下层图层）的形状来限制内容图层（上层图层）的显示状态。剪贴蒙版可通过一个图层控制多个图层的可见内容，而图层蒙版和矢量蒙版只能控制一个图层。创建剪贴蒙版的方法：将需要创建剪贴蒙版的图像所在的图层移动到具有一定形状的图层上方，再选择图像所在的图层，选择【图层】/【创建剪贴蒙版】命令或按【Alt+Ctrl+G】组合键，将该图层与下层图层创建为一个剪贴蒙版，如图6-15所示。

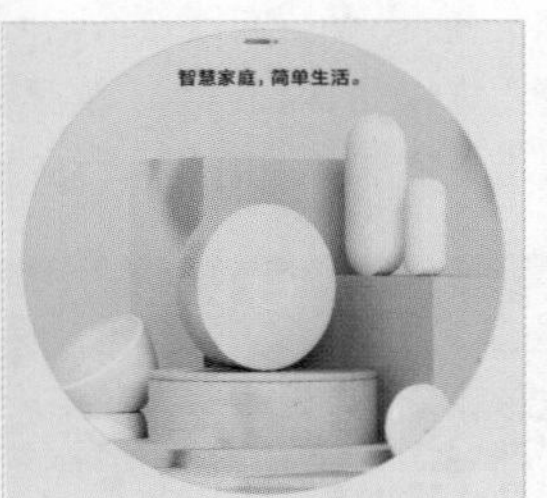


图 6-15　创建剪贴蒙版

### 2. 编辑剪贴蒙版

创建剪贴蒙版后，可以根据实际情况对剪贴蒙版进行编辑，包括释放剪贴蒙版、设置剪贴蒙版的不透明度和混合模式等操作。

（1）释放剪贴蒙版

为图层创建剪贴蒙版后，若觉得效果不佳，可采用以下3种方法取消剪贴蒙版，即释放剪贴蒙版。

- **通过菜单命令：**选择需要释放的剪贴蒙版，再选择【图层】/【释放剪贴蒙版】命令或按【Ctrl+Alt+G】组合键，可释放剪贴蒙版。
- **通过快捷菜单：**在内容图层上单击鼠标右键，在弹出的快捷菜单中选择“释放剪贴蒙版”命令。
- **通过拖曳鼠标指针：**按住【Alt】键不放，将鼠标指针放置到内容图层和基底图层中间的分割线上，当鼠标指针变为↘□形状时单击，即可释放剪贴蒙版。

（2）设置剪贴蒙版的不透明度和混合模式

通过设置剪贴蒙版的不透明度和混合模式，可以改变商品图像的效果。其方法：在“图层”面板中选择剪贴蒙版，在“不透明度”数值框中输入合适的数值，在“模式”下拉列表框中选择需要的混合模式。图6-16所示分别为剪贴蒙版的不透明度为80%、混合模式为“正片叠底”、“强光”和不透明度为50%、混合模式为“正片叠底”和“强光”时的图像效果。

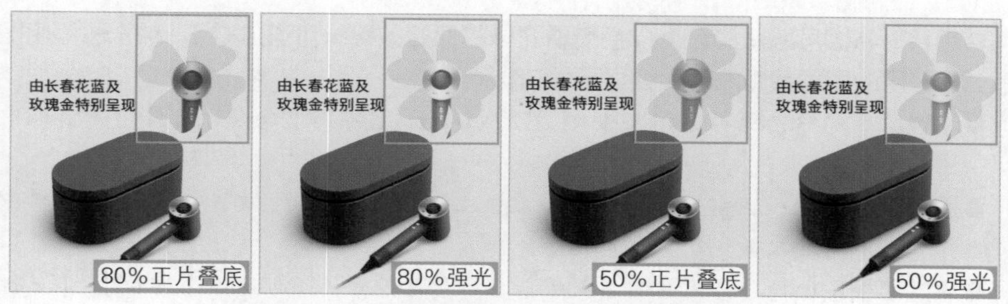


图6-16　设置剪贴蒙版的不透明度和混合模式

## ↘ 6.2.4　图层蒙版

图层蒙版相当于一块能使物体变透明的布：在布上涂抹黑色时，物体呈透明显示；在布上涂抹白色时，物体完全显示；在布上涂抹灰色时，物体呈半透明显示。

### 经验之谈

选择图层后，选择【图层】/【图层蒙版】/【隐藏全部】命令，可创建隐藏图层内容的黑色蒙版。若图层中包含透明区域，可选择【图层】/【图层蒙版】/【从透明区域】命令创建蒙版，并将透明区域隐藏。

### 1. 创建图层蒙版

在创建调整图层、填充图层及智能滤镜时，Photoshop会自动为其添加图层蒙版，用于控制颜色调整和滤镜范围。其创建方法：选择要创建图层蒙版的图层，在“图层”

面板中单击“添加图层蒙版”按钮◙或选择【图层】/【图层蒙版】/【显示选区】命令，为图像添加图层蒙版，然后将前景色设置为黑色，使用画笔工具✎在图像上进行涂抹，在涂抹区域创建图层蒙版，如图6-17所示。

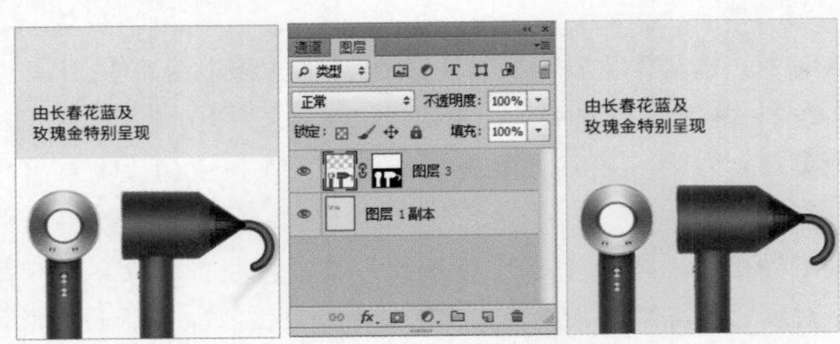

图 6-17　创建图层蒙版

## 2. 编辑图层蒙版

创建图层蒙版后，可以通过停用图层蒙版、启用图层蒙版、删除图层蒙版、复制与转移图层蒙版，以及图层蒙版与选区的运算等操作对图层蒙版进行编辑，使图层蒙版更符合设计需要。

（1）停用图层蒙版

若想暂时将图层蒙版隐藏，以便查看图像的原始效果，可通过以下3种方法停用图层蒙版。被停用的图层蒙版缩略图会显示为☒。

- **通过菜单命令：**选择【图层】/【图层蒙版】/【停用】命令，可停用当前选中的图层蒙版。
- **通过快捷菜单：**在需要停用的图层蒙版上单击鼠标右键，在弹出的快捷菜单中选择“停用图层蒙版”命令。
- **通过面板：**选择要停用的图层蒙版，在“属性”面板（可通过【窗口】/【属性】命令打开）中单击◉按钮，停用图层蒙版。

（2）启用图层蒙版

停用图层蒙版后，可以通过以下两种方法将其重新启用。

- **通过菜单命令：**选择【图层】/【图层蒙版】/【启用】命令，可将当前选中的图层蒙版启用。
- **通过面板：**在“图层”面板中单击已经停用的图层蒙版，可启用图层蒙版；或者选择要启用的图层蒙版，在“属性”面板中单击◉按钮，可启用图层蒙版。

（3）删除图层蒙版

如果创建的图层蒙版不再使用，可将其删除。其方法：在“图层”面板中选择要删除图层蒙版的图层，选择【图层】/【图层蒙版】/【删除】命令，或在图层蒙版上单击鼠标右键，在弹出的快捷菜单中选择“删除图层蒙版”命令，可删除图层蒙版，如图6-18所示。

（4）复制与转移图层蒙版

复制图层蒙版是指将某个图层中创建的图层蒙版复制到另一个图层中，则这两个图层将同时拥有属性一致的图层蒙版；而转移图层蒙版则是将某个图层中创建的图层蒙版移动到另一个图层中，而原图层中的图层蒙版将不再存在。

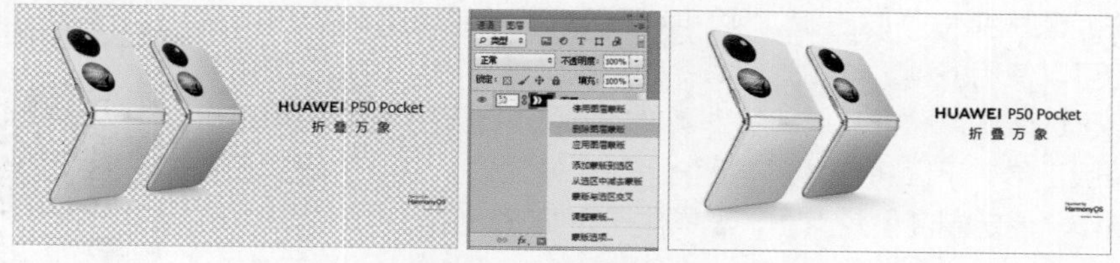


图 6-18　删除图层蒙版

## 经验之谈

添加图层蒙版后，如果要编辑图层蒙版，则需要先在图层中单击选择图层蒙版缩略图，再进行后续操作；而如果要编辑图像，则需要先在图层中单击选择图像缩略图，再进行后续操作。

- **复制图层蒙版**：将鼠标指针移动到图层蒙版缩略图上，按住【Alt】键不放，再按住鼠标左键不放将图层蒙版拖曳到另一个图层上，然后释放鼠标左键，效果如图6-19所示。
- **转移图层蒙版**：将鼠标指针移动到图层蒙版缩略图上，按住鼠标左键不放直接将其拖曳到另一个图层上，然后释放鼠标左键，可将原图层的图层蒙版移动到目标图层中，原图层中将不再有图层蒙版，如图6-20所示。

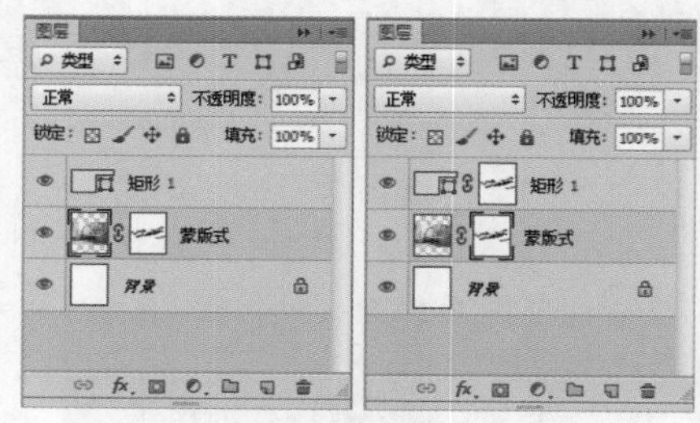

图6-19　复制图层蒙版

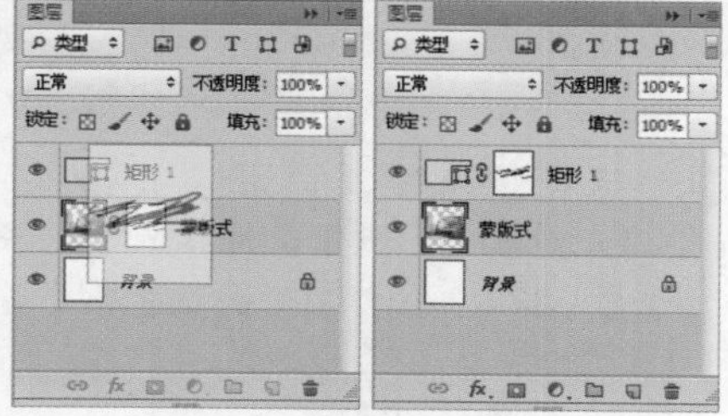

图6-20　转移图层蒙版

（5）图层蒙版与选区的运算

在使用图层蒙版时，也可以通过对选区进行运算来得到复杂的蒙版。在图层蒙版缩略图上单击鼠标右键，在弹出的快捷菜单中有3个关于蒙版与选区的命令，其作用分别如下。

- **添加蒙版到选区**：若当前没有选区，在图层蒙版上单击鼠标右键，在弹出的快捷菜单中选择“添加蒙版到选区”命令，可将蒙版中涂黑的区域创建为选区；若当前有选区，选择该命令，可以将蒙版选区（即蒙版中涂黑的区域）添加到当前选区中。
- **从选区中减去蒙版**：若当前有选区，选择“从选区中减去蒙版”命令，可以从当前选区中减去蒙版选区。
- **蒙版与选区交叉**：若当前有选区，选择“蒙版与选区交叉”命令，可以得到当前选区与蒙版选区的交叉区域。

## ↘ 6.2.5　快速蒙版

快速蒙版又称临时蒙版，网店美工可以将任何选区作为快速蒙版，还可以使用多种工具和滤镜命令来修改快速蒙版。因此，快速蒙版常用于选取复杂图像或创建特殊图像的选区，是美化商品图像时常用的蒙版工具。下面将使用“客厅.jpg”图像文件，以及快速蒙版功能来制作全屋定制商品焦点图，其具体操作如下。

**步骤01** 新建尺寸为“790像素×1023像素”，分辨率为“300像素/英寸”，名称为“全屋定制商品焦点图”的文件，置入“客厅.jpg”图像文件（配套资源：\素材\第6章\全屋定制商品焦点图\客厅.jpg），调整图像的位置和大小。

**步骤02** 观察图像可知，墙面与陈设色差不大，视觉对比效果不佳。选择客厅图像所在的图层，选择画笔工具，在工具属性栏中的“画笔”下拉列表框中选择“硬边圆”选项，设置大小为“65像素”。

**步骤03** 单击工具箱中的“以快速蒙版模式编辑”按钮，然后将鼠标指针移至墙面进行涂抹，涂抹过程中可调整画笔大小并使用橡皮擦工具，如图6-21所示。

**步骤04** 单击工具箱中的“以标准模式编辑”按钮，退出快速蒙版模式，此时未被涂抹红色的区域将被创建为选区，如图6-22所示。接着复制粘贴该选区，使其被创建为新图层。

### 经验之谈

创建快速蒙版后，使用画笔工具在蒙版区域进行绘制，绘制的区域将呈半透明的红色显示，该区域就是设置的保护区域。退出快速蒙版模式后，在蒙版区域中呈红色显示的图像将位于生成的选区之外。

**步骤05** 选择污点修复画笔工具，去除左侧凳子的图像。接着置入“新墙面.jpg”“光线.png”图像文件（配套资源：\素材\第6章\全屋定制商品焦点图\新墙面.jpg、光线.png），调整图像的位置和大小，接着调整图层位置，效果如图6-23所示。

图6-21　创建快速蒙版

图6-22　创建选区

图6-23　置入并调整图像

**步骤06** 置入“灯具.png”图像文件（配套资源：\素材\第6章\全屋定制商品焦点图\灯具.png），调整图像的位置和大小，然后双击图层名称右侧的空白区域，打开“图层样式”对话框，选中“投影”复选框，设置颜色为“#090204”，其他参数设置如图6-24所示。接着复制该图层，并调整图层上图像的位置。

**步骤 07** 按照与步骤06相同的方法，置入“画框.png”图像文件（配套资源：\素材\第6章\全屋定制商品焦点图\画框.png），调整图像的位置和大小，然后添加“投影”图层样式，将不透明度调整为“35%”，距离调整为“11像素”，其余参数保持不变。

**步骤 08** 按照与步骤07相同的方法，置入“画框2.png”图像文件（配套资源：\素材\第6章\全屋定制商品焦点图\画框2.png），调整图像的位置和大小，然后添加“投影”图层样式，将不透明度调整为“45%”，其余参数保持不变，营造出近光处投影较浅、远光处投影较深的视觉效果。

**步骤 09** 打开“文案与装饰.psd”文件（配套资源：\素材\第6章\全屋定制商品焦点图\文案与装饰.psd），复制该文件到“全屋定制商品焦点图.psd”文件中，调整图像的位置和大小，保存文件并查看完成后的效果，如图6-25所示（配套资源：\效果\第6章\全屋定制商品焦点图.psd）。

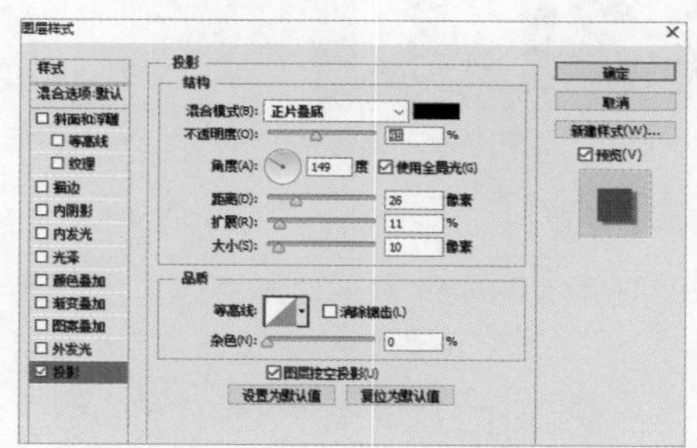


图6-24　添加“投影”图层样式

图6-25　完成后的效果

## 经验之谈

进入快速蒙版后，如果原图像颜色与红色这一保护颜色较为相近，不利于编辑，用户可以双击工具箱中的“以快速蒙版模式编辑”按钮，打开“快速蒙版选项”对话框，在其中单击色块以设置蒙版颜色。

# 6.3 使用滤镜

滤镜是Photoshop中使用非常频繁的功能之一，分为滤镜库、独立滤镜、特效滤镜三大类型。使用不同功能的滤镜可以制作出油画、扭曲、马赛克和浮雕等艺术性很强的专业效果。

## ↘ 6.3.1 认识滤镜库

Photoshop中的滤镜库整合了“风格化”“画笔描边”“扭曲”“素描”“纹理”“艺术效果”6类滤镜效果。使用滤镜库中滤镜的方法：打开商品图像文件，选择【滤镜】/【滤镜库】命令，打开“滤镜库”对话框，然后选择所需的滤镜效果选项（一次可选择多个选项），单击 确定 按钮添加滤镜。

### 1. 风格化

“风格化”滤镜组可以生成印象派风格的图像效果。该滤镜组中只有“照亮边缘”一种滤镜效果，可以照亮图像边缘轮廓。图6-26所示为对红窑茶具商品图像使用“照亮边缘”滤镜的效果。

图6-26　对商品图像使用“照亮边缘”滤镜的效果

### 2. 画笔描边

“画笔描边”滤镜组可以模拟不同的画笔或油墨笔刷来勾画图像，从而产生绘画效果。该滤镜组提供了以下8种滤镜效果。

- **成角的线条：**该滤镜可以使图像中的颜色按一定的方向进行流动，从而产生类似倾斜划痕的效果。图6-27所示为使用“成角的线条”滤镜前后的对比效果。
- **墨水轮廓：**该滤镜可以模拟使用纤细的线条在图像原细节上重绘，从而生成钢笔画风格的图像效果，如图6-28所示。

图6-27　使用“成角的线条”滤镜前后的对比效果

图6-28　“墨水轮廓”滤镜

- **喷溅：**该滤镜可以使图像产生类似笔墨喷溅的自然效果，如图6-29所示。
- **喷色描边：**该滤镜效果和“喷溅”滤镜效果比较类似，可以使图像产生斜纹飞溅的效果，如图6-30所示。
- **强化的边缘：**该滤镜可以对图像的边缘进行强化处理，如图6-31所示。

图6-29　“喷溅”滤镜

图6-30　“喷色描边”滤镜

图6-31　“强化的边缘”滤镜

- **深色线条**：该滤镜可以模拟使用短而密的线条来绘制图像的深色区域，使用长而稀的线条来绘制图像的浅色区域，如图6–32所示。
- **烟灰墨**：该滤镜可以模拟使用蘸满黑色油墨的湿画笔在宣纸上绘画的效果，如图6–33所示。
- **阴影线**：该滤镜可以使图像表面产生交叉状倾斜划痕的效果，如图6–34所示。

图6–32　“深色线条”滤镜

图6–33　“烟灰墨”滤镜

图6–34　“阴影线”滤镜

### 3. 扭曲

使用“扭曲”滤镜组可以对图像进行扭曲变形处理。该滤镜组提供了以下3种滤镜效果。

- **玻璃**：该滤镜可以产生一种隔着玻璃观看图像的效果，如图6–35所示。
- **海洋波纹**：该滤镜可以扭曲图像表面，使图像产生在水面下方的效果，如图6–36所示。
- **扩散亮光**：该滤镜可以以背景色为基色对图像进行渲染，产生透过柔和漫射滤镜观看的效果，亮光从图像的中心位置逐渐隐没，如图6–37所示。

图6–35　“玻璃”滤镜

图6–36　“海洋波纹”滤镜

图6–37　“扩散亮光”滤镜

### 4. 素描

“素描”滤镜组可以在图像中添加纹理，使图像产生素描、速写及三维的艺术绘画效果。

- **半调图案**：该滤镜可以用前景色和背景色在图像中模拟半调网屏的效果，如图6–38所示。
- **便条纸**：该滤镜能模拟凹陷压印图案，产生草纸画效果，如图6–39所示。
- **粉笔和炭笔**：该滤镜可以使图像产生被粉笔和炭笔涂抹的草图效果，如图6–40所示。在处理过程中，粉笔使用背景色，处理图像较亮的区域；而炭笔使用前景色，处理图像较暗的区域。

图6–38　“半调图案”滤镜

图6–39　“便条纸”滤镜

图6–40　“粉笔和炭笔”滤镜

●**铬黄渐变**：该滤镜可以使图像看上去像是擦亮的铬黄表面，类似于液态金属的效果，如图6-41所示。

●**绘图笔**：该滤镜可以生成一种钢笔画素描效果，如图6-42所示。

●**基底凸现**：该滤镜可以模拟浅浮雕在光照下的效果，如图6-43所示。

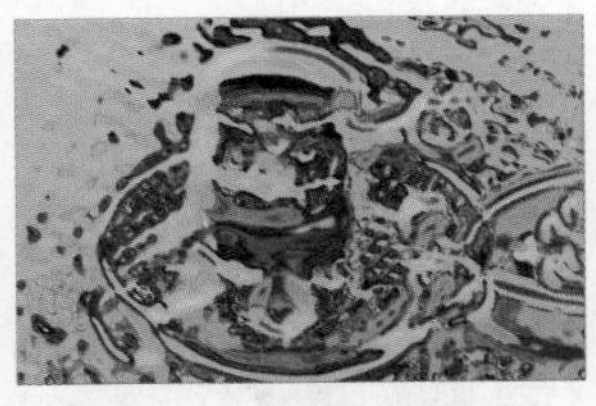
图6-41 “铬黄渐变”滤镜

图6-42 “绘图笔”滤镜

图6-43 “基底凸现”滤镜

●**石膏效果**：该滤镜可以使图像看上去好像用立体石膏压模而成，使用前景色和背景色上色，图像中较暗的区域突出，较亮的区域下陷，如图6-44所示。

●**水彩画纸**：该滤镜可以模拟在潮湿的纤维纸上涂抹颜色而产生的纸张浸湿、颜色扩散的效果，如图6-45所示。

●**撕边**：该滤镜可以使图像呈粗糙和撕破的纸片状，并使用前景色与背景色给图像上色，如图6-46所示。

图6-44 “石膏效果”滤镜

图6-45 “水彩画纸”滤镜

图6-46 “撕边”滤镜

●**炭笔**：该滤镜可以产生色调分离的涂抹效果，主要边缘用粗线条绘制，而中间色调用对角描边绘制，如图6-47所示。

●**炭精笔**：该滤镜可以模拟使用炭精笔绘制图像的效果，在暗区使用前景色绘制，在亮区使用背景色绘制，如图6-48所示。

●**图章**：该滤镜可以简化图像、突出主体，产生类似仿制图章的效果，如图6-49所示。

图6-47 “炭笔”滤镜

图6-48 “炭精笔”滤镜

图6-49 “图章”滤镜

●**网状**：该滤镜可以模拟胶片感光乳剂的受控收缩和扭曲的效果，使图像的暗色调区域好像被结块，高光区域好像被颗粒化，如图6-50所示。

●**影印**：该滤镜可以模拟影印效果，并用前景色填充图像的亮区，用背景色填充图像的暗区，如图6-51所示。

图6-50 “网状”滤镜

图6-51 “影印”滤镜

### 5. 纹理

“纹理”滤镜组可以对图像应用多种纹理效果，使其产生纹理质感。该滤镜组提供了以下6种滤镜效果。

- **龟裂缝**：该滤镜可以在图像中随机生成龟裂纹理并使图像产生浮雕效果，如图6-52所示。
- **颗粒**：该滤镜可以模拟将不同种类的颗粒纹理添加到图像中的效果，如图6-53所示。用户可以在“颗粒类型”下拉列表框中选择多种颗粒形态。
- **马赛克拼贴**：该滤镜可以使图像产生分布均匀但形状不规则的马赛克拼贴效果，如图6-54所示。

图6-52 “龟裂缝”滤镜

图6-53 “颗粒”滤镜

图6-54 “马赛克拼贴”滤镜

- **拼缀图**：该滤镜可以使图像产生多个方块拼缀的效果，每个方块的颜色是由该方块中像素的平均颜色决定的，如图6-55所示。
- **染色玻璃**：该滤镜可以使图像产生由不规则的玻璃网格拼凑出来的效果，如图6-56所示。
- **纹理化**：该滤镜可以向图像中添加系统提供的各种纹理效果，或者根据另一个图像文件的亮度值向图像中添加纹理效果，如图6-57所示。

图6-55 “拼缀图”滤镜

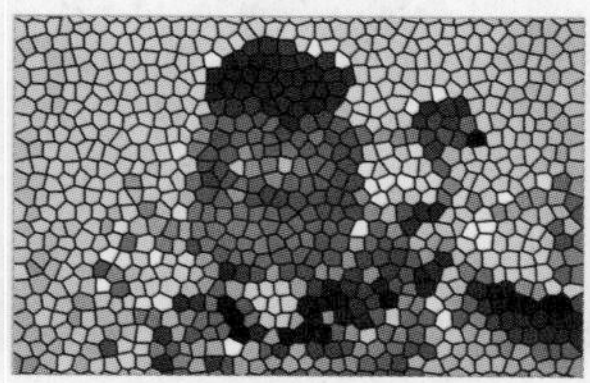
图6-56 “染色玻璃”滤镜

图6-57 “纹理化”滤镜

### 6. 艺术效果

“艺术效果”滤镜组可以模仿传统绘画手法，为图像添加绘画效果或艺术特效。该滤镜组提供了以下15种滤镜效果。

- **壁画**：该滤镜可以模拟使用短而圆、粗而轻的小块颜料涂抹图像，画风较粗犷，如图6-58所示。
- **彩色铅笔**：该滤镜可以模拟彩色铅笔在纸上绘图的效果，同时保留重要边缘，外观呈粗糙阴影线，如图6-59所示。
- **粗糙蜡笔**：该滤镜可以模拟使用蜡笔在纹理背景上绘图而产生的纹理浮雕效果，如图6-60所示。

图6-58 “壁画”滤镜

图6-59 “彩色铅笔”滤镜

图6-60 “粗糙蜡笔”滤镜

- **底纹效果**：该滤镜可以使图像产生喷绘效果，如图6-61所示。
- **干画笔**：该滤镜可以模拟使用干画笔绘制图像边缘的效果，如图6-62所示。该滤镜通过将图像的颜色范围减小为常用颜色区来简化图像。
- **海报边缘**：该滤镜可以减少图像中的颜色数量，查找图像的边缘并在上面绘制黑线，如图6-63所示。

图6-61 “底纹效果”滤镜

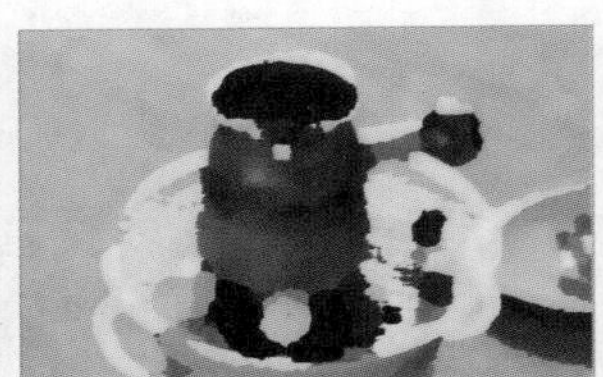
图6-62 “干画笔”滤镜

图6-63 “海报边缘”滤镜

- **海绵**：该滤镜可以模拟使用海绵在图像上绘画的效果，使图像带有强烈的对比色纹理，如图6-64所示。
- **绘画涂抹**：该滤镜可以模拟使用各种画笔涂抹的效果，如图6-65所示。
- **胶片颗粒**：该滤镜可以使图像表面产生胶片颗粒状纹理效果，如图6-66所示。

图6-64 “海绵”滤镜

图6-65 “绘画涂抹”滤镜

图6-66 “胶片颗粒”滤镜

- **木刻**：该滤镜可使图像产生木雕画效果，如图6-67所示。
- **霓虹灯光**：该滤镜可以将各种类型的发光添加到图像上，使图像产生被彩色氖光灯照射的效果，如图6-68所示。
- **水彩**：该滤镜可以简化图像细节，以水彩的风格绘制图像，使图像产生水彩画效果，如图6-69所示。

图6-67 “木刻”滤镜

图6-68 “霓虹灯光”滤镜

图6-69 “水彩”滤镜

- **塑料包装**：该滤镜可以使图像表面产生类似透明塑料袋包裹物体时的效果，如图6-70所示。
- **调色刀**：该滤镜可以减少图像中的细节，生成描绘得很淡的图像效果，如图6-71所示。
- **涂抹棒**：该滤镜可以用短的对角线涂抹图像的较暗区域来柔化图像，提高图像的对比度，如图6-72所示。

图6-70 “塑料包装”滤镜

图6-71 “调色刀”滤镜

图6-72 “涂抹棒”滤镜

## ↘ 6.3.2 应用独立滤镜

Photoshop除了提供滤镜库外，还提供了“液化”“消失点”“自适应广角”“镜头校正”“油画”等常用的独立滤镜。应用这些独立滤镜，不但能制作出不同的图像效果，还能让图像更加美观。下面将打开“柿子.jpg”图像文件，使用独立滤镜来制作装饰画，定制详情页中的情景展示图，以便让消费者能够清楚该商品的使用场景，其具体操作如下。

**步骤 01** 打开“柿子.jpg”图像文件（配套资源：\素材\第6章\情景展示图\柿子.jpg），复制该图层。

**步骤 02** 观察图像可知，柿子不突出，多被叶子遮盖，如图6-73所示，图像需要调整为对准柿子进行拍摄的效果。选择【滤镜】/【自适应广角】命令，打开“自适应广角”对话框，单击左侧的“多边形约束工具”按钮，再在图像上单击，绘制调整框，设置参数如图6-74所示，然后单击 确定 按钮。

图6-73 观察图像

图6-74 使用“自适应广角”滤镜调整图像

步骤 03 此时观察图像发现，图像四周存在晕影。选择【滤镜】/【镜头校正】命令，打开“镜头校正”对话框，单击“自定”选项卡，设置参数如图6-75所示，然后单击 确定 按钮。

图6-75　使用“镜头校正”滤镜调整图像

步骤 04 选择【图像】/【调整】/【亮度/对比度】命令，打开“亮度/对比度”对话框，设置亮度为“41”，对比度为“7”，单击 确定 按钮，效果如图6-76所示。

步骤 05 选择【滤镜】/【油画】命令，打开“油画”对话框，设置参数如图6-77所示，然后单击 确定 按钮。

图6-76　调整图像的亮度和对比度

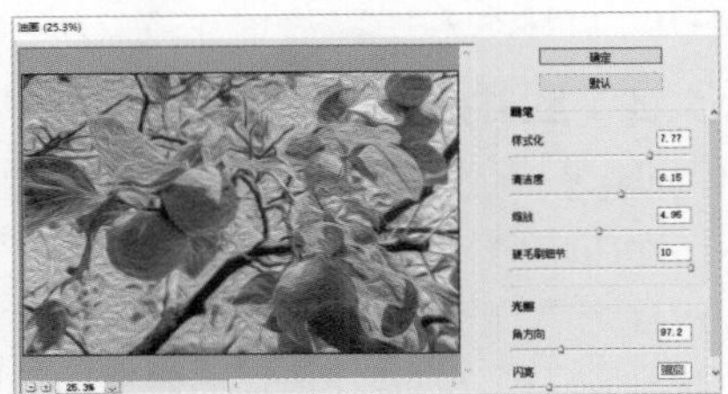

图6-77　使用“油画”滤镜调整图像

## 经验之谈

使用“自适应广角”滤镜能调整商品图像的显示范围，以得到使用不同镜头拍摄的视觉效果。使用“镜头校正”滤镜可对存在外在因素造成的如镜头失真、晕影或色差等情况的商品图像进行校正，修复因为镜头而出现的问题。使用“油画”滤镜可以将普通的商品图像效果转换为手绘油画效果。

步骤 06 选择矩形选框工具，沿着图像左侧绘制选区，然后按【Ctrl+C】组合键复制该选区。

步骤 07 打开“情景展示图.psd”文件（配套资源：\素材\第6章\情景展示图\情景展示图.psd），选择矩形选框工具，沿着墙壁上的画框绘制一个矩形选区，再选择【滤镜】/【消失点】命令，打开“消失点”对话框，按【Ctrl+V】组合键粘贴该选区，然后按住鼠标左键不放，拖曳鼠标指针调整选区的位置，如图6-78所示，然后单击 确定 按钮。

步骤 08 取消选区，保存文件并查看完成后的效果，如图6-79所示（配套资源：\效果\第6章\情景展示图.psd）。

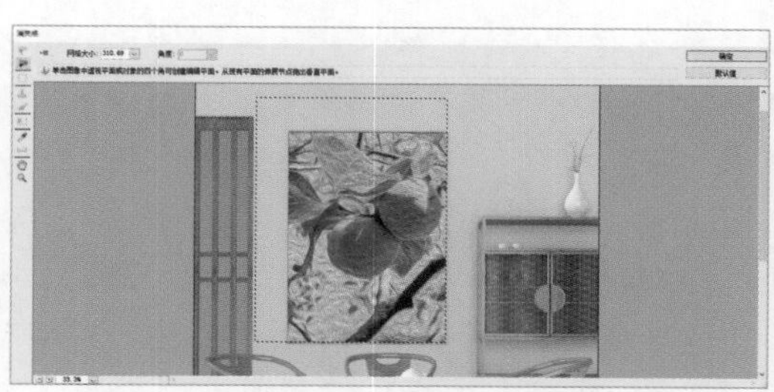

图6-78 使用“消失点”滤镜调整图像

图6-79 完成后的效果

## 经验之谈

在选择的图像区域内进行克隆、喷绘及粘贴图像等操作时使用“消失点”滤镜，Phtoshop会自动应用透视原理，按照透视的角度和比例来适应图像的修改，从而大大节约制作时间。

了解“液化”“消失点”“自适应广角”“镜头校正”“油画”等独立滤镜的对话框中相关选项的含义对滤镜的使用有较大帮助，但由于篇幅问题，这里不对其做过多介绍，扫描右侧的二维码可查看详细介绍。

### 6.3.3 应用特效滤镜

常见的特效滤镜包括“风格化”滤镜组、“模糊”滤镜组、“扭曲”滤镜组、“锐化”滤镜组、“像素化”滤镜组、“渲染”滤镜组及“其他”滤镜组等。下面将应用特效滤镜来制作直通车的背景图，从而制作一张完整的月饼直通车图，其具体操作如下。

**步骤01** 新建尺寸为“750像素×1000像素”，分辨率为“75像素/英寸”，名称为“月饼直通车”的文件。

**步骤02** 设置前景色为“#0e626d”，使用油漆桶工具在图像编辑区单击，然后使用矩形工具绘制一个尺寸为“725像素×969像素”、填充颜色为“#27586b”的矩形，并将形状图层转换为普通图层。

## 视野拓展

直通车是为淘宝和天猫网店量身定制的按点击付费的效果营销工具，可以实现网店内商品的精准推广，即直通车图也就是商品的推广图。直通车图与商品主图的区别在于直通车图可以频繁更换，以便商家测试点击量，最终使用点击量较高的图像，提高商品的推广率。制作直通车图时可将商品放在实际生活场景中展示，用实物图像展示商品特征、展示商品的赠品，突出商品已有的销量，也可添加真人试用的画面。总之，直通车图内容十分丰富，网店美工可充分运用直通车的特点，制作出视觉效果优美的图像。

步骤03 置入“线框.png”“光线.png”图像文件（配套资源：\素材\第6章\月饼直通车\线框.png、光线.png），调整图像的位置和大小。接着使用橡皮擦工具擦除矩形溢出线框的四个角。

步骤04 设置背景色为“#fcedcf”，选择矩形所在的图层，选择【滤镜】/【风格化】/【拼贴】命令，打开“拼贴”对话框，设置参数如图6-80所示，单击 确定 按钮。

步骤05 选择【滤镜】/【杂色】/【添加杂色】命令，打开“添加杂色”对话框，设置参数如图6-81所示，单击 确定 按钮。选择【滤镜】/【扭曲】/【水波】命令，打开“水波”对话框，设置参数如图6-82所示，单击 确定 按钮。

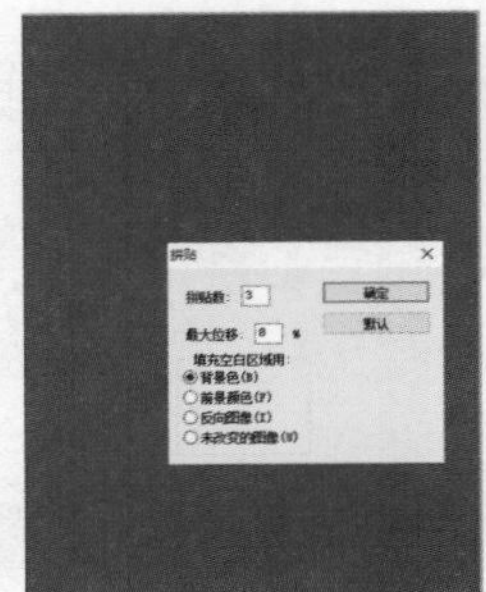

图6-80 拼贴图像

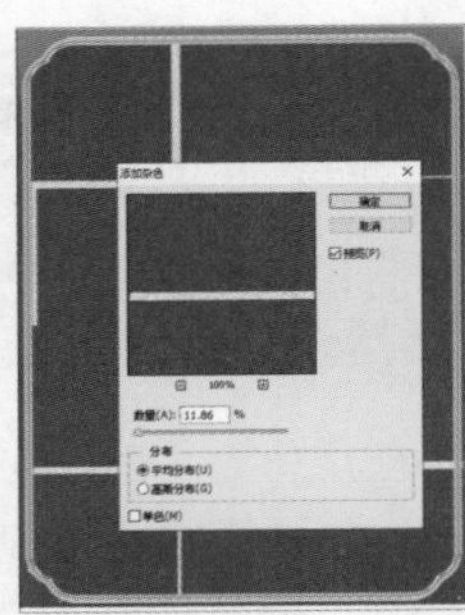

图6-81 添加杂色

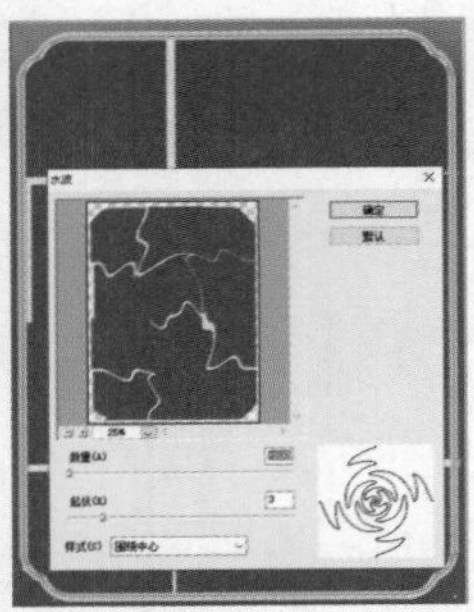

图6-82 扭曲图像

步骤06 打开“装饰.psd”文件（配套资源：\素材\第6章\月饼直通车\装饰.psd），依次将“月亮”“远山”图层复制到“月饼直通车.psd”文件中，并调整图像的位置和大小，使背景更加丰富。接着使用橡皮擦工具擦除溢出线框的区域，如图6-83所示。

步骤07 观察图像可知，制作的背景存在感较强，与置入的素材图像有些不协调。选择【滤镜】/【模糊】/【表面模糊】命令，打开“表面模糊”对话框，设置半径为“9”，阈值为“63”，单击 确定 按钮，效果如图6-84所示。

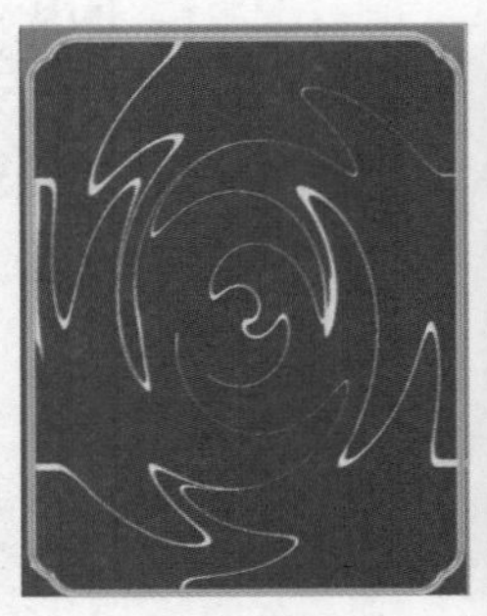

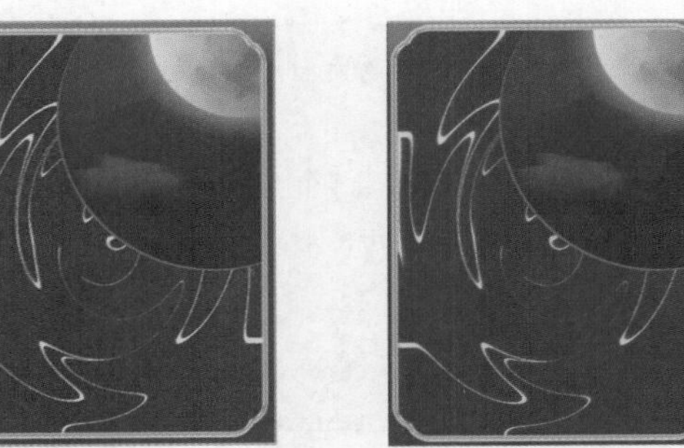

图6-83 丰富背景图像

图6-84 模糊图像

步骤08 打开“商品图像.psd”文件（配套资源：\素材\第6章\月饼直通车\商品图像.psd），依次将“商品”“底座”图层组复制到“月饼直通车.psd”文件中，并调整图像的位置和大小。

步骤09 观察图像发现，左侧月饼图像有些模糊。展开“商品”图层组，选择“图层4”图层，选择【滤镜】/【锐化】/【USM锐化】命令，打开“USM锐化”对话框，设置参数如图6-85所示，单击 确定 按钮。

步骤 10 打开“文案.psd”文件（配套资源：\素材\第6章\月饼直通车\文案.psd），依次将“文案”“价格”图层组复制到“月饼直通车.psd”文件中，并调整图像的位置和大小。保存文件并查看完成后的效果，如图6-86所示（配套资源：\效果\第6章\月饼直通车.psd）。

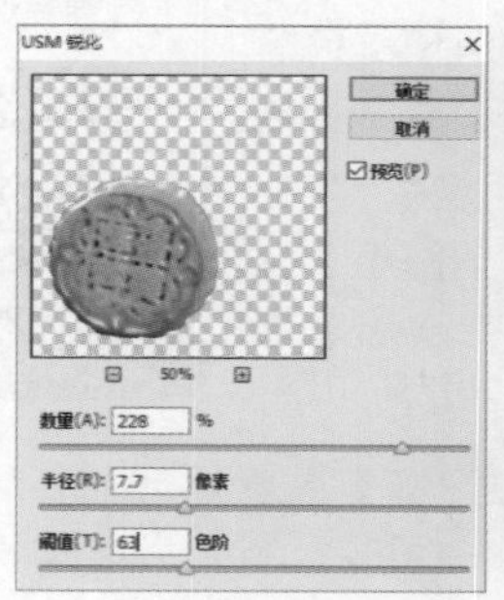

图6-85　锐化图像

图6-86　完成后的效果

由于篇幅有限，除了前面所讲的部分特效滤镜外，这里不对其他特效滤镜做过多介绍。扫描右侧的二维码，可查看常见的“风格化”滤镜组、“模糊”滤镜组、“扭曲”滤镜组、“锐化”滤镜组、“像素化”滤镜组、“渲染”滤镜组、“染色”滤镜组及“其他”滤镜组等特效滤镜组内每个滤镜的具体功能、使用方法、使用要点及其效果展示。

# 6.4　综合案例

## 6.4.1　制作指甲剪套装详情页首焦图

### 1. 案例背景

某经营家居百货的网店准备为一款指甲剪套装商品制作详情页首焦图，其尺寸暂定为“620像素×960像素”，图中需要展示出指甲剪套装的外观，尤其是主打工具——大号平底剪的外观，使消费者能够清晰地看到该套装包含的各种工具，完成后的效果如图6-87所示。

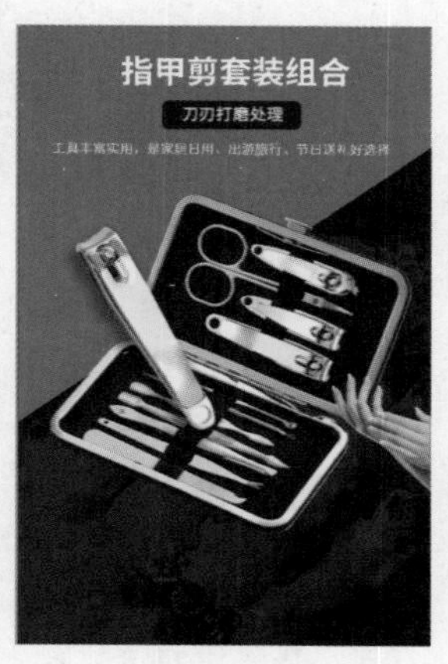


图6-87　首焦图效果

### 2. 设计思路

（1）首焦图整体配色可采用红黑色，强烈的对比更能突出商品图像的色彩，使商品快速被消费者识别。

（2）首焦图需要展示套装及平底剪图像，但商品图像背景颜色与商品图像颜色接近，可采用“通道”面板分别进行抠取。

（3）背景采用纯色，为避免单调，以及强调套装的功能性，可添加手部素材，并利用剪贴蒙版使其融入黑色背景中，丰富背景。

（4）可使用滤镜库中的“玻璃”滤镜美化添加的装饰素材，使整体设计更加协调。

### 3．操作步骤

**步骤01** 打开“套装.jpg”图像文件（配套资源：\素材\第6章\详情页首焦图\套装.jpg），复制该图层，打开“通道”面板。选择黑白对比更强烈的“蓝”通道，单击鼠标右键，在弹出的快捷菜单中选择“复制通道”命令。

**步骤02** 选择“蓝 副本”通道，如图6-88所示，按【Ctrl+L】组合键打开“色阶”对话框，调整色阶，提高黑白对比度，然后单击 确定 按钮。

**步骤03** 设置前景色为“黑色”，选择画笔工具，将指甲剪套装图像彻底涂黑，如图6-89所示，然后按【Ctrl】键并单击通道缩略图得到选区，如图6-90所示。选择“RGB”通道，切换到“图层”面板，按【Delete】键删除选区，得到抠取后的指甲剪套装图像。

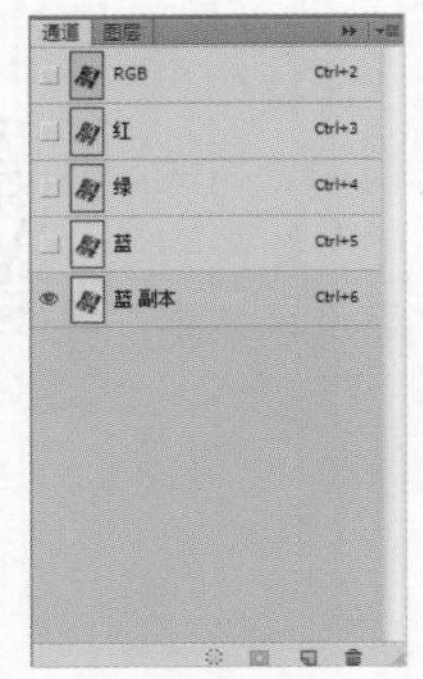


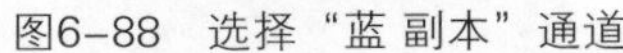
图6-88　选择“蓝 副本”通道

图6-89　涂黑图像

图6-90　创建选区

## 经验之谈

在“通道”面板上选择通道时，除了选择“RGB”通道时会选中所有的通道，其他的通道都可单独被选中，此时未被选中的“通道”会隐藏，即通道前的标志会呈□状态。

**步骤04** 打开“平底剪.jpg”图像文件（配套资源：\素材\第6章\详情页首焦图\平底剪.jpg），按照与步骤01～步骤03相同的方法抠取图像。

**步骤05** 新建尺寸为“620像素×960像素”，名称为“指甲剪套装详情页首焦图”的文件，使用矩形工具绘制两个矩形，分别填充颜色“#ee0116”“#0f0d10”，并调整深色矩形的方向，效果如图6-91所示。

**步骤06** 置入“手部素材.jpg”图像文件（配套资源：\素材\第6章\详情页首焦图\手部素材.jpg），调整图像的大小和方向，并将其移动到黑色矩形所在图层的上方，单击鼠标右键，在弹出的快捷菜单中选择“创建剪贴蒙版”命令，效果如图6-92所示。

**步骤07** 调整“手部素材”图层的不透明度为“23%”，再选择【滤镜】/【滤镜库】

命令，打开“滤镜库”对话框，添加“玻璃”滤镜，设置扭曲度为“20”，平滑度为“14”，纹理为“画布”，缩放为“80”，单击 确定 按钮，效果如图6-93所示。

图6-91　调整矩形方向

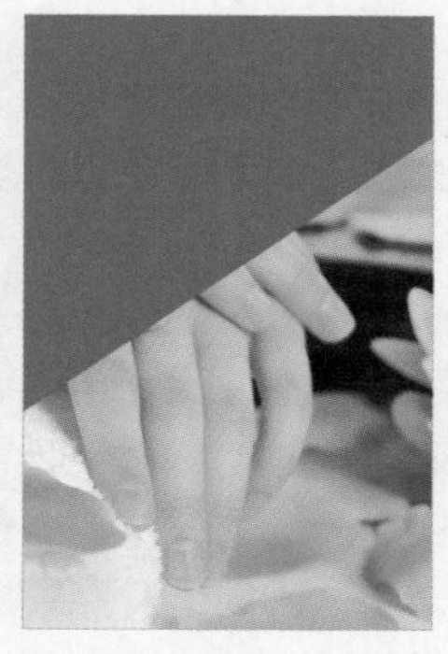
图6-92　创建剪贴蒙版

图6-93　添加“玻璃”滤镜

**步骤 08** 切换到“指甲剪套装详情页首焦图.psd”文件中，依次将抠取好的图像复制到其中，并调整图像的大小、位置和方向。

**步骤 09** 选择“平底剪”图层，为其添加“投影”图层样式，设置颜色为“#804141”，其余参数设置如图6-94所示。

**步骤 10** 置入“双手.png”图像文件（配套资源：\素材\第6章\详情页首焦图\双手.png），并调整图像的大小、位置和方向，如图6-95所示。然后打开“文案.psd”文件，依次将文案复制到“指甲剪套装详情页首焦图.psd”文件中。

**步骤 11** 选择圆角矩形工具，在“刀刃打磨处理”文字下方绘制一个黑色的圆角矩形，效果如图6-96所示。保存文件并查看完成后的效果（配套资源：\效果\第6章\指甲剪套装详情页首焦图.psd）。

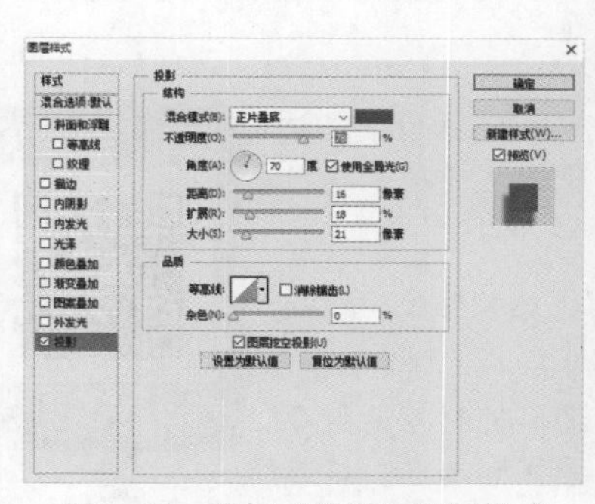

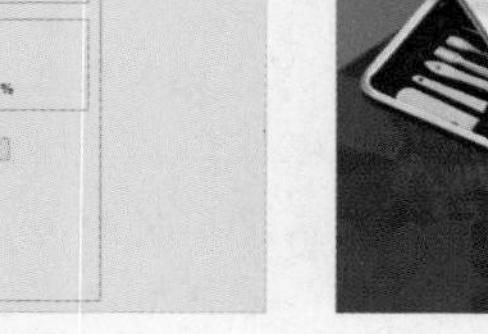
图6-94　添加“投影”图层样式

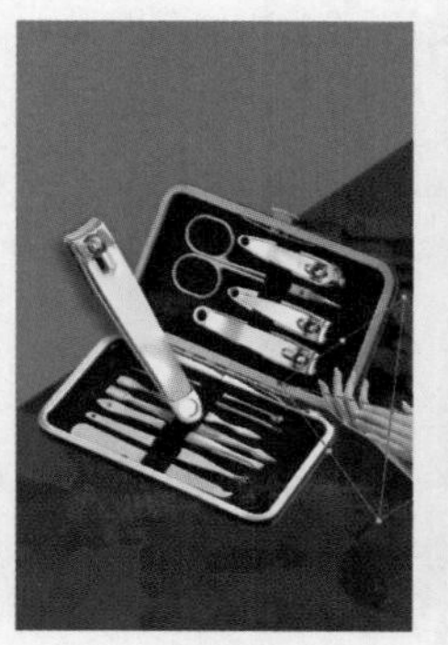
图6-95　调整图像方向

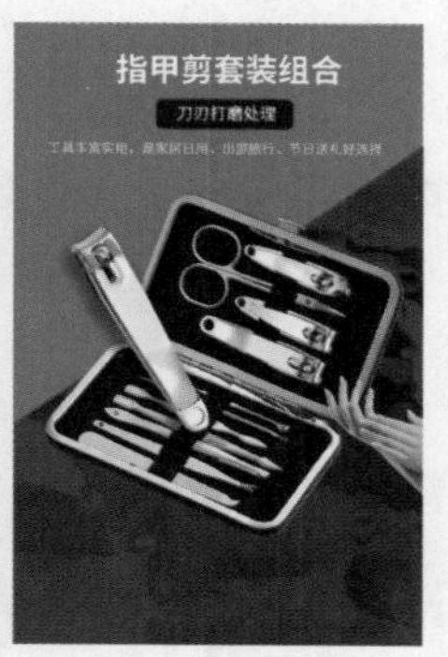

图6-96　绘制圆角矩形

## 6.4.2　制作越野遥控车详情页核心卖点图

### 1. 案例背景

遥控车是一种可以通过无线遥控器远程控制的模型汽车，深受孩子们的喜爱。现有一家儿童玩具类网店准备上新一款越野遥控车商品，为获得良好收益，需要制作详情页。详情页的其他板块已经制作完成，目前需要制作核心卖点图，其尺寸为“620像素

×960像素”，图中需展示越野遥控车的“速度快”“防水”两大核心卖点，完成后的效果如图6-97所示。

### 2. 设计思路

（1）详情页配色以黑色、白色为主，以突出商品图像的色彩及展示两大核心卖点的场景图像，避免因色彩过多而出现主次不清晰的问题。

（2）该板块的功能是展示越野遥控车的核心卖点，所以可按照卖点来模拟场景展示。“速度快”卖点可通过“风”滤镜，模拟越野遥控车在高速行驶时的状态，场景可采用剪贴蒙版来搭建；“防水”卖点的场景采用图层蒙版来搭建，因为文案带有“车身”文字，因此该卖点图中的越野遥控车可大于第一张卖点图中的。

（3）越野遥控车商品图像可通过“通道”面板进行抠取，去除原本的背景图像，只保留越野遥控车图像，以便于后续的图像合成操作。

图6-97　核心卖点图效果

（4）为突出商品，可采用调整图层并配合剪贴蒙版来加强越野遥控车的色彩效果。

## 视野拓展

在图像美化环节，除了要恢复商品图像本身的色彩，以及修复瑕疵外，还可以在图像周围添加创意元素，提升整体画面的视觉效果。这也能够增强网店美工的创新能力，可避免千篇一律的重复性美化，鼓励网店美工精益求精，培养专研、精益、创新的工匠精神。

### 3. 操作步骤

步骤01 打开“越野遥控车.jpg”图像文件（配套资源：\素材\第6章\越野遥控车详情页\越野遥控车.jpg），再打开“通道”面板，选择黑白对比较强的“蓝”通道，并复制该通道。

步骤02 选择复制后的通道，打开“色阶”对话框，调整色阶，提高黑白对比度，如图6-98所示，然后单击 确定 按钮。

步骤03 设置前景色为“黑色”，选择画笔工具，将越野遥控车图像彻底涂黑，然后按【Ctrl】键并单击通道缩略图得到选区。选择“RGB”通道，切换到“图层”面板，按【Delete】键删除选区，得到抠取后的图像。

步骤04 打开“越野遥控车详情页核心卖点图.psd”文件（配套资源：\素材\第6章\越野遥控车详情页\越野遥控车详情页核心卖点图.psd），展开“组1”图层组，置入“场景1.jpg”图像文件（配套资源：\素材\第6章\越野遥控车详情页\场景1.jpg），调整图像的大小和位置。

步骤05 将“场景1.jpg”图像放置在左上角的形状图层上方，并创建剪贴蒙版，如图6-99所示。

图6-98 调整“蓝 副本”通道的黑白对比度

步骤06 切换到“越野遥控车.jpg”文件中，将抠取好的图像复制到“越野遥控车详情页核心卖点图.psd”文件中，调整图像的大小和位置，并将其水平翻转。

步骤07 选择【滤镜】/【风格化】/【风】命令，打开“风”对话框，保持默认参数不变，如图6-100所示，单击 确定 按钮。

图6-99 创建剪贴蒙版（1）

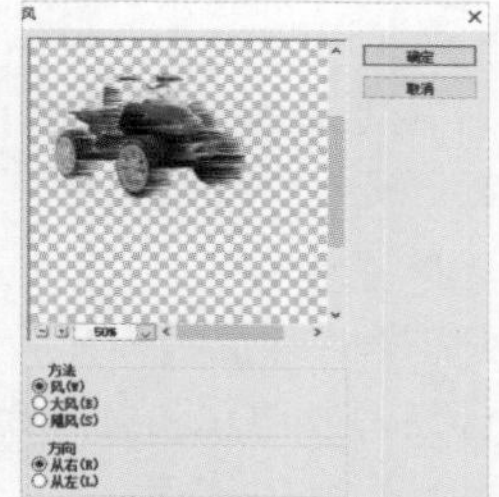

图6-100 使用“风”滤镜调整图像

## 经验之谈

在制作商品细节图或者商品主图时，应真实展示商品的本来外观，即使需要使用滤镜美化商品图像，也要注意避免使消费者对商品外观产生误解或者混淆，以避免后续的售后纠纷。

步骤08 打开“装饰.psd”文件（配套资源：\素材\第6章\越野遥控车详情页\装饰.psd），将“阴影”图层组复制到“越野遥控车详情页核心卖点图.psd”文件中，调整图像的大小和位置，并将图层组置于越野遥控车所在图层的下方。

步骤09 选择越野遥控车所在图层，再单击“图层”面板下方的“创建新的填充或调整图层”按钮，在弹出的快捷菜单中选择“亮度/对比度”命令，在打开的面板中设置亮度为“35”。

步骤10 为调整图层创建剪贴蒙版，从而只调整越野遥控车图像的色彩，如图6-101所示。

步骤11 置入“场景2.jpg”图像文件（配套资源：\素材\第6章\越野遥控车详情页\场景2.jpg），调整图像的大小和位置。

步骤12 将“场景2.jpg”图像所在的图层放置在右下角的形状图层上方，并创建剪贴蒙版。

步骤13 按照相同的方法将抠取好的图像复制到“越野遥控车详情页卖点图.psd”文件中，调整其大小和位置，效果如图6-102所示。

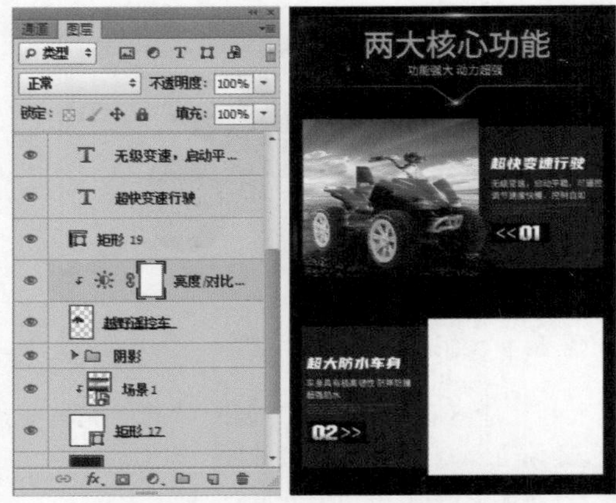


图6-101　创建剪贴蒙版（2）

图6-102　搭建场景

**步骤14** 将“装饰.psd”文件中剩余的素材复制到“越野遥控车详情页核心卖点图.psd”文件中，并调整图像的大小和位置，效果如图6-103所示。

**步骤15** 按照与步骤09和步骤10相同的方法创建调整图层，调整越野遥控车图像的亮度，并设置亮度为“71”。

**步骤16** 选择“水花1”图层组，单击“图层”面板下方的“添加图层蒙版”按钮，为其创建图层蒙版，并使用画笔工具涂抹场景外的水花。

**步骤17** 按照与步骤16相同的方法，为“水花2”图层组创建图层蒙版，并涂抹场景外的水花，效果如图6-104所示。

**步骤18** 保存文件，完成全部制作（配套资源：\效果\第6章\越野遥控车详情页核心卖点图.psd）。

图6-103　复制并调整素材

图6-104　涂抹水花

# 第 7 章
# 切片、批处理与帧动画

Photoshop的切片、批处理与帧动画功能可以为商品图像的后续处理提供帮助，用于解决实际工作中出现的问题。例如，将一个商品图像的处理操作重复应用到多个商品图像的处理中，将制作的网页效果图切片输出为一个个独立的图像，也可将美化后的商品图像制作为帧动画等。

## 【本章要点】

- 切片
- 动作与批处理图像
- 创建帧动画

## 【素养目标】

- 培养对设计项目后续处理的整合能力
- 发挥创意思维，进一步提升美化后的商品图像的视觉效果

# 7.1 切片

完成商品图像的美化后，可将商品图像切片，使其形成若干个小块，然后通过网页设计器进行编辑，将切片后的商品图像重新组合为一个完整的图像，再通过Web浏览器进行显示，这样既保证了图像的显示效果，又提高了用户浏览网页的舒适度。

## 7.1.1 切片类型

Photoshop中有两种切片类型，分别是用户切片和自动切片。其中，用户切片是指用户通过切片工具手动创建的切片，自动切片是指Photoshop自动生成的切片。在手动创建新切片或编辑切片时，Phtoshop都会生成自动切片来占据图像区域，以填充图像中的用户切片或图层切片中未定义的空间。

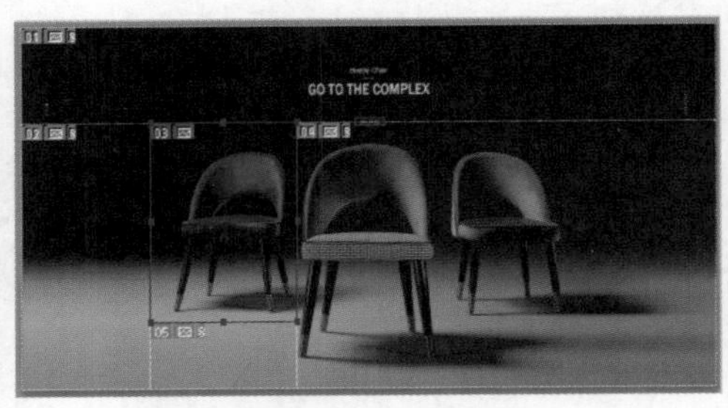


图7-1 切片类型

在图7-1中，蓝色框线区域即为用户切片，黄色框线区域即为自动切片。

## 7.1.2 创建切片

在Photoshop中，用户可使用切片工具和“新建基于图层的切片”菜单命令创建切片。

### 1. 切片工具

使用切片工具创建切片的方法与创建选区的方法相同，具体操作：选择切片工具，按住鼠标左键不放并在图像编辑区中拖曳鼠标指针，完成切片的创建。切片工具属性栏如图7-2所示。

图7-2 切片工具属性栏

切片工具属性栏中的“样式”下拉列表框中相关选项的含义如下。

- 正常：选择该选项后，可以通过拖曳鼠标指针来确定切片的大小。
- 固定长宽比：选择该选项后，可在“宽度”“高度”数值框中设置切片的宽高比。
- 固定大小：选择该选项后，可在“宽度”“高度”数值框中设置切片的固定大小。

**经验之谈**

若图像编辑区中已设置参考线，可单击切片工具属性栏中的“基于参考线的切片”按钮，Photoshop将基于参考线划分图像区域，为划分后的每个图像区域创建切片。

### 2. “新建基于图层的切片”菜单命令

在“图层”面板中选择某个图层后，选择【图层】/【新建基于图层的切片】命令，可基于该图层创建切片，该切片会包含所选图层中的所有像素，如图7-3所示。

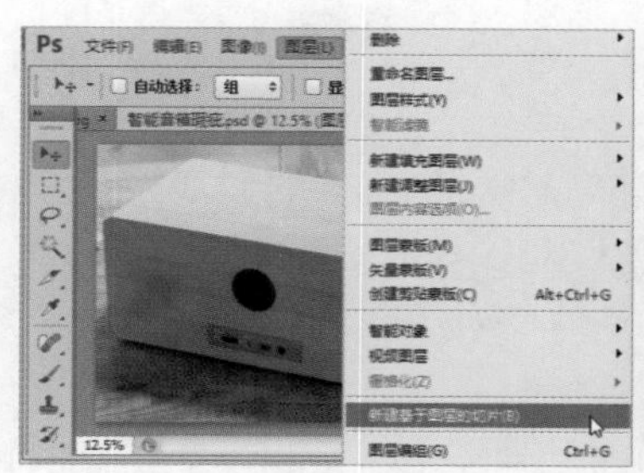

图7-3　使用“新建基于图层的切片”菜单命令创建切片

## ↘ 7.1.3　编辑切片

创建切片后，如果对其不满意，可以对其进行编辑、调整等操作。用于编辑切片的工具为切片选择工具。选择该工具后，可以对切片进行选择、移动、复制，以及删除和锁定等操作。

### 1. 切片选择工具

使用切片选择工具可以对切片进行选择、调整堆叠顺序、对齐与分布等操作。切片选择工具属性栏如图7-4所示。

图7-4　切片选择工具属性栏

切片选择工具属性栏中相关选项的含义如下。

- “调整切片堆叠顺序”按钮组：创建切片后，最后创建的切片将处于最高层。若想调整切片的堆叠顺序，可单击此按钮组中的按钮进行调整。
- 提升按钮：单击该按钮，可以将所选的自动切片转换为用户切片。
- 划分...按钮：单击该按钮，将打开“划分切片”对话框，在该对话框中可对切片进行划分。
- “对齐与分布切片”按钮组：选择多个切片后，可单击相应按钮来对切片进行对齐与分布操作。
- 隐藏自动切片按钮：单击该按钮，将隐藏自动切片。
- “为当前切片设置选项”按钮：单击该按钮，将打开“切片选项”对话框，在其中可设置名称、类型和URL等。

### 2. 选择、移动、复制切片

选择切片选择工具后可以对切片进行选择、移动和复制操作，从而进一步编辑切片。

- 选择切片：选择切片选择工具，在图像编辑区中需要选择的切片上单击，可直接选择该切片，按住【Shift】键的同时在各个切片上单击，可选择多个切片。
- 移动切片：选择切片后，按住鼠标左键不放并拖曳鼠标指针，可沿着轨迹移动所选切片。
- 复制切片：若想复制某个切片，可先选择该切片，再按【Alt】键，当鼠标指针变为形状时，按住鼠标左键不放并拖曳鼠标指针，可复制该切片。

## 经验之谈

选择切片后，将鼠标指针移动到切片四周，此时鼠标指针将变为↕形状，按住鼠标左键不放并拖曳鼠标指针，可调整切片的大小。

### 3．删除切片

若图像中出现了多余的切片，可以将其删除。Photoshop提供了以下3种删除切片的方法。

- **使用快捷键删除：** 选择切片后，按【Delete】键或【Backspace】键可删除所选的切片。
- **使用命令删除：** 选择切片后，选择【视图】/【清除切片】命令，可删除所有的用户切片和图层切片，如图7-5所示。
- **使用快捷菜单删除：** 选择切片后，在其上单击鼠标右键，在弹出的快捷菜单中选择“删除切片”命令，如图7-6所示。

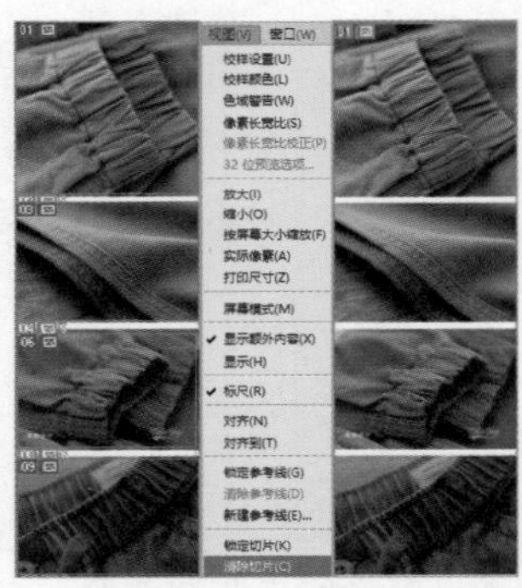


图7-5　使用命令删除切片

图7-6　使用快捷菜单删除切片

### 4．锁定切片

当图像中的切片过多时，可将部分切片锁定，防止因误触而产生错误操作。锁定后的切片将不能被移动、缩放或更改。锁定切片的方法：选择需要锁定的切片，再选择【视图】/【锁定切片】命令，可锁定该切片。移动被锁定的切片时，将弹出提示框，如图7-7所示。

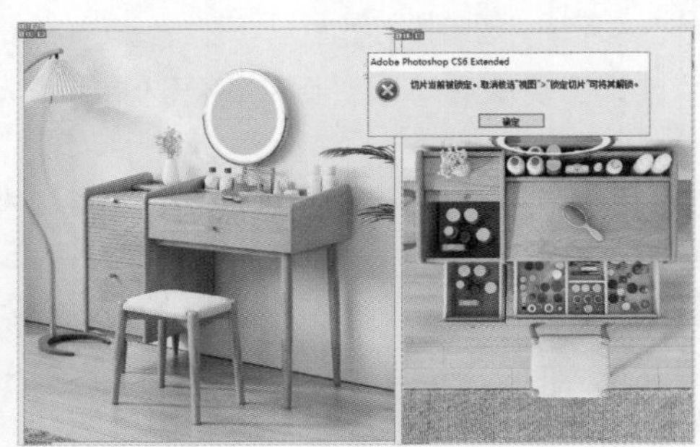


图7-7　锁定切片

### ↘ 7.1.4　保存切片

创建和编辑切片后，还需要对切片后的图像进行保存。其方法：选择【文件】/【存储为Web所用格式】命令，打开“存储为Web所用格式”对话框（见图7-8），在其中可对图像格式、颜色及大小等进行设置，完成后单击 存储... 按钮，打开“将优化结果存储为”对话框，在“格式”下拉列表框中选择保存切片的格式（包括“HTML和图像”“仅限图像”“仅限HTML”3个选项，其中HTML是存储为网页，图像是存储为图像），输入文件名称后，单击 保存(S) 按钮即可保存切片。

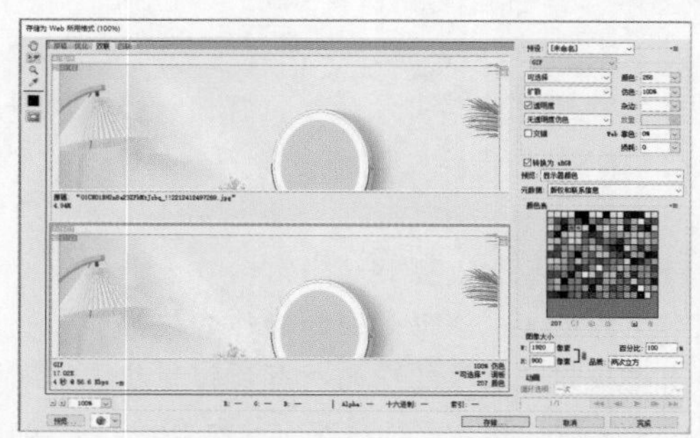

图7-8　“存储为Web所用格式”对话框

## 7.2　动作与批处理图像

动作与批处理是Photoshop中的自动化功能，网店美工使用它们可以批量处理商品图像，从而提高工作效率。要想使用自动化功能，就要先认识“动作”面板，然后掌握创建与保存动作的方法，以及批处理图像的技巧。

### ↘ 7.2.1　认识“动作”面板

动作会将不同的操作、命令及命令参数记录下来，以一个可执行文件的形式存在，用于对其他图像执行相同操作，是Photoshop中的一大特色功能。网店美工通过它可以快速地对不同的图像进行相同的处理，从而大大简化重复性的操作。

“动作”面板是用于创建、播放、修改和删除动作的区域。打开该面板的方法：选择【窗口】/【动作】命令，或按【Alt+F9】组合键，可打开“动作”面板（见图7-9）。在处理图像的过程中，每一步操作都可看作一个动作。如果将若干步操作放到一起，就形成一个动作组，即动作组是一系列动作的集合。

图7-9　“动作”面板

“动作”面板中相关选项的含义如下。

- **“切换项目开/关”按钮✓**：若动作组、动作和命令前面有✔图标，表示该动作组、动作和命令可以执行；若动作组、动作和命令前面没有✔图标，则表示该动作组、动作和命令不可被执行。

- “切换对话开/关”按钮⊟：用于控制当前所执行的命令是否需要弹出对话框。当⊟图标显示为灰色时，表示暂停要播放的动作，并打开一个对话框，可以在对话框中设置参数，单击 确定 按钮后，动作将继续往后执行；当⊟图标显示为红色时，表示该动作的部分命令中包含了暂停操作。
- “停止播放/记录”按钮■：单击该按钮，将停止播放动作或停止记录动作。
- “开始记录”按钮●：单击该按钮，开始记录新动作，并且图标将变为红色●状态，单击“停止播放/记录”按钮■后，图标将变回●状态。
- “播放选定的动作”按钮▶：单击该按钮，将播放当前动作或动作组。
- “创建新组”按钮：单击该按钮，将创建一个新的动作组。
- “创建新动作”按钮：单击该按钮，将创建一个新动作。
- “删除”按钮：单击该按钮，可删除当前动作或动作组。
- “展开与折叠动作”按钮▶：在动作组和动作名称前都有一个三角按钮，当该按钮呈▶状态时，单击该按钮可展开组中的所有动作或动作所执行的命令，此时该按钮变为▼状态；再次单击该按钮，可隐藏组中的所有动作和动作所执行的命令。

## 7.2.2 创建与保存动作

网店美工可以将自己制作的商品图像效果（如画框效果或文字效果等）做成动作保存在计算机中，然后对其他图像进行相同的操作。下面将打开“椅子.jpg”图像文件，调整该图像的色彩，然后创建与保存动作，以便对椅子详情页中的其他商品图像进行调整，其具体操作如下。

**步骤01** 打开“椅子.jpg”图像文件（配套资源：\素材\第7章\椅子.jpg），选择【窗口】/【动作】命令，在打开的“动作”面板中单击底部的“创建新组”按钮，如图7-10所示。

**步骤02** 在打开的“新建组”对话框中设置名称为“亮度”，单击 确定 按钮，新建动作组，如图7-11所示。

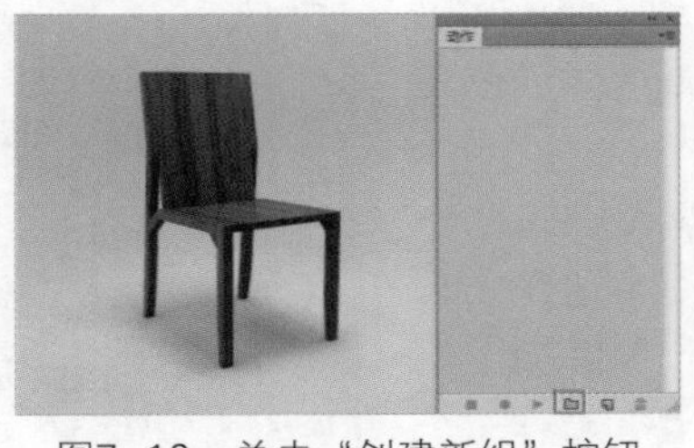

图7-10　单击“创建新组”按钮

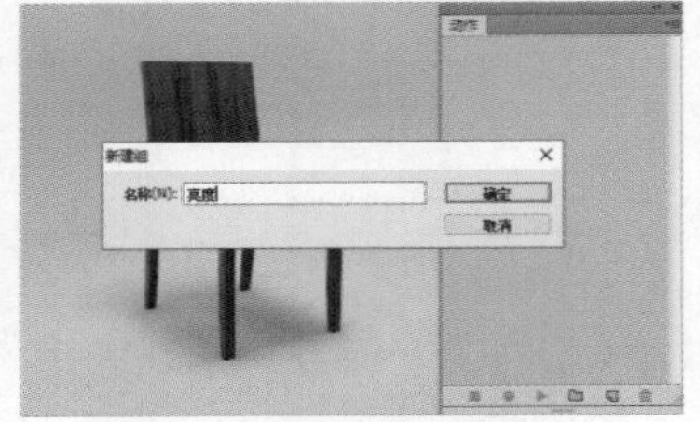

图7-11　新建动作组

**步骤03** 单击“动作”面板底部的“创建新动作”按钮，在打开的“新建动作”对话框中设置名称为“亮度和对比度”，组为“亮度”，在“功能键”下拉列表框中选择“F11”选项，在“颜色”下拉列表框中选择“紫色”选项，单击 记录 按钮，如图7-12所示。

## 经验之谈

“新建动作”对话框中的“功能键”下拉列表框用于为该动作设置一个快捷键，可以选中“Shift”或“Control”复选框组合成快捷键。需要注意的是，如果动作的快捷键和某个命令的快捷键一样，该快捷键将适用于动作而不是命令。“颜色”下拉列表框用于设置在按钮模式下该动作的背景颜色。

步骤 04 选择【图像】/【调整】/【亮度/对比度】命令，打开“亮度/对比度”对话框，设置亮度和对比度分别为“18”“12”，单击 确定 按钮，如图7-13所示。

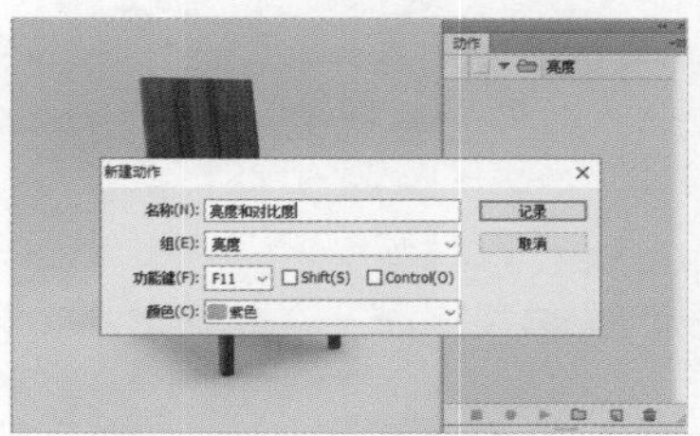

图7-12　新建动作

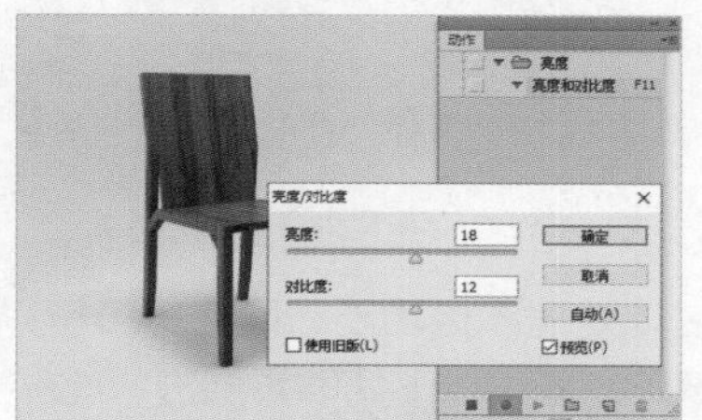

图7-13　设置亮度/对比度

步骤 05 选择【图像】/【调整】/【自然饱和度】命令，打开“自然饱和度”对话框，设置自然饱和度和饱和度分别为“+34”“+42”，单击 确定 按钮，如图7-14所示。

步骤 06 选择【图像】/【调整】/【照片滤镜】命令，打开“照片滤镜”对话框，设置滤镜和浓度分别为“加温滤镜（81）”“18%”，单击 确定 按钮，如图7-15所示。

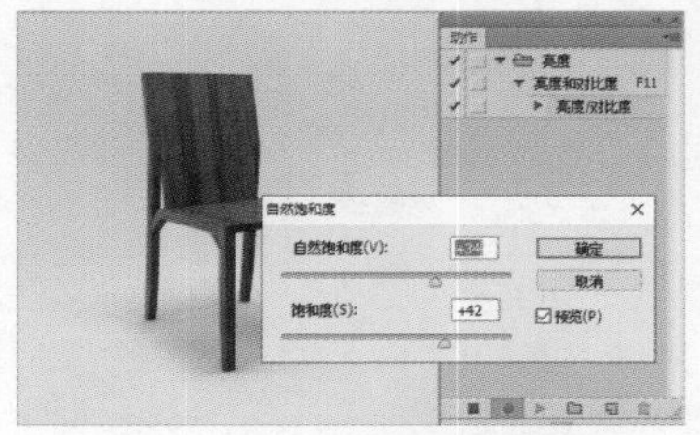

图7-14　设置自然饱和度

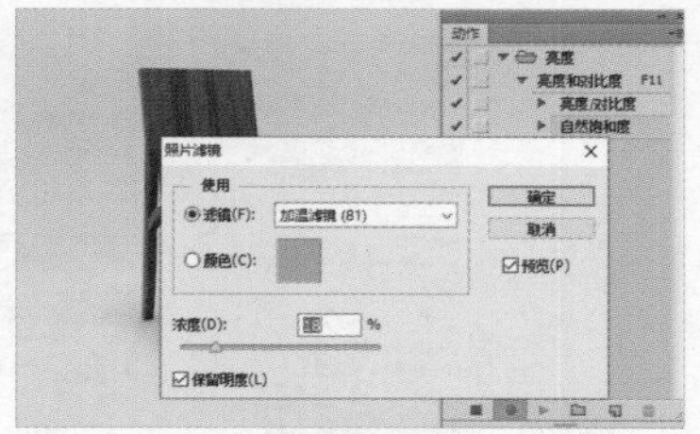

图7-15　设置照片滤镜

步骤 07 选择【图像】/【调整】/【色相/饱和度】命令，打开“色相/饱和度”对话框，设置参数如图7-16所示，单击 确定 按钮。

步骤 08 操作完成后，单击“动作”面板底部的“停止播放/记录”按钮■，完成动作录制，如图7-17所示。

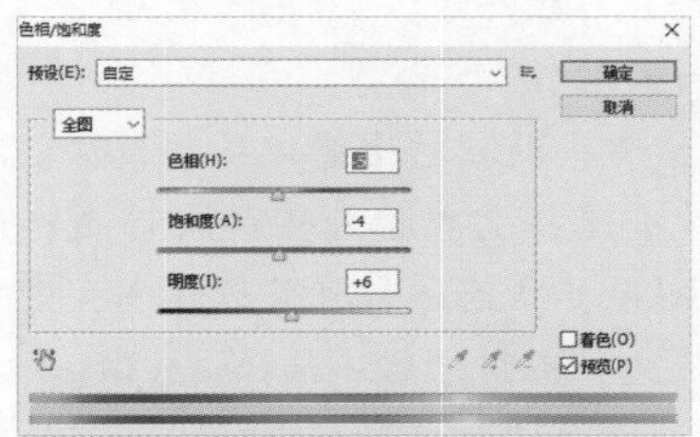

图7-16　设置色相/饱和度

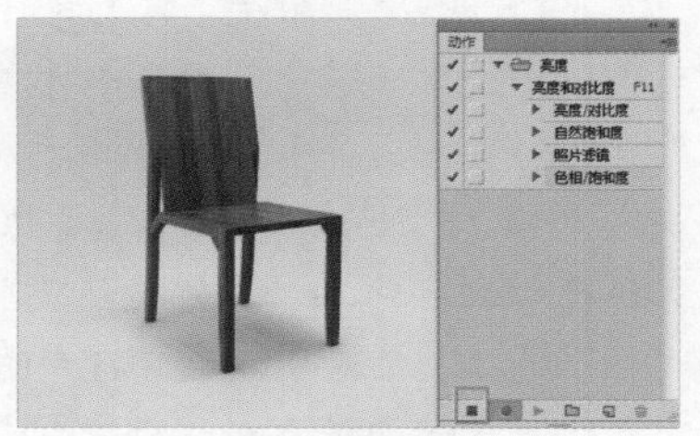

图7-17　完成动作录制

步骤 09 在“动作”面板中选择“亮度”动作组，单击右上角的按钮，在弹出的快捷菜单中选择“存储动作”命令，如图7-18所示。

步骤 10 在打开的“存储”对话框中选择存放动作的目标文件夹，设置要保存的动作名称为“亮度”，单击保存(S)按钮，如图7-19所示（配套资源：\效果\第7章\亮度.atn）。

图7-18 选择“存储动作”命令

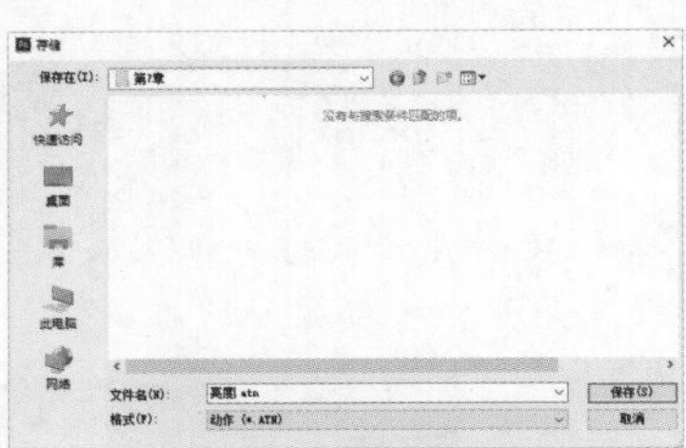

图7-19 保存动作

## 7.2.3 批处理图像

通过批处理图像功能，网店美工可以轻松地处理多个图像，从而提高制作效率。批处理图像可以通过以下两种方法进行。

### 1. 使用“批处理”命令

对图像应用“批处理”命令前，首先要通过“动作”面板录制对图像执行的各种操作，并保存为动作。其方法：打开需要批处理的所有图像文件或将所有图像文件移动到相同的文件夹中，选择【文件】/【自动】/【批处理】命令，打开“批处理”对话框，如图7-20所示。

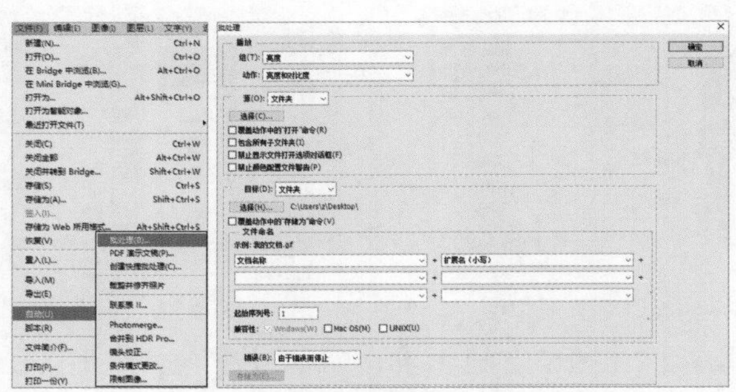

图7-20 打开“批处理”对话框

“批处理”对话框中相关选项的含义如下。

- “组”下拉列表框：用于选择要执行的动作所在的组。
- “动作”下拉列表框：用于选择所要执行的动作。
- “源”栏：“源”下拉列表框用于选择需要批处理的图像文件的位置，选择“文件夹”选项，可单击选择(C)...按钮查找并选择需要批处理的文件夹；选择“导入”选项，则可导入以其他途径获取的图像，从而进行批处理操作；选择“打开的文件”选项，可对所有已经打开的图像文件应用动作；选择“Bridge”选项，则可对文件浏览器中选取的文件应用动作。选中“覆盖动作中的‘打开’命令”复选框，批处理时将忽略动作中记录的“打开”命令。选中“包含所有子文件夹”复选框，可将批处理应用到所选文件夹包含的子文件夹中。选中“禁止显示文件打开选项对话框”复选框，批处理时将不会打开文件选项的对话框。选中“禁止颜色配置文件警告”复选框，将关闭颜色方案信息的显示。

- **“目标”栏**：“目标”下拉列表框用于选择完成批处理后文件的保存位置，选择“无”选项，表示不对处理后的文件做任何操作；选择“存储并关闭”选项，可将进行批处理的文件存储并关闭以覆盖原来的文件；选择“文件夹”选项，并单击下面的 选择(H)... 按钮，可选择目标文件所保存的位置。选中“覆盖动作中的‘存储为’命令”复选框，动作中的“存储为”命令将会引用批处理文件中的设置，而不是动作中自定的文件名和位置。
- **“文件命名”栏**：在“文件命名”栏的6个下拉列表框中，可指定目标文件生成的命名形式，也可指定文件名的兼容性，如Windows、Mac OS或UNIX操作系统。
- **“错误”下拉列表框**：在该下拉列表框中可指定出现操作错误时软件的处理方式。

### 2. 创建快捷批处理方式

使用“创建快捷批处理”命令创建快捷批处理方式能够简化批处理的操作。其方法：选择【文件】/【自动】/【创建快捷批处理】命令，打开“创建快捷批处理”对话框（见图7-21），在该对话框中设置快捷批处理和目标文件的存储位置及需要应用的动作后，单击 确定 按钮。打开存储快捷批处理的文件夹，可在其中看到一个的快捷图标，将需要应用该动作的文件拖到该图标上可自动完成图像的批处理，如图7-22所示。创建完成后，即使不启动Photoshop，也能使用该图标批处理图像。

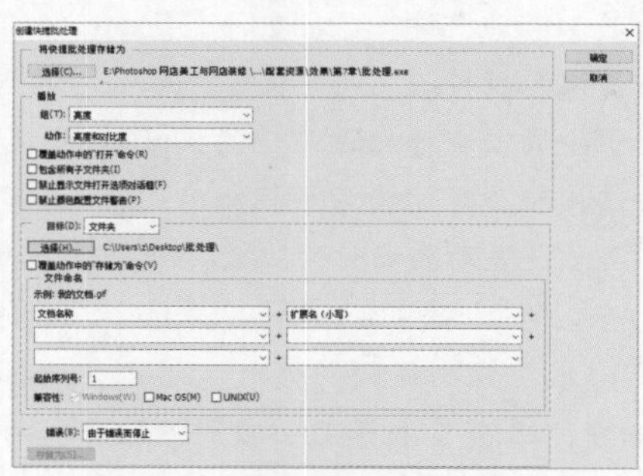
图7-21 “创建快捷批处理”对话框

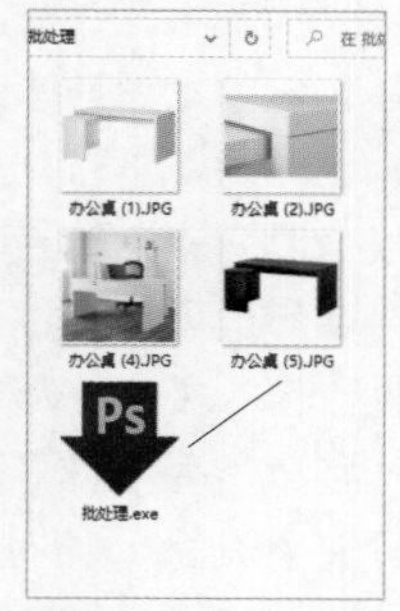

图7-22 拖曳文件

## 7.3 创建帧动画

Photoshop不但可以美化图像，还提供了编辑视频的功能，可使原本“沉寂”的图像变得生动有趣。网店美工可以利用这项功能，将美化后的图像制作成帧动画，以动态的形式来展示商品图像。创建帧动画之前，网店美工需要认识“时间轴”面板，掌握创建、选择、导出帧动画及编辑动画帧的方式。

## 视野拓展

平面作品动态化是目前市场的主流趋势，网店美工在钻研图像美化和网店装修相关知识的同时，也应迎合市场的需求，主动与主流市场接轨，与时俱进，时时保持竞争力，这既是对自身的要求，也是肩负起发展行业重任的要求。

### ↘ 7.3.1 认识"时间轴"面板

"时间轴"面板可以用于创建帧动画和处理商品视频。"时间轴"面板有两种模式，分别是"视频时间轴"模式和"帧动画"模式，其中"视频时间轴"模式是打开"时间轴"面板后的默认模式，而"帧动画"模式用于制作帧动画。选择"帧动画"模式的方法：选择【窗口】/【时间轴】命令，打开"时间轴"面板，单击面板中的创建帧动画按钮，切换为"帧动画"模式，然后在其中进行一系列的操作，制作出帧动画，如图7-23所示。

图7-23 "帧动画"模式下的"时间轴"面板

"帧动画"模式下的"时间轴"面板中相关选项的含义如下。

- 当前帧：以缩览图的形式展示当前选择的帧。
- "帧延迟时间"下拉列表框：用于设置帧在播放过程中的持续时间。
- "转换为时间轴"按钮：单击该按钮，可切换为"视频时间轴"模式。
- "选择循环选项"下拉列表框：用于设置动画播放的次数，单击该下拉列表框右侧的▼按钮，可在打开的下拉列表中选择"一次""3次""永远""其他"选项。
- "播放控件"按钮组：用于控制视频的播放。单击"选择第一帧"按钮，将自动选择面板中的第一帧；单击"选择上一帧"按钮，将自动选择当前帧的上一帧；单击"播放动画"按钮▶，可以在图像编辑区播放动画，此时按钮将变为■状态，再次单击则停止播放，并且按钮将变回原样；单击"选择下一帧"按钮，将自动选择当前帧的下一帧。
- "过渡动画帧"按钮：单击该按钮后，打开"过渡"对话框进行一系列的设置，可在两个现有帧之间添加一系列的过渡帧，并让新帧之间的图层属性均匀变化。
- "复制所选帧"按钮：单击该按钮，可以复制当前帧。
- "删除所选帧"按钮：单击该按钮，可以删除当前帧。

### ↘ 7.3.2 创建、选择与导出帧动画

认识了"时间轴"面板中的各个选项后，就可以进行创建、选择与导出帧动画的操

作。下面将使用制作好的“义苒家居店标.psd”文件制作帧动画，展示出动态的效果，其具体操作如下。

步骤01 打开“义苒家居店标.psd”文件（配套资源：\素材\第7章\义苒家居店标.psd），复制3次文本图层，将文字拆解成一字一文本图层的状态，并且保持原位置不变，如图7-24所示。

步骤02 选择【窗口】/【时间轴】命令，打开“时间轴”面板，单击“时间轴”面板中的 创建帧动画 按钮，切换为“帧动画”模式，然后单击“复制所选帧”按钮，创建第2帧动画。重复操作，再复制3帧，如图7-25所示。

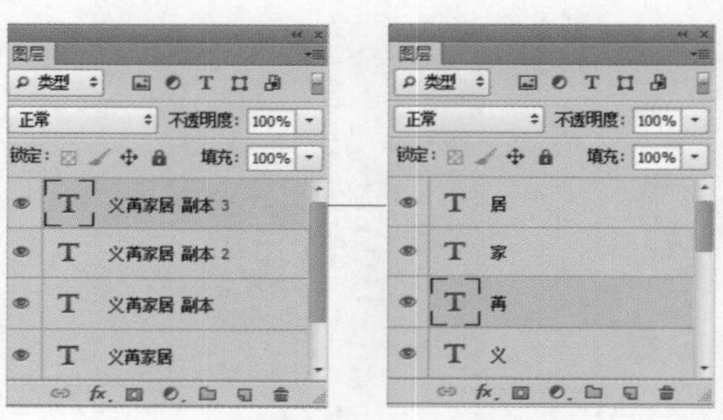


图7-24　拆解文字

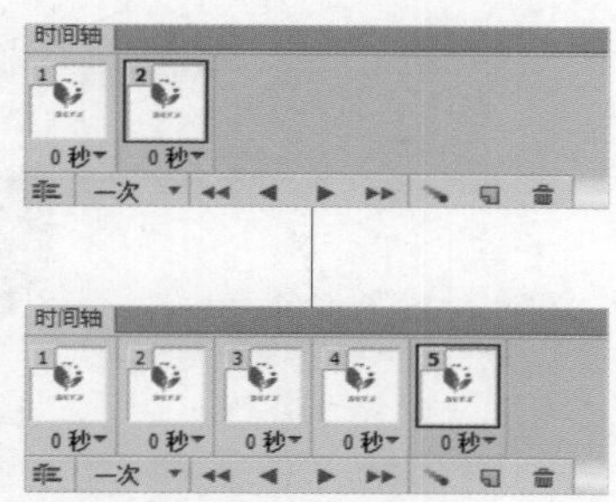


图7-25　复制帧

步骤03 选择第1帧，在“图层”面板中隐藏所有的文本图层和形状图层，画面效果如图7-26所示。

步骤04 按照与步骤03相同的方法调整第2帧～第5帧的画面，顺时针方向的画面效果如图7-27所示。

图7-26　调整第1帧画面

图7-27　调整第2帧～第5帧画面

步骤05 选择第1帧，然后在帧缩览图下方的“帧延迟时间”下拉列表框中选择“0.2”选项，第2帧～第4帧重复操作，第5帧选择“0.5”选项，如图7-28所示。

步骤06 在“时间轴”面板底部的“选择循环选项”下拉列表框中选择“永远”选项，如图7-29所示。

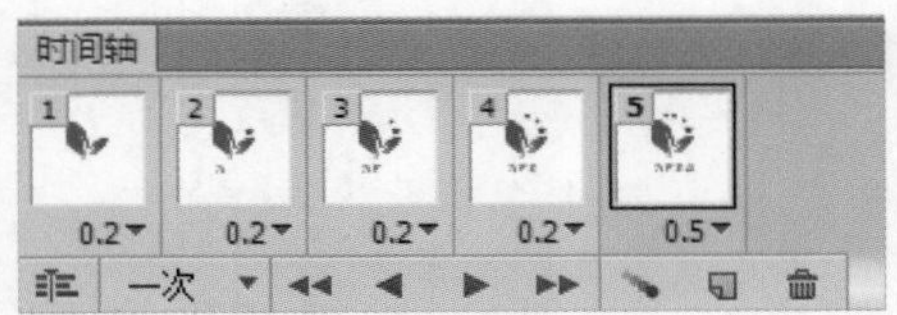

图7-28　设置帧延迟时间

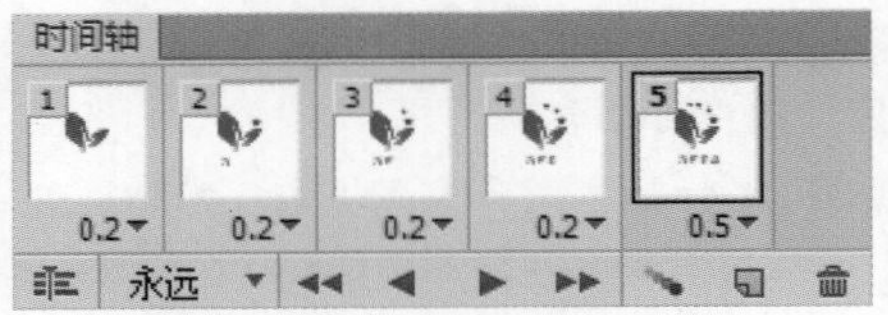

图7-29　设置动画播放次数

步骤 07 选择【文件】/【存储为Web所用格式】命令，打开“存储为Web所用格式”对话框，设置格式为“GIF”，如图7-30所示，单击 存储... 按钮，然后在打开的“将优化结果存储为”对话框中保存文件，接着在弹出的提示框中单击 确定 按钮，完成帧动画的制作。

图7-30　导出帧动画

## 经验之谈

在“存储为Web所用格式”对话框中，设置优化文件格式为“GIF”后，单击对话框左下角的 预览... 按钮或单击对话框右下角的 ▶ 按钮，可预览制作的视频或动画。

### 7.3.3　编辑动画帧

在帧动画的制作过程中，经常需要对帧进行跳转修改和编辑。为了制作出更好的帧动画效果，网店美工需要学会编辑动画帧的方法。其方法：单击“时间轴”面板右上角的按钮，在弹出的快捷菜单（见图7-31）中选择一系列编辑动画帧的命令。

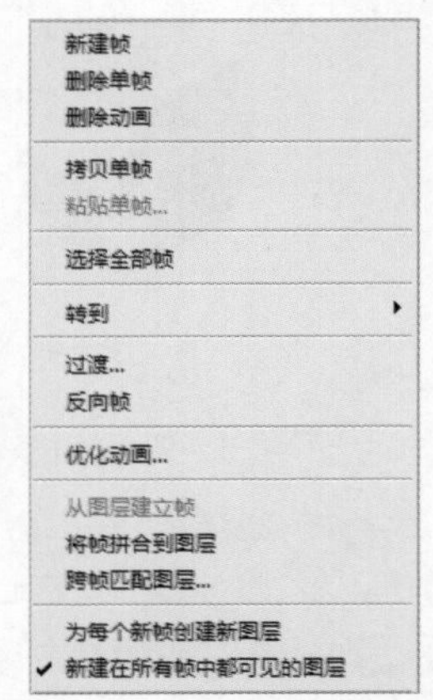

图7-31　编辑动画帧的命令

快捷菜单中相关命令的含义如下。

- 新建帧：选择该命令，可新建一个与当前帧一致的帧。
- 删除单帧：用于删除当前所选帧。
- 删除动画：用于删除所有动画帧。
- 拷贝单帧：用于复制当前所选择的帧。
- 粘贴单帧：用于将之前复制的帧粘贴到目标帧上。
- 选择全部帧：用于选择全部的动画帧。
- 转到：选择该命令，在弹出的子菜单中选择对应的命令可快速转到下一帧/上一帧/第一帧/最后一帧。

- **过渡**：用于在两个现有帧之间添加一系列帧，让动画显示更加自然，与使用“过渡动画帧”按钮的效果一致。
- **反向帧**：用于将当前所有帧的播放顺序反转。
- **优化动画**：完成动画制作后，选择该命令，将打开“优化动画”对话框，在其中可以优化动画在Web浏览器中的下载速度。选中“外框”复选框，可将每一帧裁剪到相对于上一帧发生了变化的区域，可使创建的图像变小；选中“去除多余像素”复选框，可使帧中与上一帧相同的所有像素都变为透明。
- **从图层建立帧**：在包含多个图层但只有一帧的文件中选择该命令，可创建与图层数量相等的帧。
- **将帧拼合到图层**：用于将当前图层中的每个帧的效果创建为单一图层。若想将帧作为单独的图像文件导出，或在图像堆栈中需要使用静态对象时也可使用该命令。
- **跨帧匹配图层**：用于为相邻的帧和不相邻的帧匹配各图层的位置、可见性、图层样式等属性。
- **为每个新帧创建新图层**：选择该命令后，可在创建帧时，自动将新图层添加到图像中。
- **新建在所有帧中都可见的图层**：选择该命令，新建图层将自动在所有帧上显示。若再次选择该选项，新建的图层将只在当前帧上显示。

网店美工除了可以使用Photoshop制作与商品图像有关的帧动画，还可以利用H5和JavaScript制作动态效果更加复杂的动画。扫描右侧的二维码，可查看H5和JavaScript的相关知识。

# 7.4 综合案例

## 7.4.1 家居网店首页效果图切片

### 1. 案例背景

某网店美工制作了一幅家居网店首页效果图，现需要对效果图进行切片，以便后期上传到平台，用于装修网店。切片效果如图7-32所示。

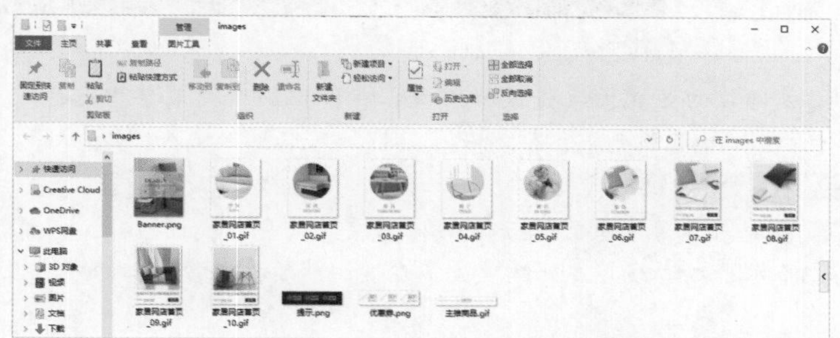

图7-32　切片效果

### 2. 设计思路

（1）打开需要切片的文件，首先盖印图层，然后按照首页的板块来规划切片的区域，可按Bannner、优惠券、主推商品和提示等板块来切片。

（2）分析该效果图发现，板块各个图像分区明显，图形较为简单，因此可使用参考线来辅助划分各切片区域，然后使用切片选择工具和编辑切片的相关命令进行编辑，去除不需要参考线的部分。由于各板块尺寸大小不一，参考线有重合部分，因此不适合使用基于参考线的切片按钮进行切片，而应采用手动方式来创建切片。

（3）切片完成后，使用“存储为Web所用格式”命令保存切片后的首页效果图。

### 3. 操作步骤

**步骤01** 打开“家居网店首页.psd”文件（配套资源：\素材\第7章\家居网店首页.psd），然后盖印图层。

**步骤02** 选择【视图】/【标尺】命令显示标尺，然后按照首页各板块的位置拖曳标尺创建参考线，效果如图7-33所示。

**步骤03** 选择切片工具，然后将鼠标指针移至图像编辑区第1条垂直参考线与第1条水平参考线交点处，按住鼠标左键不放，并沿着参考线拖曳鼠标指针到第2条垂直参考线与第4条水平参考线交点处释放鼠标左键，创建的切片将以黄色线框显示，并在切片左上角显示切片序号，如图7-34所示。

图7-33 创建参考线

图7-34 创建切片

**步骤04** 在完成切片的区域上单击鼠标右键，在弹出的快捷菜单中选择“编辑切片选项”命令，打开“切片选项”对话框，在“名称”文本框中输入“Banner”，如图7-35所示，单击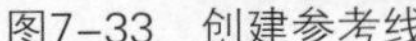按钮。

**步骤05** 从第2条垂直参考线与第2条水平参考线交点处拖曳鼠标指针，直到左侧第3条垂直参考线与第3条水平参考线交点处释放鼠标左键，然后按照步骤04的方法，设置名称为“优惠券”。

**步骤06** 从左侧第2条垂直参考线与第3条水平参考线交点处拖曳鼠标指针，直到左侧第3条垂直参考线与第4条水平参考线交点处释放鼠标左键，然后在该区域单击鼠标右键，在弹出的快捷菜单中选择“划分切片”命令，打开“划分切片”对话框。选中“水平划分为”复选框，并在下方的数值框中输入“2”，选中“垂直划分为”复选框，并在下方的数值框中输入“3”，如图7-36所示，单击 确定 按钮。

**步骤07** 从左侧第2条垂直参考线与第4条水平参考线交点处拖曳鼠标指针，直到左侧第3条垂直参考线与第5条水平参考线交点处释放鼠标左键，然后按照步骤04的方法，设置名称为“主推商品”。

**步骤08** 从左侧第2条垂直参考线与第5条水平参考线交点处拖曳鼠标指针，直到左侧第3条垂直参考线与第6条水平参考线交点处释放鼠标左键，然后按照步骤06的方法，划分切片，数值框中输入“2”，如图7-37所示，单击 确定 按钮。

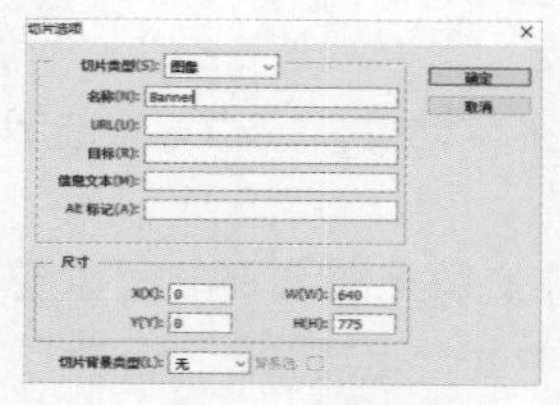


图7-35　设置名称

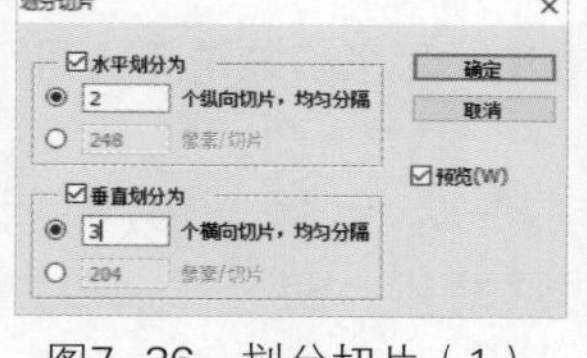


图7-36　划分切片（1）

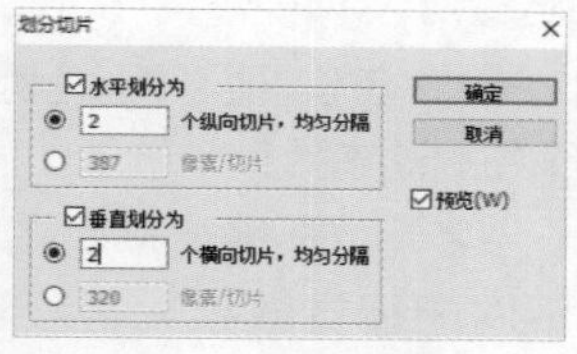


图7-37　划分切片（2）

**步骤09** 从左侧第1条垂直参考线与第7条水平参考线交点处拖曳鼠标指针，直到左侧第4条垂直参考线与第8条水平参考线交点处释放鼠标左键，然后按照步骤04的方法，设置名称为“提示”。

**步骤10** 选择切片选择工具，在工具属性栏中单击 隐藏自动切片 按钮，再清除参考线，查看是否有未对齐的框线，如有，可在切片边框上单击，选择该切片边框，拖曳进行调整。

**步骤11** 选择【文件】/【存储为Web所用格式】命令，打开“存储为Web所用格式”对话框，设置文件格式为“PNG-8”，单击 存储... 按钮。打开“将优化结果存储为”对话框，选择文件的储存位置，并在“格式”下拉列表框中选择“HTML和图像”选项，单击 保存(S) 按钮，在弹出的提示框中单击 确定 按钮。

**步骤12** 打开存储切片的文件夹，可看到“家居网店首页.html”网页和“images”文件夹，双击“images”文件夹，在打开的窗口中可查看切片效果，然后保存文件，完成全部制作（配套资源：\效果\第7章\家具网店首页.psd、家居网店首页.html、images\）。

## 7.4.2　制作香囊动态首焦图

### 1. 案例背景

香囊又名香袋、花囊，它用彩色丝线制成，形状各异、大小不等，香气喷鼻，深受消费者喜爱。某网店美工为香囊制作了详情页，为增强视觉效果，决定将首焦图制作成帧动画来进行展示，要求帧动画与详情页风格一致，具有浓浓的中国风。完成后的效果如图7-38所示。

图7-38 首焦图帧动画效果

### 2. 设计思路

（1）首焦图整体配色比较温和，为了不抢走商品图像的主体地位，帧动画应选用较为缓和的动态效果。

（2）动画整体采用雪花来呈现，可制作3层雪花，并使每一帧上的3层雪花都有不同的视觉效果，再设置动画循环，使其在播放过程中呈现出雪花不断飘落的效果。

（3）为了提高制作效率，可手动制作首帧和尾帧的画面效果，然后单击“过渡动画帧”按钮，Photoshop将自动添加首尾帧之间的过渡帧。

（4）为了保证后续能随时对动画进行修改，使网店拥有良好的视觉效果，可在导出GIF格式文件的同时，存储源文件。

### 3. 操作步骤

步骤01 新建一个尺寸为“742像素×1200像素”的文件，使用油漆桶工具将背景图层绘制成黑色。

步骤02 新建图层，选择画笔工具，设置前景色为“白色”，选择“柔边圆”画笔样式，设置画笔大小为“30像素”，不透明度为“82%”，在图层上绘制雪花，并设置图层的不透明度为“42%”。注意，每片雪花一定是完整的，但雪花不要太密集。

步骤03 新建图层，设置画笔大小为“70像素”，不透明度为“62%”，继续绘制雪花，雪花数量比第1层少。重复操作，绘制第3层雪花，设置画笔大小为“150像素”，不透明度为“52%”，雪花数量更少。

步骤04 打开“香囊首焦图.psd”文件（配套资源：\素材\第7章\香囊首焦图.psd），将绘制的3个图层移至该文件中。

步骤05 打开“时间轴”面板，创建帧动画，在当前帧的“帧延迟时间”下拉列表框中选择“0秒”选项，单击“复制所选帧”按钮，创建第2帧。

步骤06 选择第1帧，使用移动工具在“图层”面板上调整3层雪花图像的位置，使第1层雪花图像的底部移至图像编辑区中部的上方，第2层雪花图像底部移至图像编辑区下方1/3区域，第3层雪花图像底部移至图像编辑区顶部，画面效果如图7-39所示。

步骤07 选择第2帧，继续使用移动工具调整3层雪花图像的位置，使3层雪花图像的顶部都和图像编辑区顶部对齐，画面效果如图7-40所示。

步骤08 单击“过渡动画帧”按钮，打开“过渡”对话框，在“要添加的帧数”数值框中输入“30”，如图7-41所示，单击确定按钮。

图7-39 调整第1帧画面

图7-40 调整第2帧画面

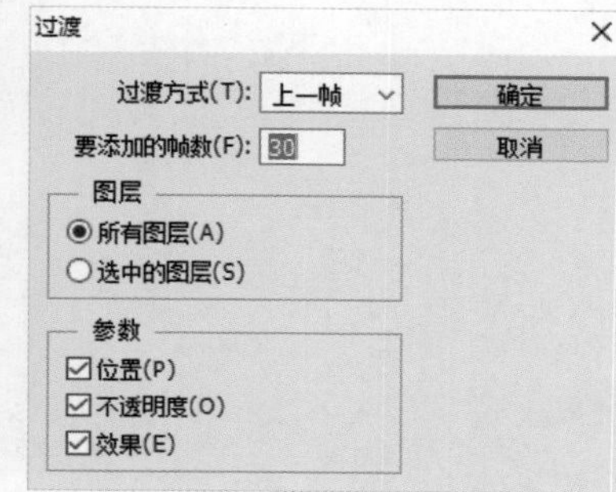

图7-41 添加过渡帧

步骤09 在“选择循环选项”下拉列表框中选择“永远”选项，如图7-42所示。最后选择【文件】/【存储为Web所用格式】命令将文件保存为GIF格式动画（配套资源：\效果\第7章\香囊首焦图.gif），并存储文件（配套资源：\效果\第7章\香囊首焦图.psd）。

图7-42 设置动画播放次数

# 第 8 章 ITMC网店装修实战

在全国职业院校技能大赛（也称ITMC比赛）中，参赛者需要在不同的题库中抽取试题，其中，时尚饰品类和休闲零食类是重点。参赛者不但需要根据试题的要求制作不同的图片，还要使制作的画面效果美观。本章将分别针对PC端时尚饰品类网店和移动端休闲零食类网店进行案例实战操作。

## 【本章要点】

- ITMC网店设计基础及要点
- PC端时尚饰品类网店设计
- 移动端休闲零食类网店设计

## 【素养目标】

- 通过实战操作，巩固专业知识，提升专业技能和专业能力
- 掌握美化图像和装修网店的知识，能够举一反三，灵活运用

# 8.1 ITMC网店设计基础及要点

不同品类网店设计的内容包括店标、店招、首页、Banner、主图和详情页6个部分。参赛者在开始设计前需要先了解各个部分的基础知识和设计要点，为不同品类网店各个部分的设计打下基础。

## 8.1.1 店标设计基础及要点

店标设计是ITMC比赛中的重点。好的店标不但能向消费者传达明确的信息，还能表现网店的风格与品牌形象。要达到这样的效果，需遵循以下4个设计要点。

- **选择合适的店标素材**：店标素材可从网上或通过日常收集得到。在其中找出适合网店风格的、清晰的、没有版权纠纷的素材用于设计即可。
- **凸显网店的独特性质**：店标是用来表现网店独特性质的。要让消费者感受到网店的风格和品质，参赛者在制作店标时可适当添加一些个性的设计，让店标与众不同。
- **让店标过目不忘**：一个好的店标在颜色、图案、字体及动画等方面都表现出色。参赛者要在使店标符合网店定位的基础上，使用醒目的颜色、独特的图案、漂亮的字体和直观的动画，给消费者留下深刻的印象。
- **统一性**：店标的外观、颜色要与网店风格统一，不能只考虑美观，并且要考虑效果的变化是否符合需求。图8-1所示为苏泊尔网店的店招，该网店店标颜色采用与导航栏一致的橙色，整体设计与网店风格统一，并且店标在白色店招背景的衬托下能够被消费者清晰识别。

图8-1　苏泊尔网店的店招

在考试中，由于时间有限，参赛者可直接以试题提供的网店信息作为店标的内容，再结合形状工具的使用，让店标变得更加美观。店标的尺寸、大小要符合要求，比例精准，没有压缩变形，能体现网店的性质，设计独特，具有一定的创新性。

- **PC端网店店标要求**：制作尺寸为230像素×70像素，文件大小不超过150KB。
- **移动端网店店标要求**：制作尺寸为100像素×100像素，文件大小不超过80KB。
- **跨境电商网店店标要求**：制作尺寸为230像素×70像素，文件大小不超过150KB。

## 8.1.2 店招设计基础及要点

店招即网店的招牌，位于网店首页最顶端，用于定位网店。店招不仅代表着网店给人的第一视觉印象，也兼具宣传品牌的作用。因此，店招不仅要凸显网店的特色，更要清晰地传达品牌的视觉定位。就ITMC比赛而言，只有移动端网店才需要制作店招，要求制作尺寸为642像素×200像素，文件大小不超过200KB。

要使店招新颖别致、易于传播，其设计就必须遵循两个基本原则：一是品牌形象的植入，二是抓住商品定位。品牌形象的植入可以通过网店名称、店标来给予展示；商品定位则是指展示网店所售商品，精准的商品定位可以快速吸引目标消费者进入网店。图8-2所示为苏宁易购的店招。该店招植入了品牌形象，并且在店标右侧的区域中展示了所售商品。

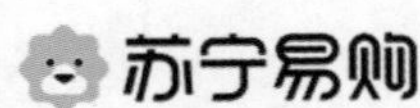

图8-2　苏宁易购的店招

除此之外，在设计店招时要注意以下4个设计要点。

- **适合性**：店招设计要准确体现网店的类别和经营特色，宣传网店的经营内容和主题，反映商品特性和内涵。
- **流行性**：店招设计要随着不同时期人们的审美观念而变化，相应地改变设计素材、造型形式及色彩搭配，以跟上时代潮流。
- **广告性**：店招设计要能起到广而告之的作用，以宣传网店经营内容，提高网店知名度。
- **风格鲜明、独特**：店招设计要做到与众不同、标新立异，要敢于使用夸张的形象和文字来体现网店的独特风格。

## 8.1.3　首页设计基础及要点

首页作为网店的门面，具有展示商品，树立品牌形象，展示促销信息、优惠活动，以及引流的功能，因此首页的装修效果会直接影响网店的流量。网店美工在设计首页时，不但需要让首页具有较强的视觉吸引力，还要按照首页结构合理划分各个板块，使消费者产生点击的欲望，从而促进销售。网店美工可参考以下4个设计要点。

- **风格统一**：在制作首页时要以网店定位为中心，考虑品牌风格、商品特点、目标消费者等因素，保证网店风格与商品风格统一。图8-3所示为“留意家居”网店首页，家居设计元素布满整个页面，各个板块统一采用极简风，并且将商品形象图标化，便于消费者了解该网店的商品特点。
- **布局合理**：各板块应布局合理，清晰简洁。如活动板块需要将活动信息和规则介绍清楚，尤其是活动亮点需要重点突出；推荐商品板块则可以使用列表式和图文搭配的方法进行布局；商品陈列板块的商品可根据实际销售情况和点击率进行布局。

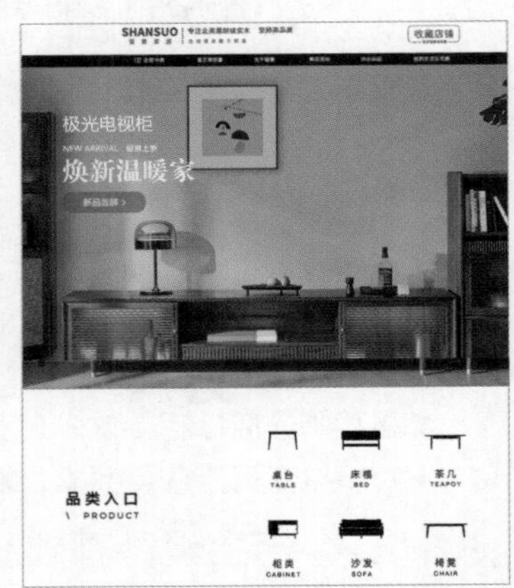


图8-3　风格统一

- **信息清晰**：各板块的图像与文字信息应清晰明了，便于消费者快速地捕捉到关键信息。特别是优惠券板块，需要让消费者明白优惠时间、优惠规则等主要信息。
- **板块装饰**：可对首页中的收藏、关注和搜索板块进行特殊设计，直观地表现出该网店的风格，加深消费者对网店的印象。

## ↘ 8.1.4　Banner设计基础及要点

Banner设计也是ITMC比赛中的重点。不同端口的Banner，其尺寸和文件大小要求不同。

- **PC端网店Banner要求**：制作尺寸为727像素×416像素，文件大小不超过150KB。
- **移动端网店Banner要求**：制作尺寸为608像素×304像素，文件大小不超过150KB。
- **跨境电商网店Banner要求**：制作尺寸为980像素×300像素，文件大小不超过150KB。

Banner的设计重点在于画面的构图样式，常见的构图样式有以下8种，网店美工可根据每种样式的特点进行选择与运用。

- **重心式**：重心式也称为居中式，容易让消费者产生视觉焦点，一眼就看到重点信息，适用于重点突出的文案或单个商品图像。图8-4所示即为重心式Banner，通过在画面中心放置商品图像来重点展示该商品。
- **左右式**：左右式就是把整个版面分为左右两个部分，可以文案在左，商品图像在右；也可以文案在右，商品图像在左。一般左右式Banner会对文案进行装饰或添加背景，以达到左右均衡的效果。图8-5所示为左右式Banner，左侧为说明性文字，右侧为商品图像，整个画面元素丰富。

图8-4　重心式Banner

图8-5　左右式Banner

- **上下式**：上下式就是把整个版面分为上下两个部分，可以文案在上，商品图像在下；也可以文案在下，商品图像在上。图8-6所示为上下式Banner，上方为说明性文字，下方为商品图像，整个画面简洁、大方。
- **满版式**：满版式一般以场景图片填充整个版面，再添加文字进行装饰。文字一般在左右两侧或居中。这种版式的视觉传达通常比较直观，给人以大气、舒展的感觉，同时视觉冲击力也比较强烈。图8-7所示为满版式Banner，将商品所在的场景图填充整个版面，再在图像的中间偏上区域添加文字，使整个画面大气、自然。

图8-6　上下式Banner

图8-7　满版式Banner

- **蒙版式**：蒙版式就是在图片上加一个有透明度的图层，然后在该透明图层上方添加文字。这种Banner也比较常见，商品代入感比较强。图8-8所示为蒙版式Banner，右侧添加透明文字和图层，使整个画面更加美观。

- **对称式**：对称式给人一种稳重、大气的感觉。对称也分为绝对对称和相对对称两种，绝对对称一般较少使用，给人严谨和庄重的感觉；而相对对称则比较灵活，也不失整齐、稳重，所以使用得较多。图8-9所示为对称式Banner，商品与商品对称，中间区域放置文案，使整个画面整齐、均衡。

图8-8　蒙版式Banner

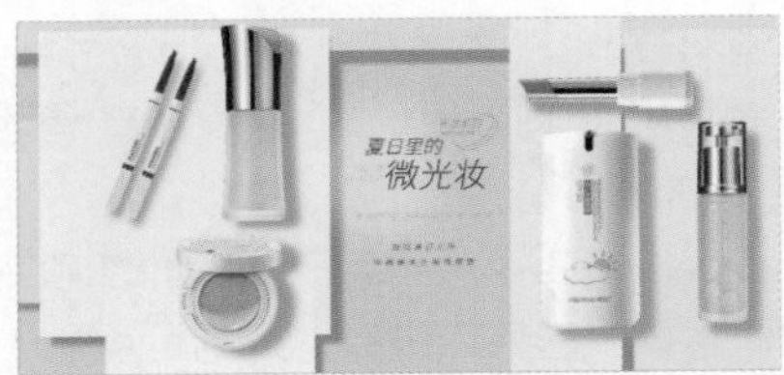


图8-9　对称式Banner

- **倾斜式**：倾斜式Banner给人一种个性化的感觉，常对装饰图形和文字等进行倾斜处理。一些休闲食品类，或者律动感和时尚感比较强的商品会采用这种版式。图8-10所示为倾斜式Banner，将商品文案倾斜摆放，吸引消费者的视线，强化视觉印象。
- **四角式**：四角式一般以四边形为基础来编排图片和文字，给人以严谨、规范的感觉。图8-11所示为四角式Banner，将素材作为背景，并通过四边形装饰文字，使整个画面更加大气。

图8-10　倾斜式Banner

图8-11　四角式Banner

## 8.1.5 主图设计基础及要点

主图设计也是ITMC比赛的重点。不同端口的主图，其尺寸和文件大小要求不同。

- **PC端网店主图要求**：制作尺寸为800像素×800像素，文件大小不超过200KB。
- **移动端网店主图要求**：制作尺寸为600像素×600像素，文件大小不超过200KB。
- **跨境电商网店主图要求**：制作尺寸为800像素×800像素，文件大小不超过200KB。

主图一般采用图文结合的布局方式，画面元素较多，其设计相较于店标、店招和Banner，需要参赛者花费更多精力去应对。因此在制作主图时，要注意以下5个设计要点，来帮助自身规划设计思路。

- **选择主图图片**：图片必须能较好地反映该商品的功能特点，对消费者有足够的吸引力，同时必须有较高的清晰度。
- **设计图片场景**：在设计图片场景时，不同背景、不同虚化程度的素材都可能影响主图的最终效果，从而影响点击率和销售额。在不同场景中，要注意主图的位置与层次，如果消费者被其他素材抢走注意力，主图对消费者的刺激力度就减小了。从大量数据调研中可看出，有50%的主图使用日常生活场景，因此设计主图时可将日常生活场景的图片作为背景，如图8-12所示。

- **选择背景颜色：** 背景颜色常使用可以烘托商品的纯色，切记不要用过于复杂的颜色，否则会使消费者眼花缭乱。选择纯色的背景在颜色搭配上比较容易，也能令人印象深刻，如图8-13所示。反之，过多、过杂的背景颜色，会使人眼部疲劳、注意力分散，让效果大打折扣。

图8-12　日常生活场景衬托商品

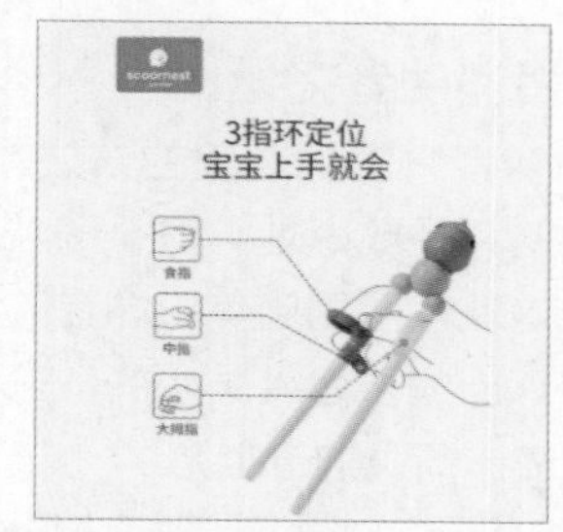


图8-13　纯色背景颜色衬托商品

- **添加促销信息：** 添加促销信息不但能提升主图的美观度，还能通过直观的信息快速刺激消费者的消费欲望。需要注意的是，促销信息的内容要尽量简单、字体统一，应保持在10个字内，做到简短、清晰有力，避免混乱、喧宾夺主等情况。图8-14所示为某剃须刀商品主图中的促销信息。
- **添加水印：** 为了避免图片被其他商家盗用，可为主图添加水印。水印可以是网店名称或店标，既加深了消费者对网店的印象，又减少了主图被盗用的风险。图8-15所示为某显示器的商品主图，画面左上角使用与背景色色彩对比明显的白色水印标注了品牌名称，使消费者能够清晰地识别该商品的品牌。

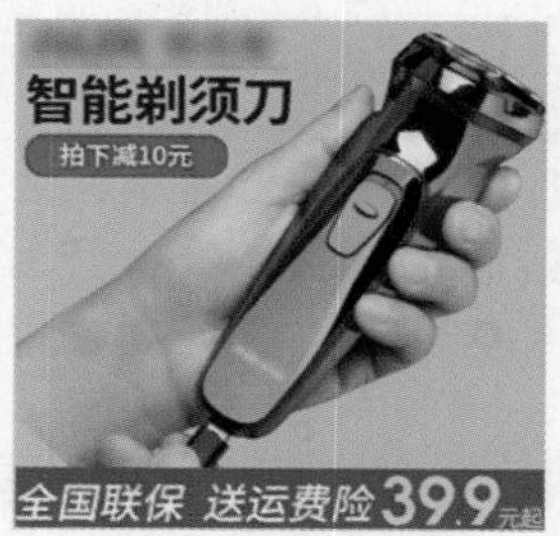


图8-14　促销信息

图8-15　添加水印

## ↘ 8.1.6　详情页设计基础及要点

详情页设计是ITMC比赛的重点，因移动端受到设备的限制，制作时有如下要求：页面所有图片文件总大小不能超过1536KB；图片建议宽度为480～620像素、高度不超过960像素；当在图片上添加文字时，中文字号≥30号，英文和阿拉伯数字字号≥20号；若添加的文字内容较多，可使用纯文本的方式编辑。

详情页是商品信息的主要展示页面，需要展现详细的商品信息和效果。制作详情页的要点在于构建详情页所需的内容，理清思路后再根据内容分板块进行制作。详情页内容构建可按照激发消费者兴趣、展示商品卖点、展示商品品质、打消消费者顾虑、营造购物紧迫感的思路进行，如图8-16所示。

图8-16　详情页内容构建思路

### 1. 激发消费者兴趣

激发消费者兴趣最简单的方法就是塑造商品的实用价值，即让消费者看到商品能够带给他们的利益或好处。这个利益或好处应该是消费者最关心的、最需要的，即消费者的痛点。这就需要网店美工站在消费者的角度去思考，通过深入分析消费者的购物行为，从中提炼出消费者最关心的问题，从而找出消费者的痛点，最后将这个痛点以醒目的形式展示在详情页的最上方。

图8-17所示为一款保温杯详情页的海报，主要针对的是"私人定制"的消费者需求；同时还赠送杯套、杯刷等，以吸引消费者继续浏览详情页。

图8-17　激发消费者兴趣

### 2. 展示商品卖点

商品卖点是影响消费者购物行为的主要因素。商品卖点越符合消费者的购物需求，就越能激发消费者的购物欲望。

商品卖点应该体现出商品的独特性和差异性，独特性就是指商品独一无二、不可复制的特点；差异性是指商品与同类商品之间的区别。一个完整的商品应该包括商品核心、商品形式、商品延伸3个层次，商品的独特性和差异性可在这些层次中得到体现。

- **商品核心：**商品的使用价值。
- **商品形式：**商品的外在表现，如外观、质量、重量、规格、视觉效果、手感、包装等。
- **商品延伸：**商品的附加价值，如服务、承诺、荣誉等可以提升商品内涵的元素。

图8-18所示为一款简约吊灯详情页的卖点图，该商品主打卖点为"环保原木"，同时具有不易变形、硬度极高、纹理均匀、易于清洁等特点，从而吸引消费者继续浏览详情页内容。

图8-18　展示商品卖点

### 3. 展示商品品质

商品品质是对商品信息的详细展示，功能、参数、性能、工艺、材质、细节、性价比等都是商品品质的展示内容。优质的商品可以激发和增加消费者的购买欲望和访问深度，最终提高商品转化率。

在展示商品品质时，应该注意方法，如在展示参数、性能、工艺等内容时，不要直接使用烦琐的文字和数据，而应通过简单直白的图片搭配文案进行展示，让消费者能够一目了然，即以图片为主，文案为辅，同时注意详情页的整体视觉效果，突出商品本身。

图8-19所示为某电炖锅详情页，将该商品的参数、性能和工艺等内容图标化，并搭配说明文字，展现了商品品质。

### 4. 打消消费者顾虑

打消消费者顾虑其实是为了提高消费者对商品的信任度，以进一步激发消费者的购物欲望。

为打消消费者顾虑，可在详情页中添加商品资质证书、品牌实力、防伪查询、售后服务、包装展示、消费者评价、消费保障等板块。例如珠宝首饰、数码电子商品的详情页都会提供商品的品质证明文件和防伪查询方式，这就为消费者提供了多种证明商品品质的方式，从而打消了消费者的顾虑。

图8-20所示为某家具商品的详情页，添加了包装展示板块，用于打消消费者担心商品在运输过程中受损的顾虑。

图8-19　展示商品品质

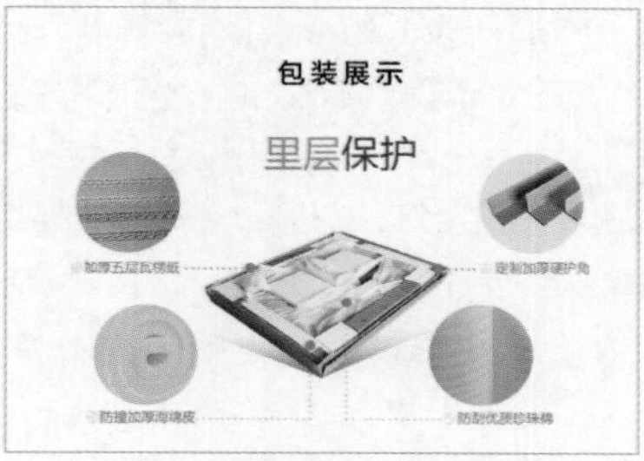

包装展示
里层保护

图8-20　打消消费者顾虑

### 5. 营造购物紧迫感

营造购物紧迫感是指营造一种供不应求、机会难得的“假象”来刺激消费者的购买欲望，将消费者的“心动”彻底转化为“行动”，从而促使消费者产生最终的购物行为。

营造购物紧迫感的方法有很多，如在详情页中添加优惠信息、赠品信息，讲解商品生产不易，或者商品所用工艺为濒临失传的技术等信息。但一定要注意，实事求是，不可弄虚作假，夸大其词，以免产生纠纷。

图8-21所示为某糖心苹果的详情页，介绍了糖心的形成原因，使消费者产生品尝糖心苹果机会难得的想法，从而吸引消费者购买品尝，营造了购物的紧迫感。

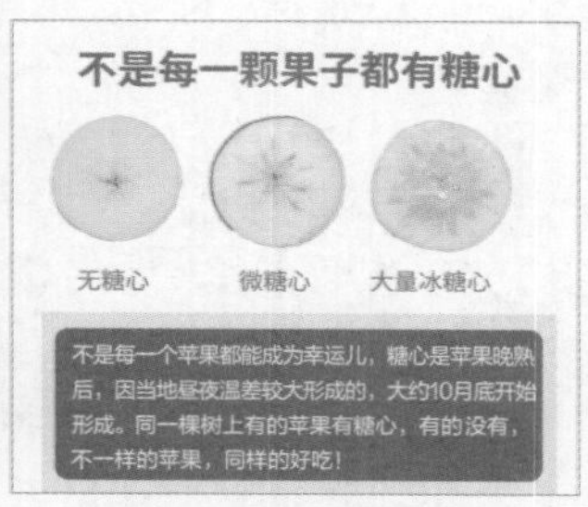


图8-21　营造购物紧迫感

# 8.2 PC端时尚饰品类网店设计

时尚饰品类是ITMC比赛中的一种题目类别，主要涉及香囊、手链、项链、腰带、丝巾、渔夫帽等商品类型。下面将介绍制作PC端时尚饰品类网店的店标，以及设计网店Banner、商品主图和详情页的方法，增强参赛者的实际操作能力。

## 8.2.1 店标设计

在比赛中，参赛者需要先打开背景资料，在其中查看品牌名称，再进行设计。本试题中网店的名称为“玫瑰森林 Rose Forest”，参赛者在设计时不但要展现网店所售卖的商品，还要对其名称进行美化，具体步骤如下。

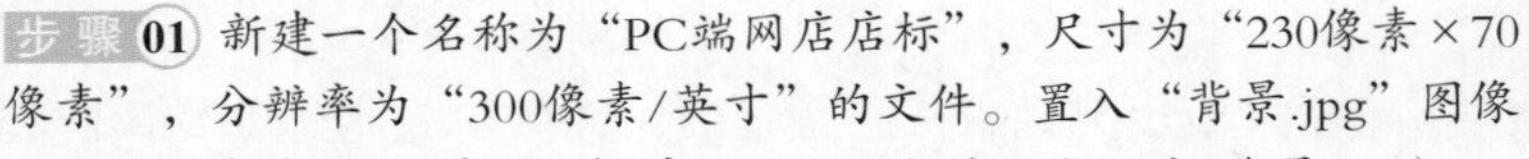

步骤 01 新建一个名称为“PC端网店店标”，尺寸为“230像素×70像素”，分辨率为“300像素/英寸”的文件。置入“背景.jpg”图像文件（配套资源：\素材\第8章\PC端时尚饰品类网店\背景.jpg），调整图像的大小和位置，设置图层的不透明度为“26%”。

### 经验之谈

在设计PC端店标的过程中，参赛者可先确定网店的主色调，以便于后期的网店Banner、商品主图和详情页的设计。由于没有店招，因此一般在设计店标时，可以适当添加背景图像丰富店标效果，也可直接使用纯色背景。

步骤 02 选择自定形状工具，载入外部形状“花形状.csh”（配套资源：\素材\第8章\PC端时尚饰品类网店\花形状.csh）。设置前景色为“#fea790”，在图像编辑区绘制该形状。

步骤 03 双击形状图层名称右侧的空白区域，打开“图层样式”对话框，选中“渐变叠加”复选框，设置渐变颜色为“#fea790～#f45d5d”，其余参数设置如图8-22所示，单击 确定 按钮。

步骤 04 选择横排文字工具T，在工具属性栏中设置字体为“优设标题黑”，文字大小为“4.5点”，文字颜色为“#f7716b”，单击“仿斜体”按钮T，在形状右侧输入“玫瑰森林”文字。保持字体不变，调整文字颜色为“#fc9685”，在“玫瑰森林”文字下方输入“Rose Forest”文字，调整文字大小为“3点”，效果如图8-23所示。

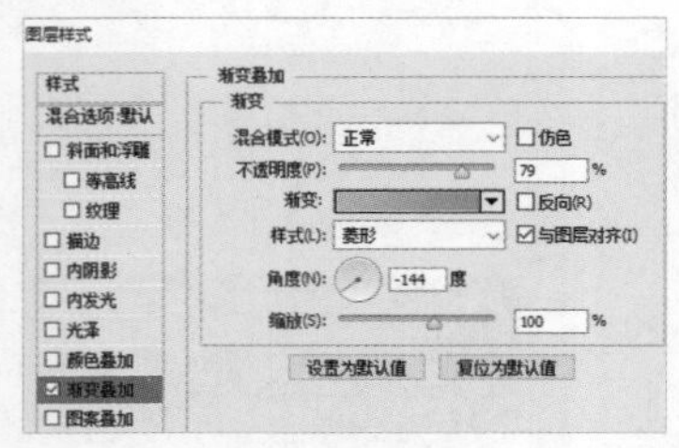


图8-22 添加“渐变叠加”图层样式

图8-23 输入并设置文字

步骤05 在"图层"面板中选择"Rose Forest"文字图层，单击鼠标右键，在弹出的快捷菜单中选择"转换为形状"命令，然后选择钢笔工具，按住【Ctrl】键不放，单击每一个形状文字，依次调整形状使其更像枝干，如图8-24所示。

步骤06 创建新图层，选择椭圆工具，设置填充颜色为"#f7716b"，在形状文字附近绘制大小不一的7个正圆，效果如图8-25所示。

图8-24 调整文字形状

图8-25 绘制装饰圆

步骤07 新建图层组，将其命名为"主体图像"，然后将除"背景"图层以外的所有图层整理到该图层组内，为该图层组添加"描边"图层样式，设置大小为"2像素"，颜色为"#ffffff"。最后保存文件，查看完成后的效果，如图8-26所示（配套资源：\效果\第8章\PC端时尚饰品类网店\PC端网店店标.psd）。

图8-26 PC端网店店标

## 视野拓展

在实战阶段，参赛者可在比赛前进行调研，研究各个平台中优秀的商品图像美化和网店装修作品，培养自身独立调研、深入研究的好学精神。

### 8.2.2 Banner设计

试题要求参赛者利用赛项执委会所提供的时尚风格的项链商品图像，制作"玫瑰森林 Rose Forest"网店首页所需的Banner。在设计Banner时，参赛者可先将背景图与图层蒙版结合，构建整个Banner的背景，再添加文字以丰富画面和传达信息，最后添加制作好的店标，宣传与强调品牌；画面可采用左文右图的形式进行展现，以提高美观度和内容饱满度。其具体操作如下。

步骤01 新建一个名称为"PC端网店Banner"，尺寸为"727像素×416像素"，分辨率为"72像素/英寸"的文件。设置前景色为"#f7f8fd"，按【Alt+Delete】组合键填充前景色。

步骤02 置入“Banner背景1.jpg”图像文件（配套资源：\素材\第8章\PC端时尚饰品类网店\Banner背景1.jpg），调整图像的大小和位置。单击“图层”面板下方的“添加图层蒙版”按钮，创建图层蒙版，选择画笔工具，设置前景色为“#000000”，涂抹图像，如图8-27所示。

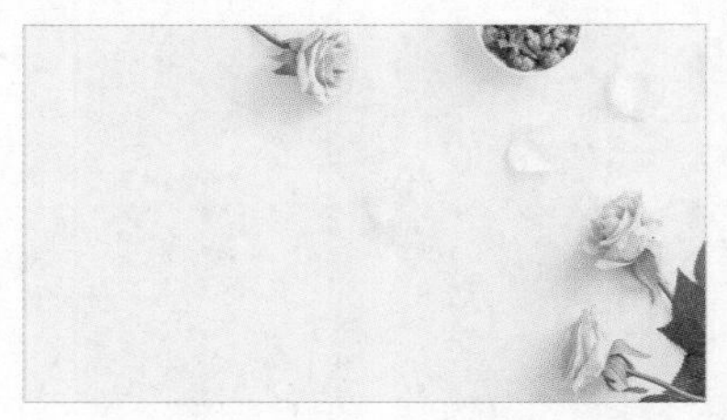

图8-27 创建图层蒙版并涂抹图像

步骤03 按照与步骤02相同的方法，置入“Banner背景2.jpg”图像文件（配套资源：\素材\第8章\PC端时尚饰品类网店\Banner背景2.jpg），调整图像的位置和大小，然后创建图层蒙版，并涂抹图像，最后将图层的不透明度设置为“57%”，效果如图8-28所示。

步骤04 打开“项链7.jpg”图像文件（配套资源：\素材\第8章\PC端时尚饰品类网店\项链7.jpg），打开“通道”面板，选择明暗反差最大的“蓝”通道，复制该通道，选择复制后的通道，按【Ctrl+L】组合键打开“色阶”对话框，调整色阶，提高黑白对比度。

步骤05 设置前景色为“黑色”，选择画笔工具，将项链及其阴影的图像彻底涂黑，如图8-29所示。然后按住【Ctrl】键并单击通道缩略图得到选区。选择“RGB”通道，切换到“图层”面板，按【Delete】键删除选区，得到抠取后的图像。

图8-28 涂抹第2层背景图像

图8-29 涂抹商品图像

步骤06 将抠取后的图像移动到“PC端网店Banner.psd”文件中，调整图像的大小和位置。选择【图像】/【调整】/【替换颜色】命令，打开“替换颜色”对话框，设置颜色容差为“57”，吸取阴影颜色，单击色块，打开“拾色器（结果颜色）”对话框，设置颜色为“#dfc5bd”，单击 确定 按钮。返回“替换颜色”对话框，设置色相、饱和度和明度分别为“−65”“+21”“+63”，效果如图8-30所示。

步骤07 选择【滤镜】/【锐化】/【USM锐化】命令，打开“USM锐化”对话框，设置数量为“45%”，半径为“40.6像素”，阈值为“62色阶”，单击 确定 按钮。

步骤08 选择【图像】/【调整】/【自然饱和度】命令，打开“自然饱和度”对话框，设置自然饱和度为“+11”，饱和度为“+32”，单击 确定 按钮。

步骤09 单击“图层”面板下方的“创建新的填充或调整图层”按钮，在弹出的快捷菜单中选择“照片滤镜”选项，打开“照片滤镜”面板，选中“颜色”单选项，单击右侧的色块设置颜色为“#fbdde4”，浓度为“18%”，效果如图8-31所示。

图8-30 替换阴影颜色

图8-31 添加照片滤镜

步骤10 选择横排文字工具T，设置字体为“思源黑体 CN”，文字颜色为“#fa5830”，输入文字，然后调整文字大小，效果如图8-32所示。

步骤11 选择“世界是你的”文字，打开“字符”面板，修改字体为“站酷小薇LOGO体”，文字大小为“48点”。双击该图层名称右侧的空白区域，打开“图层样式”对话框，选中“渐变叠加”复选框，设置渐变颜色为“#ff3200～#f5f47a～#fb7858”，其余参数保持默认设置；选中“描边”复选框，设置大小为“2像素”，颜色为“#ffffff”，单击 确定 按钮，效果如图8-33所示。

图8-32 输入文字

图8-33 修改标题文字

步骤12 选择“¥”“点击进入”文字，在“字符”面板中修改文字颜色为“#ffffff”。选择“169”文字，在“字符”面板中修改字体为“宋体”。

步骤13 选择椭圆工具，在“¥”文字下方绘制填充颜色为“#e86848”的正圆，选择圆角矩形工具，在“点击进入”文字下方绘制填充颜色相同的圆角矩形。接着选择直线工具，在“全场买送首饰盒”文字两侧绘制装饰线，效果如图8-34所示。

图8-34 绘制装饰

步骤14 选择“全场买送首饰盒”“点击进入”文字，在“字符”面板中单击“仿粗体”按钮T。选择“全场买送首饰盒”文字上方的文字，单击“仿斜体”按钮T。

步骤15 打开“PC端网店店标.psd”文件，将“主体图像”图层组复制到“PC端网店Banner.psd”文件中，调整图层组内图像的大小和位置。

步骤16 盖印全图，保存文件，查看完成后的效果，如图8-35所示（配套资源：\效果\第8章\PC端时尚饰品类网店\PC端网店Banner.psd）。

图8-35 完成后的效果

### 8.2.3 主图设计

试题要求制作4张PC端主图，并使用赛项执委会提供的图像，内容应较好地反映出该商品的功能特点、对消费者的吸引力，以及图片有较高的清晰度，文字不能影响图片的整体美观、不能本末倒置。本例将为项链制作PC端主图，其具体操作如下。

（1）制作PC端项链首张主图

首张主图为促销内容的展现，采用上图下文的布局，主要通过添加底托和渐变颜色的方式加强文字介绍的视觉效果。

步骤01 新建一个名称为“PC端项链商品主图”，尺寸为“800像素×800像素”，分辨率为“72像素/英寸”的文件。

步骤02 选择矩形工具，取消填充，设置描边颜色为“#f6c3b1”，描边粗细为“16点”，绘制一个和图像编辑区等大的矩形。

步骤03 打开“主图文字装饰.psd”文件（配套资源：\素材\第8章\PC端时尚饰品类网店\主图文字装饰.psd），将“底部”图层组复制到“PC端项链商品主图.psd”文件内，调整图层组内图像的大小和位置，将其置于底部。

步骤04 置入“项链2.jpg”图像文件（配套资源：\素材\第8章\PC端时尚饰品类网店\项链2.jpg），调整图像的位置和大小，使其所在的图层位于“底部”图层组下方，再将该图层栅格化。

步骤05 选择【图像】/【调整】/【亮度/对比度】命令，打开“亮度/对比度”对话框，设置亮度为“33”，对比度为“4”，单击 确定 按钮，效果如图8-36所示。

步骤06 打开“PC端网店店标.psd”文件，将“主体图像”图层组复制到“PC端项链商品主图.psd”文件中，调整图层组内图像的大小和位置，效果如图8-37所示。

步骤07 使用横排文字工具输入图8-38所示的文字，并设置字体为“思源黑体 CN”，文字颜色为“#ffffff”，调整文字的位置和大小。

图8-36 调整亮度和对比度

图8-37 添加店标

图8-38 输入文字（1）

步骤08 双击“699”文字图层名称右侧的空白区域，打开“图层样式”对话框，选中“渐变叠加”复选框，设置渐变颜色为“#fe9f60～#ffffff”，向右移动渐变条下方的颜色中点，使右侧色标的颜色少一些，其余参数保持默认设置；选中“投影”图层样式，设置颜色为“#000000”，其他参数设置如图8-39所示，单击 确定 按钮，效果如图8-40所示。

步骤09 使用横排文字工具输入“18K金项链”和“心花怒放 甜蜜陪伴”文字，并设置字体为“思源黑体 CN”，文字颜色为“#e45f56”，调整文字的位置和大小。

步骤10 双击“18K金项链”文字图层名称右侧的空白区域，打开“图层样式”对话框框，选中“渐变叠加”复选框，设置渐变颜色为“#a4a8ff～#e55d52”，选中“反向”复选框，其余参数保持默认设置，单击 确定 按钮，效果如图8-41所示。

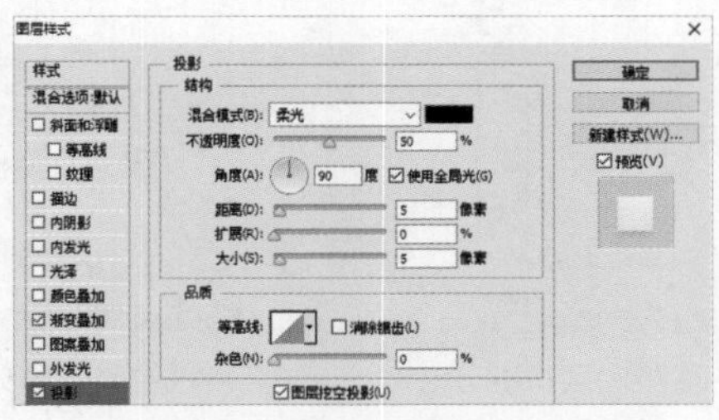


图8-39　添加“投影”图层样式

图8-40　投影效果

**步骤 11** 选择圆角矩形工具，在图像编辑区右侧绘制一个填充颜色为“#fce9e2”，半径为“20像素”的较大的圆角矩形，接着绘制一个填充颜色为“#fcaa99”的较小的圆角矩形；最后选择椭圆工具，绘制一个填充颜色为“#fcaa99”的正圆，效果如图8-42所示。

**步骤 12** 在“18K金项链”文字图层的图层效果上单击鼠标右键，在弹出的快捷菜单中选择“拷贝图层样式”命令，再选择步骤11绘制的较小的圆角矩形图层，单击鼠标右键，在弹出的快捷菜单中选择“粘贴图层样式”命令。

**步骤 13** 修改渐变颜色左边的色标颜色为“#fabeb1”，单击 确定 按钮。按照与步骤12相同的方法，复制修改后的图层样式到步骤11绘制的正圆图层上，效果如图8-43所示。

图8-41　调整文字颜色

图8-42　绘制形状

图8-43　粘贴并调整图层样式

**步骤 14** 使用横排文字工具T输入图8-44所示的文字，调整文字的大小和位置。然后选择“★每个ID只送一个”文字，在“字符”面板中修改文字颜色为“#000000”。

**步骤 15** 选择步骤14创建的“¥”文字图层，在“字符”面板中修改文字颜色为“#e76459”。按照与步骤12相同的方法将“18K金项链”文字图层的图层样式粘贴到“精美包装袋”文字图层上，效果如图8-45所示；重复操作，将“699”文字图层的图层样式粘贴到“20”和步骤14创建的“¥”文字图层上。

**步骤 16** 盖印全图，保存文件，查看完成后的效果，如图8-46所示（配套资源：\效果\第8章\PC端时尚饰品类网店\PC端项链商品主图.psd）。

（2）制作PC端项链其他主图

PC端项链其他主图可展示不同质地项链的外观，不需要进行过多的设计，主要通过图层蒙版功能使商品图像与背景图像自然融合，然后添加店标图像，并调整不透明度使其充当水印，避免图片被盗用。

**步骤 01** 新建一个名称为“PC端项链第2张商品主图”，尺寸为“800像素×800像素”，分辨率为“72像素/英寸”的文件。

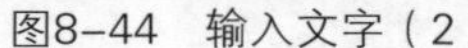
图8-44　输入文字（2）

图8-45　粘贴图层样式

图8-46　首张主图效果

**步骤 02** 置入“项链4.jpg”图像文件（配套资源：\素材\第8章\PC端时尚饰品类网店\项链4.jpg），调整图像的位置和大小，使其顶部与图像编辑区顶部对齐。

**步骤 03** 创建图层蒙版，设置前景色为“#000000”，使用画笔工具在图像下方涂抹。

**步骤 04** 打开“PC端网店店标.psd”文件，将“主体图像”图层组复制到“PC端项链第2张商品主图.psd”文件中，调整图层组内图像的大小和位置，调整图层的不透明度为“55%”，效果如图8-47所示，保存文件，完成制作（配套资源：\效果\第8章\PC端时尚饰品类网店\PC端项链第2张商品主图.psd）。

**步骤 05** 使用与步骤01～步骤04相同的方法，分别新建名称为“PC端项链第3张商品主图”“PC端项链第4张商品主图”的图像文件，依次置入“项链5.jpg”“项链6.jpg”图像文件（配套资源：\素材\第8章\PC端时尚饰品类网店\项链5.jpg、项链6.jpg），创建图层蒙版并涂抹商品图像与背景图像交界处（第3张商品主图不需要涂抹），接着粘贴店标图像，完成制作并保存文件（配套资源：\效果\第8章\PC端时尚饰品类网店\PC端项链第3张商品主图.psd、PC端项链第4张商品主图.psd），如图8-48所示。

图8-47　第2张商品主图效果

图8-48　第3张和第4张商品主图效果

## 8.2.4　详情页设计

在ITMC比赛中，详情页与主图设计针对同一个商品，并且要求体现出商品信息（图片、文本或图文混排）、商品亮点等内容，商品信息还要体现出该商品的适用人群，以及该商品对该类人群有何种价值；商品亮点中允许加入以促销为目的的宣传用语，但不允许过分夸张。本例主要为项链制作详情页，在制作过程中，参赛者可先制作焦点图，再通过参数图、亮点图、实拍图等板块进行详细展现，其具体操作如下。

步骤01 新建一个名称为“PC端项链商品详情页”，尺寸为“750像素×5414像素”，分辨率为“72像素/英寸”的文件。设置前景色为“#f1c0ae”，按【Alt+Delete】组合键填充前景色。

## 经验之谈

在制作PC端详情页时，参赛者可先制作整个页面，完成后再对其进行切片，这样既能使其满足系统对图像大小的要求，又可防止制作过程中出现画面清晰度不够的问题。

步骤02 新建“焦点图”图层组，选择多边形工具，设置边为“8”，单击边左侧的“设置其他形状和路径选项”按钮，在打开的下拉列表中选中“平滑拐角”和“星形”复选框，设置缩进边依据为“25%”、填充颜色为“#ffffff”、描边颜色为“#ee7422”、描边粗细为“5点”，在“描边样式”下拉列表框中选择第2个选项，绘制花朵形状，效果如图8-49所示。

图8-49 绘制花朵形状

步骤03 置入“项链3.jpg”图像文件（配套资源：\素材\第8章\PC端时尚饰品类网店\项链3.jpg），调整图像的大小和位置。在项链图层上单击鼠标右键，在弹出的快捷菜单中选择“创建剪贴蒙版”命令，为其创建剪贴蒙版。

步骤04 选择直排文字工具，设置字体为“思源黑体 CN”，文字大小为“56点”，文字颜色为“#ee7422”，在花朵形状的中间区域输入“心花怒放”文字。

步骤05 在“心花怒放”文字左侧输入“<”符号，调整其大小，并单击工具属性栏中的“文字方向”按钮。接着复制该符号，单击鼠标右键，在弹出的快捷菜单中选择“水平翻转”命令，最后调整其位置。

步骤06 按照与步骤05相同的方法，在“心花怒放”文字下方输入“浪漫时尚玫瑰项链”文字，并转换成横排文字，然后在“字符”面板中调整文字大小为“30点”，文字颜色为“#f19b62”，调整文字的位置，完成焦点图制作，效果如图8-50所示。

图8-50 焦点图效果

步骤07 新建“参数图”图层组，置入“项链1.jpg”图像文件（配套资源：\素材\第8章\PC端时尚饰品类网店\项链1.jpg），调整图像的大小和位置。选择横排文字工具，设置文字属性为“思源黑体 CN、48点、#e37126”，输入“项链参数”文字。在“项链参数”文字下方输入“CAN SHU”文字，在“字符”面板中修改文字大小为“24点”。使用直线工具在“CAN SHU”文字下方绘制同色的装饰线。

步骤08 选择矩形工具，设置填充颜色为“#ffffff”，描边颜色为“#e37126”，描边粗细为“3点”，描边样式同花朵形状，在项链下方绘制矩形。最后为其添加“投影”图层样式，设置颜色为“#c2532b”，不透明度为“64%”，角度为“117度”，距离为“7像素”，大小为“24像素”。

**步骤09** 选择横排文字工具T，打开“产品信息.docx”文本文件（配套资源：\素材\第8章\PC端时尚饰品类网店\产品信息.docx），在绘制的矩形内输入文字，设置参数标题文字属性为“思源黑体 CN、24点、#d96e29”，参数内容文字属性为“思源宋体 CN、24点、#030000”，完成项链参数图的制作，效果如图8-51所示。

图8-51 参数图效果

**步骤10** 新建“亮点图”图层组，制作项链亮点图标题，文字属性、装饰线属性与项链参数图标题保持一致。接着在装饰线下方绘制白色矩形，且与图像编辑区同宽。

**步骤11** 按照与步骤02相同的方法在白色矩形上绘制并复制花朵形状，一共绘制4个，设置花朵形状的描边颜色为“#ee7422”，描边粗细为“3点”，在“描边样式”下拉列表框中选择第2个选项。

**步骤12** 设置前景色为“#ee7422”，选择钢笔工具，在工具属性栏中选择“路径”模式，然后在4个花朵形状底部绘制线条，用线条将其串联，打开“路径”面板，单击“用画笔描边路径”按钮。

**步骤13** 在花朵一侧的空白处输入对应的文字，设置序号文字属性为“方正书宋简体、74.67点、#030000”，序号后文字的属性为“思源黑体 CN、36点、#000000”，亮点概括文字属性为“方正黑体简体、30点、#e37126”，亮点描述文字属性为“方正黑体简体、18点、#555555”。为了提高制作效率，可采用复制修改的方法完成项链亮点文本的制作，依次添加“项链5.jpg”“项链1.jpg”“项链7.jpg”“项链8.jpg”图像文件（配套资源：\素材\第8章\PC端时尚饰品类网店\项链5.jpg、项链1.jpg、项链7.jpg、项链8.jpg）到绘制的花朵形状上方，并创建剪贴蒙版将其放置到绘制的花朵形状中，效果如图8-52所示。

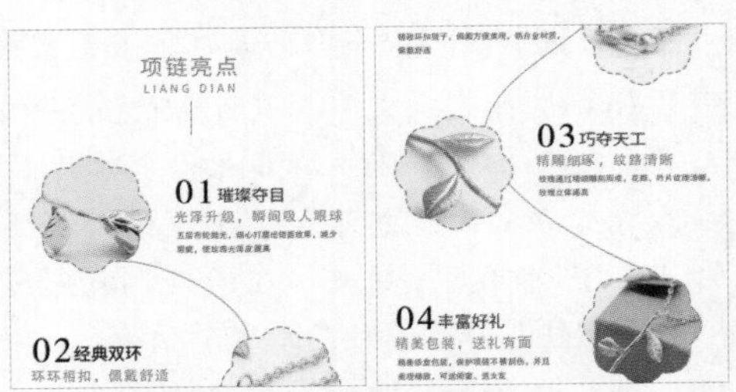


图8-52 亮点图部分效果

**步骤14** 新建“实拍图”图层组，制作项链实拍图标题，文字属性、装饰线属性均与项链参数图标题保持一致。接着在项链实拍图标题下方绘制花朵形状，其属性与之前保持一致。

**步骤15** 依次置入“项链9.jpg”“项链10.jpg”“项链11.jpg”图像文件（配套资源：\素材\第8章\PC端时尚饰品类网店\项链9.jpg～项链11.jpg）到当前文件中，调整图像的位置和大小，使“项链10.jpg”“项链11.jpg”图像水平对齐。栅格化图像，使用选框工具裁剪图片，如图8-53所示。

图8-53 裁剪图片

步骤16 在图像下方绘制一个与图像编辑区等宽的矩形，设置填充颜色为“#fdf1e7”。接着在“项链9.jpg”图像所在图层上绘制花朵形状和正圆，花朵形状的属性与之前保持一致，为正圆填充颜色“#716a63”，接着在其中输入“浪漫玫瑰项链”“绽放的玫瑰 不悔的青春”两排文字，设置第1排文字的属性为“思源黑体 CN、30点、#ee7422”，并加粗显示，设置第2排文字的属性为“方正细黑一简体、24点、#ee7422”。

步骤17 在“项链11.jpg”图像所在图层的空白背景上输入“精美玫瑰”“JINGMEIMEIGUI”两行竖排文本，设置“精美玫瑰”文字属性为“思源黑体 CN、30点、#ffffff”，并将其加粗显示；设置其他文字属性为“方正书宋简体、24点、#e95477、#ffffff”，并加粗显示。完成项链实拍图的制作，效果如图8-54所示。盖印全图，存储文件，完成制作（配套资源：\效果\第8章\PC端时尚饰品类网店\PC端项链商品详情页.psd）。

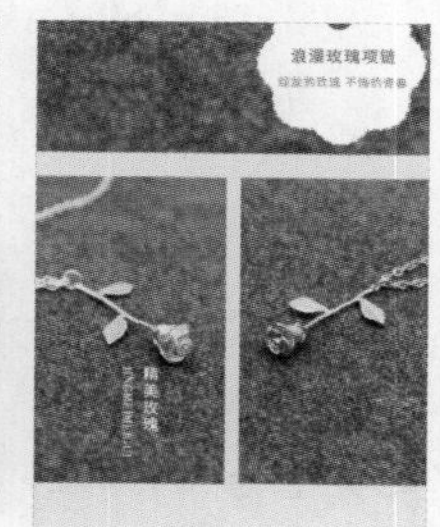


图8-54　实拍图效果

# 8.3 移动端休闲零食类网店设计

休闲零食类是ITMC比赛中的一种题目类别，主要涉及山楂条、曲奇饼干、石头饼、牛肉干、坚果等商品。下面将对腰果商品进行移动端网店店标、店招、Banner、主图和详情页设计。

## 8.3.1 店标设计

在ITMC比赛中，参赛者需要先打开背景资料，查看品牌名称，再进行设计。本试题中的品牌名称为“山青”，参赛者在设计时不但要体现出腰果颗粒饱满的特点，还要对品牌名称进行美化与展现。本例将设计移动端网店店标，其具体操作如下。

步骤01 新建一个名称为“移动端网店店标”，尺寸为“300像素×300像素”，分辨率为“300像素/英寸”的文件，然后开启网格功能。

步骤02 选择钢笔工具，设置前景色为“#000000”，在工具属性栏中选择“路径”模式，在图像编辑区勾勒腰果形状，然后设置填充颜色为“#ffe3bc”，描边颜色为“黑色”，描边工具为“铅笔”，效果如图8-55所示。

步骤03 新建图层，勾勒阴影区域，设置填充颜色为“#ebcb9f”，沿着阴影处勾勒路径并描边，效果如图8-56所示。

步骤04 按照与步骤02和步骤03相同的方法勾勒另外两个腰果形状，填充与描边设置相同，效果如图8-57所示。

步骤05 新建图层，勾勒叶子形状，并将其填充为“#53c251”，然后勾勒叶脉，并将其填充为“#b3d55b”，删除路径并复制该图层，调整复制后图层中图像的位置和大小，效果如图8-58所示。

步骤 06 将绘制好的图像所在的图层汇总成“图像”图层组，并调整图像的大小，然后关闭网格功能。

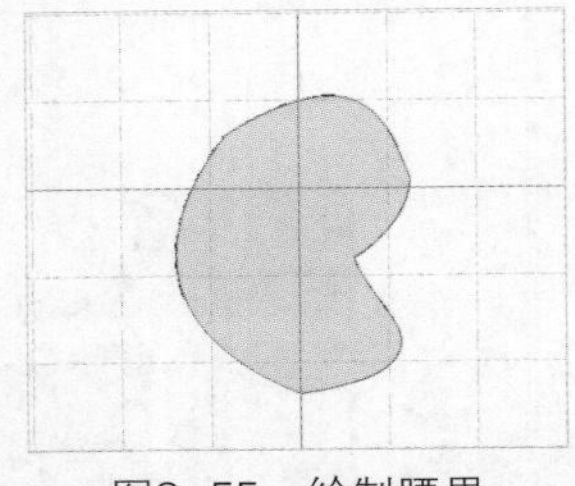
图8-55 绘制腰果

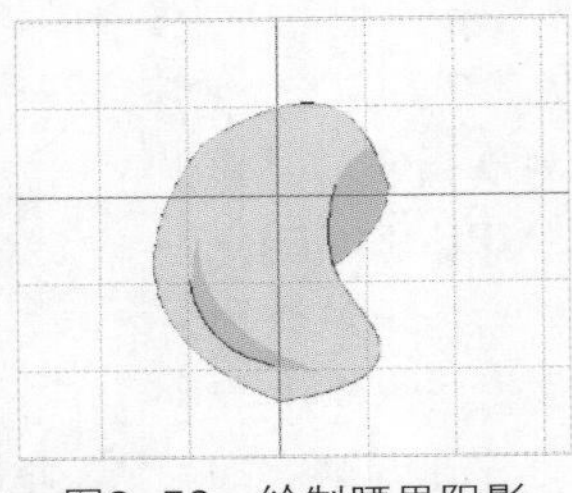
图8-56 绘制腰果阴影

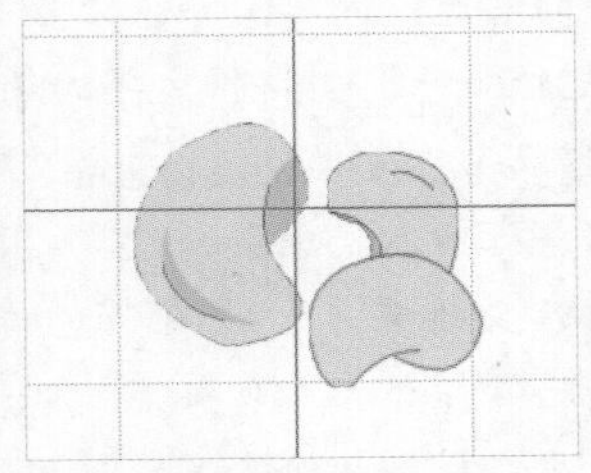
图8-57 绘制其他腰果

步骤 07 选择横排文字工具T，在工具属性栏中设置字体为“站酷小薇LOGO体”，文字大小为“19.37点”，文字颜色为“#49a847”，输入“山青”文字，然后打开“字符”面板，设置字距为“50”，效果如图8-59所示。

步骤 08 在“山青”文字下方输入“SHAN QING”文字。保持字体不变，调整文字大小为“9.04点”，文字颜色为“#53c251”，设置字距为“100”。

步骤 09 在“SHAN QING”文字下方绘制一个填充“#ffe3bc”的矩形。隐藏背景图层，然后盖印全图，保存文件，查看完成后的效果，如图8-60所示（配套资源：\效果\第8章\移动端休闲零食类网店\移动端网店店标.psd）。

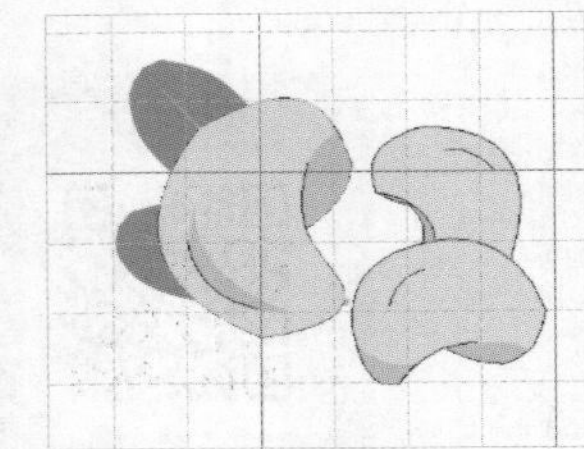
图8-58 绘制叶子

图8-59 输入并设置文字

图8-60 完成后的效果

## ↘ 8.3.2 店招设计

本例将制作与品牌“山青”同名的网店的店招，通过形状工具组配合横排文字工具添加店招元素，并使用调整色彩命令美化腰果图像，最后添加制作好的店标构成完整的画面，其具体操作如下。

步骤 01 打开“腰果（店招）.jpg”图像文件［配套资源：\素材\第8章\移动端休闲零食类网店\腰果（店招）.jpg］，选择魔棒工具，在工具属性栏中设置容差为“20”，单击背景图像区域，创建选区后删除该区域。重复操作，直到背景图像被完全删除。

步骤 02 按【Ctrl】键，将鼠标指针移至图像缩略图上并单击，此时将选中腰果图像，并为该图像创建选区，然后复制该选区。

步骤 03 新建一个名称为“移动端网店店招”，尺寸为“642像素×200像素”，分辨率为“72像素/英寸”的文件。

步骤04 选择矩形工具▭，绘制一个和图像编辑区同等大小的、填充颜色为“#fff4cb”的矩形，再绘制一个与图像编辑区等宽的、较小的、填充颜色为“#a67b4d”的矩形。

步骤05 粘贴选区，调整图像的大小和位置，此时若有未删除干净的背景图像，可使用像皮擦工具进行擦除，效果如图8-61所示。

步骤06 选择腰果图像所在的图层，选择【图像】/【调整】/【曝光度】命令，打开“曝光度”对话框，设置参数如图8-62所示，单击 确定 按钮。

图8-61 粘贴选区并调整图像

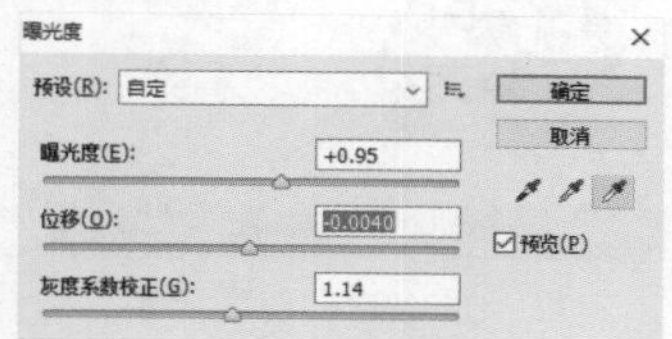


图8-62 调整曝光度

步骤07 选择【滤镜】/【滤镜库】命令，选择“绘画涂抹”滤镜，设置画笔大小为“4”，锐化程度为“3”，单击 确定 按钮。

步骤08 置入“卡车.png”图像文件（配套资源：\素材\第8章\移动端休闲零食类网店\卡车.png），调整图像的大小和方向，选择横排文字工具T，设置文字属性为“宋体、16.67点、#775e44”，在卡车图像左侧输入上下两排文字“顺丰包邮”“快速配送”，并使用直线工具在文字和卡车图像之间绘制一条垂直的、填充颜色为“#775e44”的装饰线，效果如图8-63所示。

步骤09 在腰果图像右侧输入图8-64所示的文字。选择“购买立享优惠”文字，打开“字符”面板，修改字体为“站酷小薇LOGO体”，文字大小为“25点”；选择“一起品尝世界”文字，修改文字大小为“20.83点”，调整位置；选择“133元/千克”“订购”文字，单击“仿斜体”按钮T。

图8-63 绘制装饰线

图8-64 输入文字

步骤10 选择直线工具，设置填充颜色为“#82be53”，取消描边，在“购买立享优惠”文字下方绘制一条水平装饰线。选择多边形工具，设置填充颜色为“#82be53”，取消描边，设置边数为“3”，在“订购”文字左侧绘制两个大小相同的三角形。然后选择圆角矩形工具，绘制一个同色的圆角矩形，接着选择钢笔工具，设置模式为“形状”，填充颜色为“#ffffff”，在圆角矩形上绘制一个心形，效果如图8-65所示。

步骤11 选择横排文字工具T，设置文字属性为“思源黑体 CN、15点、#ffffff”，在心形右侧输入“收藏”文字，并在“字符”面板中单击“仿粗体”按钮T。

步骤12 打开“移动端网店店标.psd”文件，将盖印后的图层移至“移动端网店店招.psd”文件中，调整图像的大小和方向，双击店标所在图层名称右侧的空白区域，打开“图层样式”对话框，选中“描边”复选框，设置大小为“3像素”，颜色为“#ffffff”，单击 确定 按钮。

步骤13 保存文件，完成制作并查看完成后的效果，如图8-66所示（配套资源：\效果\第8章\移动端休闲零食类网店\移动端网店店招.psd）。

图8-65 绘制装饰元素

图8-66 完成后的效果

## 8.3.3 Banner设计

本例将为网店设计Banner。在设计时，参赛者可先抠取腰果图像，并将其与提供的背景素材结合搭建场景，再添加装饰丰富画面，接着添加文字，采用左文右图的经典排版，最后添加制作好的店标，再统一色调，强化整体画面的统一性，其具体操作如下。

步骤01 打开“腰果（Banner）.jpg”图像文件［配套资源：\素材\第8章\移动端休闲零食类网店\腰果（Banner）.jpg］，复制该图层，选择快速选择工具，为腰果图像创建选区，如图8-67所示。然后进行平滑选区操作，复制该选区。

步骤02 新建一个名称为“移动端网店Banner”，尺寸为“608像素×304像素”，分辨率为“72像素/英寸”的文件，置入“Banner背景.jpg”图像文件（配套资源：\素材\第8章\移动端休闲零食类网店\Banner背景.jpg），调整图像的大小和位置。

步骤03 粘贴选区，然后调整选区图像的大小和位置，使其位于偏右侧的位置。然后为其添加“投影”图层样式，设置颜色为“#72451e”，不透明度、角度、距离、扩展和大小分别为“64%”“120度”“18像素”“9%”“27像素”，单击 确定 按钮。

步骤04 选择【图像】/【调整】/【自然饱和度】命令，打开“自然饱和度”对话框，设置自然饱和度为“+7”，饱和度为“+12”，单击 确定 按钮，效果如图8-68所示。

步骤05 选择锐化工具，涂抹上层的腰果图像，再使用加深工具涂抹下层的腰果图像，使其在视觉上呈现出上层靠近镜头的腰果图像较为清晰，下层远离镜头的腰果图像有些模糊的效果，如图8-69所示。

图8-67 创建选区

图8-68 调整自然饱和度

图8-69 锐化和加深图像

步骤06 打开“Banner装饰.psd”文件（配套资源：\素材\第8章\移动端休闲零食类网店\Banner装饰.psd），将树叶有关的图层都复制到“移动端网店Banner.psd”文件中，并且调整图像的大小、方向和位置，可根据需要进行复制，效果如图8-70所示。

步骤07 按照与步骤06相同的方法，将“开心腰果”文字移动到“移动端网店Banner.psd”文件中，调整图像的大小和位置。选择横排文字工具T，在工具属性栏中设置文字属性为“思源黑体 CN、#64200e”，输入图8-71所示的文字，然后调整文字大小。

图8-70　添加装饰

图8-71　输入文字

步骤08 打开“字符”面板，调整“开心腰果满减折扣”“点击查看>>”文字颜色为“#ffffff”，选择矩形工具，设置填充颜色为“#64200e”，在调整后的文字下方绘制矩形，效果如图8-72所示。

步骤09 打开“移动端网店店标.psd”文件，将盖印后的图层移至“移动端网店Banner.psd”文件中，调整图像的大小和方向，最后盖印全图。

步骤10 选择【图像】/【调整】/【照片滤镜】命令，打开“照片滤镜”对话框，选择“加温滤镜（85）”，设置浓度为“29%”，单击 确定 按钮。

步骤11 保存文件，查看完成后的效果，如图8-73所示（配套资源：\效果\第8章\移动端休闲零食类网店\移动端网店Banner.psd）。

图8-72　绘制矩形

图8-73　完成后的效果

## 8.3.4 主图设计

试题要求参赛者制作4张尺寸为600像素×600像素的移动端主图。腰果作为坚果类食品，具有易消化等优点。在制作主图时需要先分析商品卖点，然后将其重点突出，以吸引消费者点击。其具体操作如下。

（1）制作移动端腰果首张主图

首张主图将围绕“优惠活动”的卖点来制作，制作时根据搭建的场景进行图文布局，然后绘制底纹修饰文字，丰富画面。

步骤01 打开“腰果（主图）.jpg”图像文件［配套资源：\素材\第8章\移动端休闲零食类网店\腰果（主图）.jpg］，复制该图层，选择快速选择工具，为腰果图像创建选区，如图8-74所示。然后进行平滑选区操作，复制该选区。

步骤 02 新建一个名称为“移动端腰果主图”，尺寸为“600像素×600像素”，分辨率为“72像素/英寸”的文件。使用矩形工具绘制一个和图像编辑区等大的、填充颜色为“#ffeedf”的矩形，然后将复制的选区粘贴到该文件中，调整图像的大小和位置。

步骤 03 置入“桌子.png”图像文件（配套资源：\素材\第8章\移动端休闲零食类网店\桌子.png），调整图像的位置和大小，并将其拉宽，接着使其所在的图层位于“腰果”图层下方，效果如图8-75所示。

步骤 04 在腰果图像所在图层的下方新建图层，选择画笔工具，设置画笔样式为“柔边圆”，设置前景色为“#815c4d”，在腰果与桌子接触的区域绘制阴影，并不断加深颜色和减小画笔大小，在接触面不断涂抹，使其呈现出逐渐变淡的阴影效果，如图8-76所示。

图8-74 创建选区

图8-75 搭建场景

图8-76 绘制阴影

步骤 05 设置阴影图层的图层混合模式为“叠加”，复制该图层，设置图层的不透明度为“59%”，效果如图8-77所示。

步骤 06 打开“移动端网店店标.psd”文件，将盖印后的图层复制到“移动端腰果主图.psd”文件中，调整图像的大小和位置。然后为其添加“描边”图层样式，设置大小为“3像素”，颜色为“#ffffff”。

步骤 07 使用横排文字工具输入图8-78所示的文字，并设置字体为“思源黑体 CN”，文字颜色为“#803711”，调整文字的位置和大小。选择“开心腰果”文字，打开“字符”面板，修改文字属性为“优设标题黑、83.33点、#c11e25”，然后将店标的图层样式粘贴到该文字图层上，修改大小为“5”，最后调整文字的位置，效果如图8-79所示。

步骤 08 选择矩形工具，取消填充，设置描边颜色为“#803711”，描边粗细为“3点”，绘制与图像编辑区等大的矩形，再依照从左到右的顺序分别绘制填充颜色为“#ffeedf”“#803711”的矩形。

图8-77 调整图层属性

图8-78 输入文字

图8-79 修改文字

步骤 09 使用多边形工具，在两个矩形交界处绘制一个填充颜色为“#ffeedf”的三角形。选择椭圆工具，设置填充颜色为“#ffffff ”，描边颜色为“#c11e25”，描边粗细为“2.08点”，在“描边样式”下拉列表框中选择第3个选项，在腰果图像左侧绘制一个椭圆，效果如图8-80所示。

步骤 10 置入“腰果树2.jpg”图像文件（配套资源：\素材\第8章\移动端休闲零食类网店\腰果树2.jpg），调整图像的位置和大小，设置图层的不透明度为“50%”。为其创建图层蒙版，使用画笔工具涂抹图像。然后将其所在的图层移至“矩形1”图层上方，为其创建剪贴蒙版，从而丰富画面，效果如图8-81所示。

步骤 11 选择横排文字工具T，保持字体不变，依次输入“1千克”“¥”“133”“好腰果 全国包邮”文字，接着调整文字的大小和位置，并在“字符”面板上调整“1千克”“¥”“133”文字的颜色为“#c11e25”，剩余文字的颜色为“#ffffff ”。盖印全图，保存文件，查看完成后的效果，如图8-82所示（配套资源：\效果\第8章\移动端休闲零食类网店\移动端腰果主图.psd）。

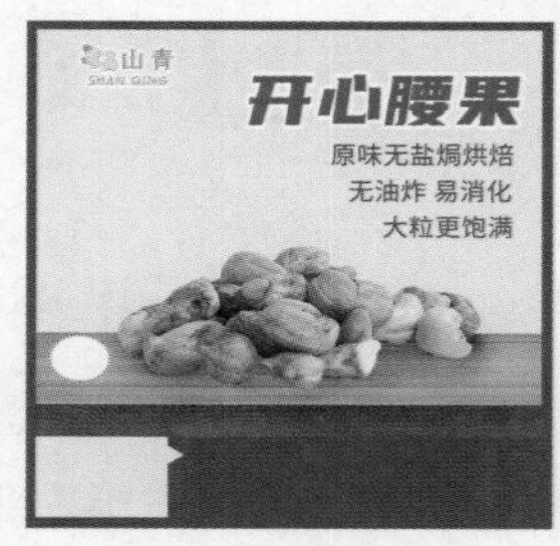

图8-80 绘制装饰

图8-81 丰富画面

图8-82 首张商品主图效果

（2）制作移动端腰果其他主图

其他主图可围绕腰果的其他卖点来进行制作，不需要进行过多的设计，只需绘制装饰元素，添加不同的卖点文字，最后添加店标。

步骤 01 新建一个名称为“移动端腰果第2张商品主图”，尺寸为“600像素×600像素”，分辨率为“72像素/英寸”的文件。

步骤 02 置入“腰果（主图）.jpg”图像文件［配套资源：\素材\第8章\移动端休闲零食类网店\腰果（主图）.jpg］，调整图像的大小和位置。

步骤 03 打开“移动端网店店标.psd”文件，将盖印后的图层复制到“移动端腰果第2张商品主图.psd”文件中，调整图像的大小和位置。然后为其添加“描边”图层样式，设置大小为“3像素”，颜色为“#ffffff ”。

步骤 04 选择椭圆工具，设置填充颜色为“#f9ebd9”，描边颜色为“#a40000”，描边粗细为“1.25点”，在“描边样式”下拉列表框中选择第3个选项，在店招图像下方绘制1个正圆，接着复制3个正圆，调整正圆的位置。

步骤 05 选择全部正圆，选择【图层】/【分布】/【水平居中】命令，使正圆均匀分布。

步骤 06 使用横排文字工具T逐字输入图8-83所示的文字，设置字体为“优设标题黑”，文字大小为“50点”，文字颜色为“#b61338”，调整文字的位置。保存文件，完成制作（配套资源：\效果\第8章\移动端休闲零食类网店\移动端腰果第2张商品主图.psd）。

步骤 07 删除腰果图像所在的图层，置入“腰果（主图）2.jpg”图像文件［配套资源：\素材\第8章\移动端休闲零食类网店\腰果（主图）2.jpg］，调整图像的大小和位置。然后依次选中文字图层，修改成图8-84所示的文字。将文件另存，并修改名称为“移动端腰果第3张商品主图”（配套资源：\效果\第8章\移动端休闲零食类网店\移动端腰果第3张商品主图.psd），完成制作。

步骤 08 按照与步骤7相同的方法，置入“腰果（主图）3.jpg”图像文件［配套资源：\素材\第8章\移动端休闲零食类网店\腰果（主图）3.jpg］，调整图像的大小和位置。修改文字内容，效果如图8-85所示。将文件另存，并修改名称为“移动端腰果第4张商品主图”（配套资源：\效果\第8章\移动端休闲零食类网店\移动端腰果第4张商品主图.psd），完成制作。

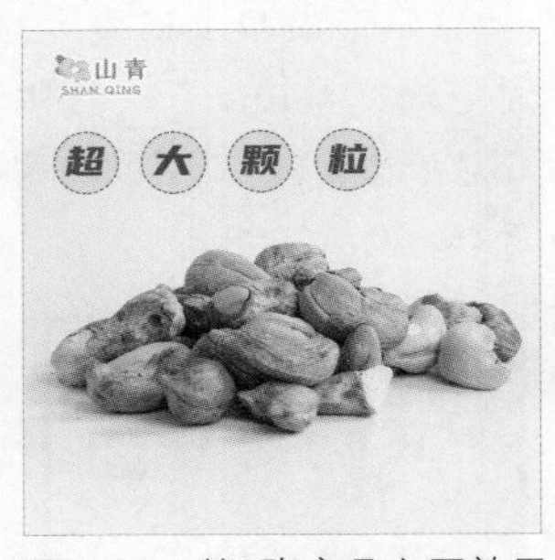


图8-83 第2张商品主图效果

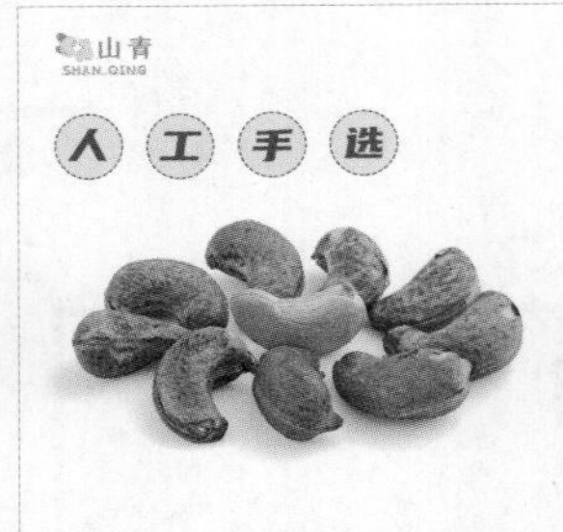


图8-84 第3张商品主图效果

图8-85 第4张商品主图效果

## 8.3.5 详情页设计

参赛者在制作详情页时，可根据Banner、主图中使用的颜色，进行整体的策划，再制作焦点图、商品参数图、商品品质图、特点图和优势图等详细介绍商品。本例仍以腰果作为主体商品制作详情页，其具体操作如下。

步骤 01 新建一个名称为“移动端腰果详情页”，尺寸为“620像素×3072像素”，分辨率为“72像素/英寸”的文件。使用矩形工具在图像编辑区顶部绘制一个填充颜色为“#f2f1f7”、尺寸为“620像素×613像素”的矩形。

步骤 02 新建“焦点图”图层组，置入“腰果1.jpg”图像文件（配套资源：\素材\第8章\移动端休闲零食类网店\腰果1.jpg），调整图像的大小和位置，使其底部与绘制的矩形底部对齐。创建图层蒙版，选择画笔工具，设置前景色为“#000000”，在腰果图像顶部涂抹，使其与绘制的矩形融合得更加自然。

步骤 03 打开“详情页.txt”文本文件（配套资源：\素材\第8章\移动端休闲零食类网店\详情页.txt），选择横排文字工具T，设置字体为“思源黑体 CN”，文字大小为“21点”，文字颜色为“#945715”，在腰果图像上方输入文本文件中的“焦点图文案”内容。

步骤 04 打开“字符”面板，修改“开心腰果”文字的字体为“优设标题黑”，“果仁香醇”“美味经典”文字的颜色为“#ffffff”，接着调整所有文字的大小和位置，效果如图8-86所示。

步骤 05 选择矩形工具，在“果仁香醇”“美味经典”文字下方绘制填充颜色为“#945715”的矩形。

步骤06 打开“详情页装饰.psd”文件（配套资源：\素材\第8章\移动端休闲零食类网店\详情页装饰.psd），将“焦点图”图层组中的图层复制到“移动端腰果详情页.psd”文件中，调整图像的大小和位置，效果如图8-87所示。

步骤07 选择“树叶”图层，选择模糊工具，在工具属性栏中设置画笔样式为“硬边圆”，画笔大小为“99像素”，强度为“70%”，接着在树叶图像上涂抹。完成焦点图的制作，效果如图8-88所示。

图8-86　调整文字（1）

图8-87　添加装饰

图8-88　焦点图效果

步骤08 新建“商品参数”图层组，切换到“详情页装饰.psd”文件中，选择“线框”图层并将其复制到“移动端腰果详情页.psd”文件中，调整图像的大小和位置。为其添加“颜色叠加”图层样式，设置颜色为“#945715”，其他设置保持默认。

步骤09 选择横排文字工具T，设置文字属性为“思源黑体 CN、48点、#e37126”，在线框图像中输入“详情页.txt”文本文件中的“商品参数”内容。依次选中标题文字，接着在“字符”面板中单击“仿粗体”按钮T，效果如图8-89所示，完成商品参数图的制作。

| 品名 | 腰果 | 产地 | 海南 |
|---|---|---|---|
| 净含量 | 1500g | 保质期 | 12个月 |
| 贮藏方法 | 阴凉干燥处密封保存 | 生产日期 | 见实际包装 |

图8-89　商品参数图效果

步骤10 新建“商品品质图”图层组，选择横排文字工具T，设置文字属性为“思源黑体 CN、7点、#945715”，输入“详情页.txt”文本文件中的“商品品质”内容，然后调整文字的大小和位置，并加粗标题文字，效果如图8-90所示。

步骤11 依次选中正文文字，在“字符”面板中调整文字颜色为“#000000”。选择“甄选优质果实”文字图层，为其添加“渐变叠加”图层样式，设置渐变颜色为“#743b10～#c47519”，选中“反向”复选框，设置角度为“90度”。

步骤12 选择直线工具，取消填充，设置描边颜色为“#985d1d”，描边粗细为“1点”，在最下方文字的下方绘制一条虚线。使用钢笔工具绘制图8-91所示的形状，将其填充为“#eaeaea”。置入“腰果2.jpg”图像文件（配套资源：\素材\第8章\移动端休闲零食类网店\腰果2.jpg），调整图像的大小和位置，将该图层移动至形状图层的上方，然后创建剪贴蒙版。完成商品品质图的制作，效果如图8-92所示。

步骤13 新建“特点1”图层组，使用圆角矩形工具绘制一大一小两个圆角矩形，设置填充颜色为“#d26c07”，半径为“20像素”，复制较大的圆角矩形，并调整其位置，效果如图8-93所示。

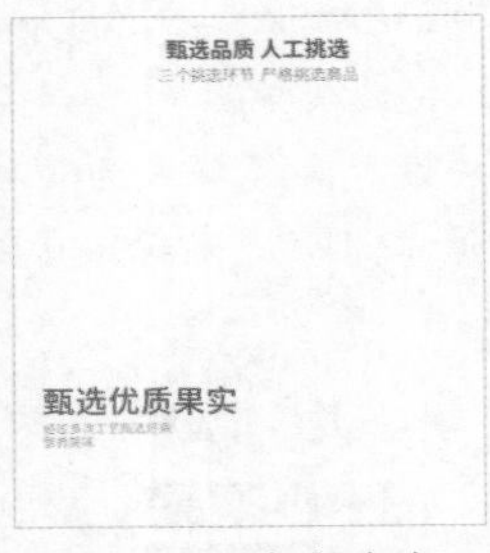


图8-90 加粗文字

图8-91 绘制形状

图8-92 商品品质图效果

**步骤14** 选择横排文字工具T，设置文字属性为“思源黑体 CN、#000000”，在图像中输入“详情页.txt”文本文件中的“特点1”内容，调整文字的大小。

**步骤15** 选中标题文字，在“字符”面板中单击“仿粗体”按钮T，修改文字颜色为“#ffffff”，字距为“25”。选中“润净爽口”文字，修改文字颜色为“#945715”。选中“口感爽脆/软硬适中/滋味十足/好吃到停不下来”文字，单击“仿斜体”按钮T，修改文字颜色为“#535252”，效果如图8-94所示。

**步骤16** 依次置入“腰果3.jpg”“腰果4.jpg”图像文件（配套资源：\素材\第8章\移动端休闲零食类网店\腰果3.jpg、腰果4.jpg），调整图像的大小和位置，将对应的图层分别移动至两个较大圆角矩形所在图层的上方，然后依次创建剪贴蒙版。完成特点图1的制作，效果如图8-95所示。

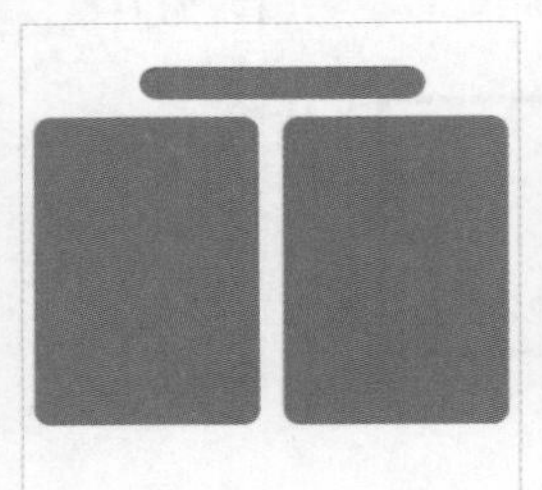

图8-93 绘制圆角矩形

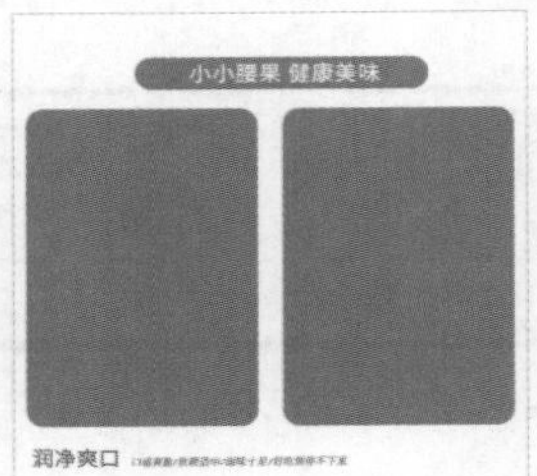


图8-94 调整文字（2）

图8-95 特点图1效果

**步骤17** 新建“特点2”图层组，使用椭圆工具绘制填充颜色为“#945715”的正圆，然后选择横排文字工具T，设置文字属性为“思源黑体 CN、16.67点、#945715”，输入“详情页.txt”文本文件中的“特点2”内容。复制2次绘制的正圆和创建的文字图层，调整其位置，按照“特点2”内容修改文字内容。

**步骤18** 使用矩形工具在文字右侧绘制填充颜色为“#945715”的矩形，置入“腰果（主图）3.jpg”图像文件［配套资源：\素材\第8章\移动端休闲零食类网店\腰果（主图）3.jpg］，调整图像的大小和位置，并将其图层放置在矩形所在图层的上方，创建剪贴蒙版，效果如图8-96所示。

图8-96 创建剪贴蒙版（1）

步骤 19 新建“组1”图层组，使用椭圆工具绘制一个填充颜色为“#945715”的正圆。使用横排文字工具在形状下方输入“粒大”文字，文字属性为当前默认参数，单击“仿粗体”按钮，置入“腰果5.jpg”图像文件（配套资源：\素材\第8章\移动端休闲零食类网店\腰果5.jpg），调整图像的大小和位置，然后将其图层放置在正圆所在图层的上方，并创建剪贴蒙版。

步骤 20 复制2次“组1”图层组，将文字内容依次修改为“皮薄”“饱满”，删除“腰果5.jpg”图像文件，并分别置入“腰果（主图）.jpg”“腰果6.jpg”图像文件［配套资源：\素材\第8章\移动端休闲零食类网店\腰果（主图）.jpg、腰果6.jpg］，分别创建剪贴蒙版，完成特点图2的制作，效果如图8-97所示。

图8-97 特点图2效果

步骤 21 新建“优势图”图层组，切换到“详情页装饰.psd”文件中，选择“优势装饰”图层组，将其复制到“移动端腰果详情页.psd”文件中，调整图层组内各个图像的大小和位置。

步骤 22 使用椭圆工具在右侧绘制一个大正圆。置入“腰果7.jpg”图像文件（配套资源：\素材\第8章\移动端休闲零食类网店\腰果7.jpg），调整图像的位置和大小，将其所在的图层放置在大正圆所在图层的上方，创建剪贴蒙版，效果如图8-98所示。

步骤 23 选择横排文字工具，设置文字属性为“思源黑体 CN、#945715”，在大正圆的顶部输入“详情页.txt”文本文件中的“优势”内容，然后调整各个文本的大小。

步骤 24 在大正圆左下角区域创建段落文字，输入“腰果可生食，也可用于制作各种美味点心，既是休闲时的美味，又是送礼佳品。”文字，打开“段落”面板，单击“最后一行左对齐”按钮，完成优势图的制作，效果如图8-99所示。盖印全图，保存文件（配套资源：\效果\第8章\移动端休闲零食类网店\移动端腰果详情页.psd）。

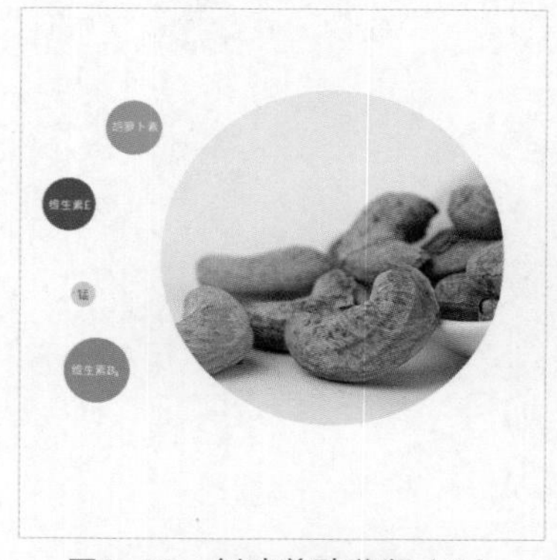

图8-98 创建剪贴蒙版（2）

图8-99 优势图效果

PC端装修

移动端装修

跨境装修

# 第 9 章 ITMC网店开设与装修实训系统

ITMC是全国职业院校技能大赛的网店开设与装修实训系统，用户可根据相应要求完成店铺相关部分的图像制作并进行切片等操作，然后通过ITMC的登录、使用，以及将设计好的店招、Banner、详情页等上传到平台等方式，深入认识该系统，了解其操作流程，从而保证最终完成比赛。

## 【本章要点】

- 系统登录操作说明
- PC端和移动端店铺装修
- 跨境店铺装修

## 【素养目标】

- 提升使用ITMC系统的能力
- 锻炼自身的学习能力，培养冷静、钻研、刻苦的精神

# 9.1 系统登录操作说明

系统登录是进行网店装修的第一步。用户需要先进入ITMC系统，并进行登录，然后才能根据需要的目录进入网店装修页面进行装修。

## 9.1.1 进入系统

要使用ITMC网店开设与装修实训系统，需要打开浏览器，在浏览器地址栏中输入系统网址，按【Enter】键即可打开系统。单击“进入比赛”超链接（见图9-1），将出现登录页面。

图9-1 单击“进入比赛”超链接

## 9.1.2 用户登录

在登录页面（见图9-2）中输入教师分配的用户名称和会员密码，并输入系统给出的验证码，单击 立即登录 按钮即可进入比赛系统。

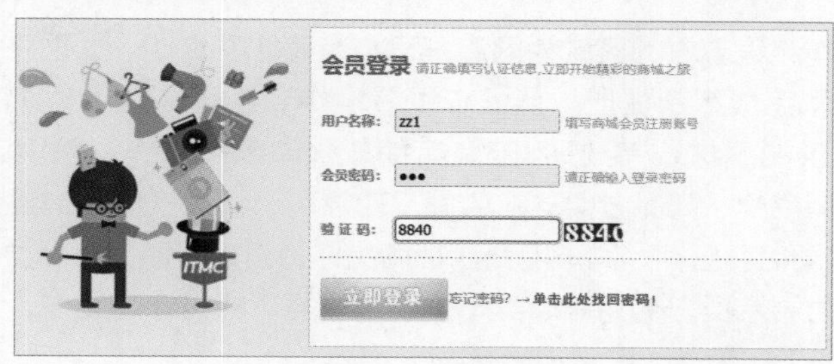


图9-2 用户登录

为了防止店铺信息被篡改，可先修改店铺的登录密码。修改店铺登录密码的操作如下。

步骤 01 把鼠标指针移到图9-3所示的“系统首页”位置并单击，展开系统菜单。

步骤 02 选择“修改密码”选项，出现图9-4所示的“密码修改”页面，在其中输入新的密码并保存。

ITMC网店开设与装修实训系统包括4个模块，分别为PC端店铺装修、移动端店铺装修、跨境店铺装修和跨平台店铺开设，其中跨平台店铺开设未列为电子商务技能大赛比赛内容，本书不做介绍。

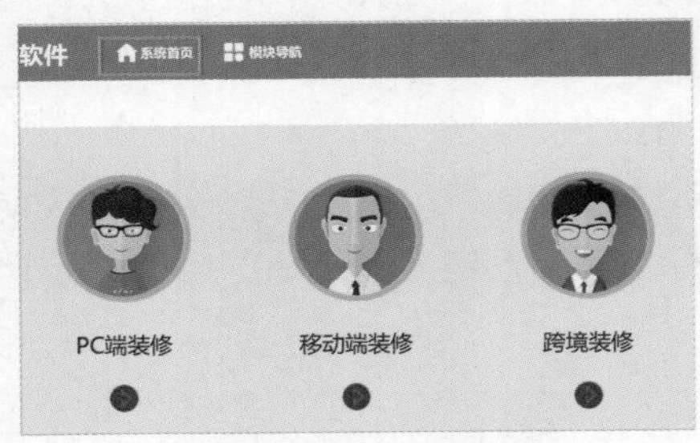


图9-3　展开系统菜单

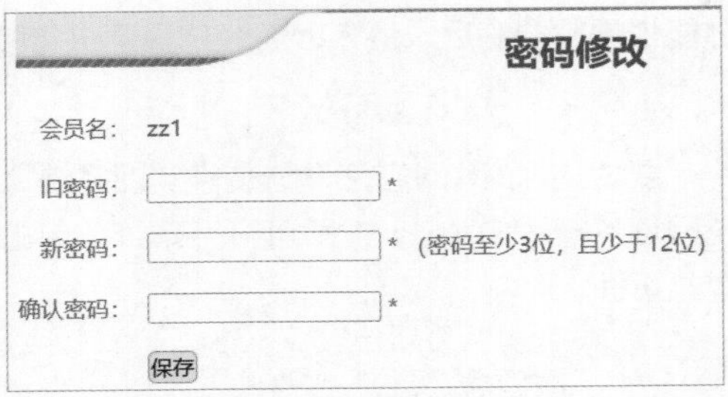

密码修改

会员名：zz1

旧密码：*

新密码：*（密码至少3位，且少于12位）

确认密码：*

保存

图9-4　“密码修改”页面

# 9.2　PC端店铺装修

单击网店开设与装修模块页面“PC端装修”下方的按钮，进入店铺装修模块，可以在页面正上方看到具体的操作流程，包括7个环节，分别为比赛说明、店铺开设、店标设计、网店Banner、详情页设计、促销活动和热销商品，如图9-5所示。

图9-5　店铺装修操作流程

## 9.2.1　比赛说明

店铺装修操作流程下方的区域为网店开设与装修比赛说明，如图9-6所示。具体要求：按照开店流程完成店铺注册、认证、设置操作。在竞赛软件允许的结构范围内，利用竞赛软件提供的素材，完成PC电商店铺、移动电商店铺、跨境电商店铺首页的“店铺标志、店铺招牌、商品分类、广告图、轮播图、商品推荐”的设计与制作，完成PC电商店铺、移动电商店铺、跨境电商店铺商品详情页的“商品展示类、吸引购买类、促销活动类、实力展示类、交易说明类、关联销售类”的设计与制作，通过图片、程序模板等装饰让店铺丰富美观，提高转化率。

此说明下方有可下载的比赛资源，如图9-7所示。比赛资源有10个类目，分别为家居日用、数码配件、办公用品、生鲜果蔬、休闲零食、儿童玩具、纸品家清、运动户外、乳品饮料、时尚饰品。这10个类目在比赛时由裁判随机抽取，用户平常可针对这10个类目进行练习。

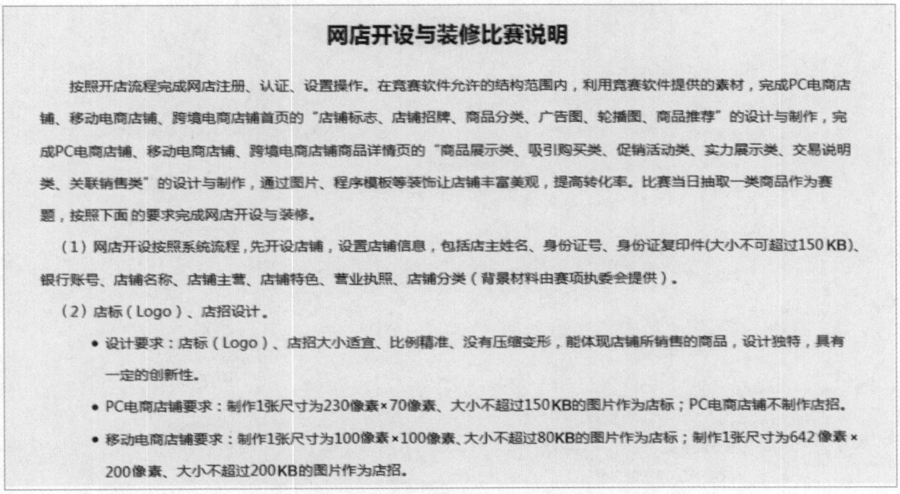

网店开设与装修比赛说明

按照开店流程完成网店注册、认证、设置操作。在竞赛软件允许的结构范围内，利用竞赛软件提供的素材，完成PC电商店铺、移动电商店铺、跨境电商店铺首页的“店铺标志、店铺招牌、商品分类、广告图、轮播图、商品推荐”的设计与制作，完成PC电商店铺、移动电商店铺、跨境电商店铺商品详情页的“商品展示类、吸引购买类、促销活动类、实力展示类、交易说明类、关联销售类”的设计与制作，通过图片、程序模板等装饰让店铺丰富美观，提高转化率。比赛当日抽取一类商品作为赛题，按照下面的要求完成网店开设与装修。

（1）网店开设按照系统流程，先开设店铺，设置店铺信息，包括店主姓名、身份证号、身份证复印件(大小不可超过150 KB)、银行账号、店铺名称、店铺主营、店铺特色、营业执照、店铺分类（背景材料由赛项执委会提供）。

（2）店标（Logo）、店招设计。

- 设计要求：店标（Logo）、店招大小适宜、比例精准、没有压缩变形，能体现店铺所销售的商品，设计独特，具有一定的创新性。
- PC电商店铺要求：制作1张尺寸为230像素×70像素、大小不超过150 KB的图片作为店标；PC电商店铺不制作店招。
- 移动电商店铺要求：制作1张尺寸为100像素×100像素、大小不超过80KB的图片作为店标；制作1张尺寸为642 像素×200像素、大小不超过200 KB的图片作为店招。

图9-6　网店开设与装修比赛说明

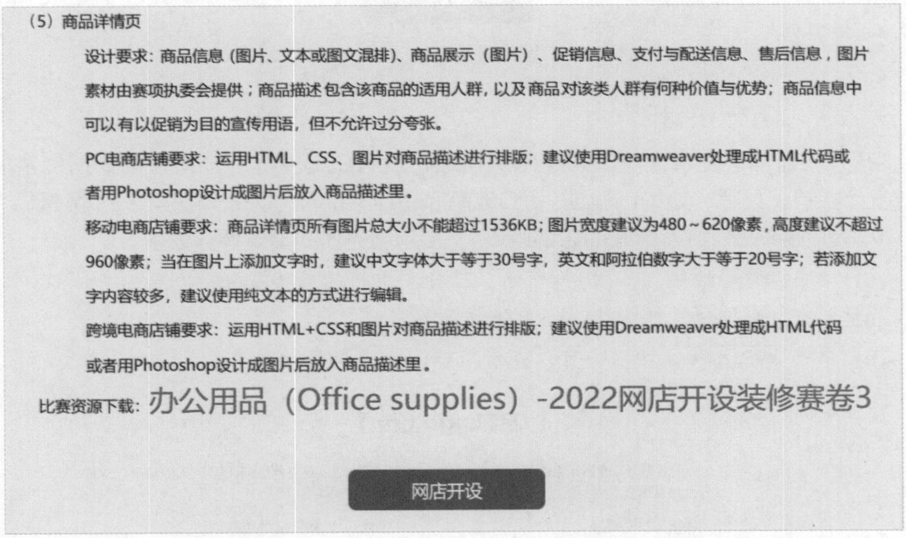

（5）商品详情页

设计要求：商品信息（图片、文本或图文混排）、商品展示（图片）、促销信息、支付与配送信息、售后信息，图片素材由赛项执委会提供；商品描述包含该商品的适用人群，以及商品对该类人群有何种价值与优势；商品信息中可以有以促销为目的的宣传用语，但不允许过分夸张。

PC电商店铺要求：运用HTML、CSS、图片对商品描述进行排版；建议使用Dreamweaver处理成HTML代码或者用Photoshop设计成图片后放入商品描述里。

移动电商店铺要求：商品详情页所有图片总大小不能超过1536KB；图片宽度建议为480～620像素，高度建议不超过960像素；当在图片上添加文字时，建议中文字体大于等于30号字，英文和阿拉伯数字大于等于20号字；若添加文字内容较多，建议使用纯文本的方式进行编辑。

跨境电商店铺要求：运用HTML+CSS和图片对商品描述进行排版；建议使用Dreamweaver处理成HTML代码或者用Photoshop设计成图片后放入商品描述里。

比赛资源下载：办公用品（Office supplies）-2022网店开设装修赛卷3

网店开设

图9-7　比赛资源下载

## 9.2.2　店铺开设

比赛资源下载完成后，单击页面下方的“网店开设”按钮，即可进入店铺开设环节，然后按照系统流程先开设店铺，设置店铺信息，包括店主姓名、身份证号码、身份证复印件（文件大小不超过150KB）、银行账户、联系电话、详细地址、邮政编码、网店名称、主营、特色、营业执照、店铺分类等，其中标*的为必填项，如图9-8所示。

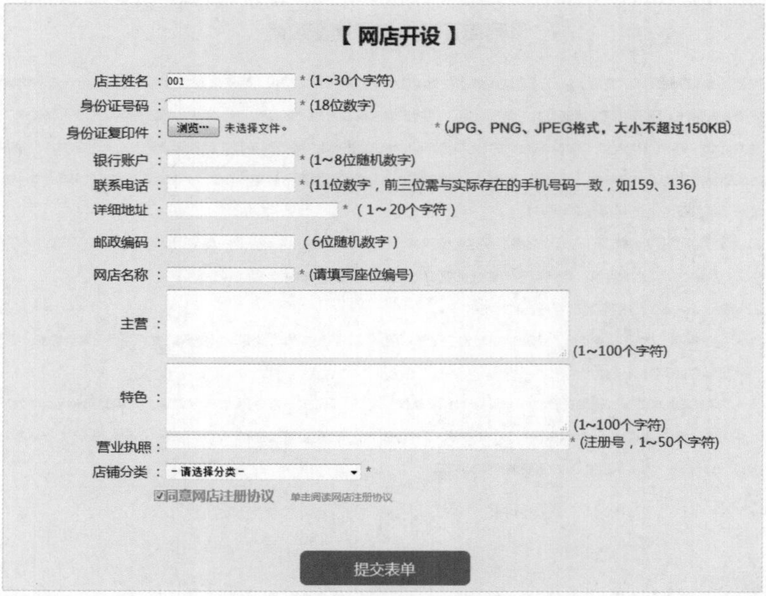

【网店开设】
店主姓名：001 *(1~30个字符)
身份证号码： *(18位数字)
身份证复印件：浏览… 未选择文件。 *(JPG、PNG、JPEG格式，大小不超过150KB)
银行账户： *(1~8位随机数字)
联系电话： *(11位数字，前三位需与实际存在的手机号码一致，如159、136)
详细地址： *（1~20个字符）
邮政编码： （6位随机数字）
网店名称： *(请填写座位编号)
主营： (1~100个字符)
特色： (1~100个字符)
营业执照： *(注册号，1~50个字符)
店铺分类：-请选择分类- *
☑同意网店注册协议 单击阅读网店注册协议
提交表单

图9-8　店铺开设

## ↘ 9.2.3　店标设计

店标（Logo）要求大小适宜、比例精准、没有压缩变形，能体现店铺所销售的商品，设计独特，具有一定的创新性。PC电商店铺店标的尺寸为230像素×70像素、文件大小不超过150KB。将设计好的店铺Logo上传到服务器的具体操作如下。

步骤 01 单击 浏览… 按钮，如图9-9所示，选择要上传的店铺Logo。

步骤 02 单击 上传 按钮，把店铺Logo上传到服务器。

步骤 03 单击 查看已上传店铺Logo 按钮，可以查看店铺Logo上传后的效果。

【店铺Logo上传】
上传要求：Logo尺寸是230像素x70像素，格式为JPG、JPEG、PNG，不支持GIF动画和BMP位图，文件大小为150KB以内
店铺 Logo ：浏览... 未选择文件。
上传
查看已上传店铺Logo
下一步

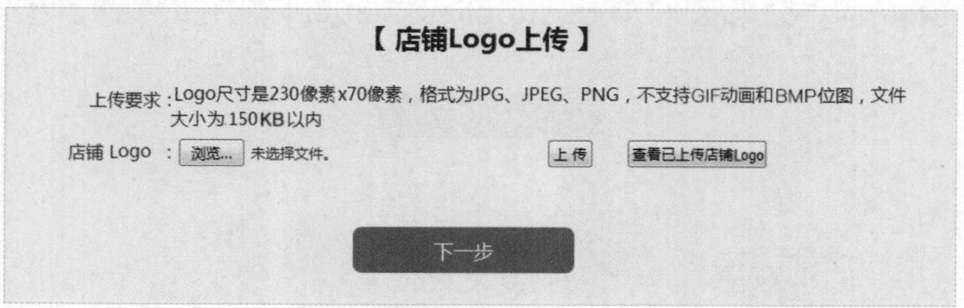

图9-9　店铺Logo上传

## ↘ 9.2.4　网店Banner

店铺Logo上传成功后，单击 下一步 按钮即可进入上传网店Banner环节，Banner主题应与店铺所经营的商品具有相关性，还应具有吸引力和营销向导作用，可以丰富店铺视觉效果。PC电商店铺要求制作4张尺寸为727像素×416像素、文件大小不超

过150KB的图片。设计网店Banner的素材可在下载的比赛资源中找到。

按要求设计好Banner之后，分别上传。其方法：单击Banner1后面的 浏览… 按钮，如图9-10所示，选择要上传的Banner1，然后单击 上传 按钮，把Banner1上传到服务器，单击 查看已上传Banner1 按钮，即可查看Banner1上传后的效果。重复上述步骤，上传Banner2、Banner3和Banner4。

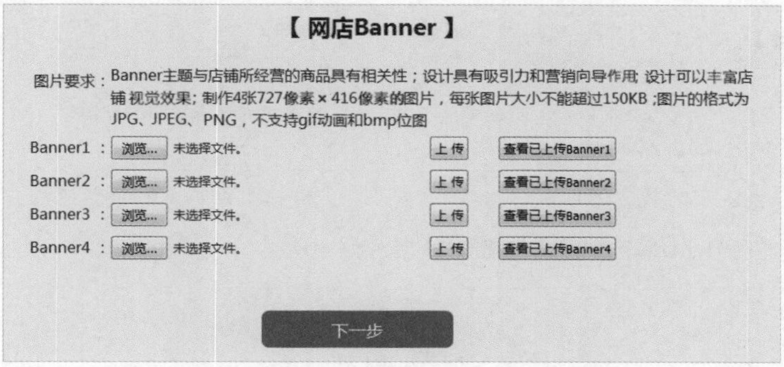

【 网店Banner 】
图片要求：Banner主题与店铺所经营的商品具有相关性；设计具有吸引力和营销向导作用；设计可以丰富店铺视觉效果；制作4张727像素×416像素的图片，每张图片大小不能超过150KB；图片的格式为JPG、JPEG、PNG，不支持gif动画和bmp位图
Banner1 ： 浏览... 未选择文件。 上传 查看已上传Banner1
Banner2 ： 浏览... 未选择文件。 上传 查看已上传Banner2
Banner3 ： 浏览... 未选择文件。 上传 查看已上传Banner3
Banner4 ： 浏览... 未选择文件。 上传 查看已上传Banner4
下一步

图9-10　网店Banner

## ↘ 9.2.5　详情页设计

详情页是店铺装修的重点。下面将从初始设置、商城分类、基本信息、商品图片、商品详细及商品规格等方面来讲解详情页的设置方法。

### 1. 初始设置

初始设置包括商品图片管理、商品分类管理和商品品牌管理，如图9-11所示。

【详情页设计 - 商品编辑 】
初始设置
商品图片管理（每张图片大小不能超过200KB）
请先进行如下设置：
商品分类管理
商品品牌管理
转到下一步

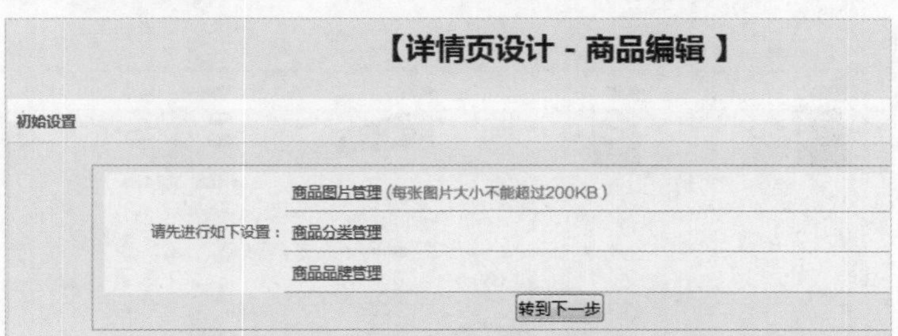

图9-11　详情页设计

（1）商品图片管理

商品图片管理是指提前把做好的商品主图和商品详情页上传到服务器。

商品主图要求能较好地反映出该商品的功能特点、对消费者有很强的吸引力，保证有较高的清晰度，图文结合的图片中文字不能影响图片的整体美观、不能本末倒置。PC电商店铺要求制作4张尺寸为800像素×800像素、文件大小不超过200KB的图片。

商品详情页要求包含商品信息（图片、文本或图文混排）、商品展示（图片）、促销信息、支付与配送信息、售后信息；商品描述中包含该商品的适用人群，以及商品对该类人群有何种价值与优势；商品信息中允许出现以促销为目的的宣传用语，但不允许过

分夸张。一般用Photoshop制作商品详情页长图，然后进行切片，切片后每张图片文件大小不超过200KB。上传商品图片的操作步骤如下。

步骤 01 单击“商品图片管理”超链接，进入“图片管理”页面，单击“添加”按钮，如图9-12所示，打开“图片添加”页面。

步骤 02 单击 浏览… 按钮，如图9-13所示，选择要上传的图片，单击 确定 按钮即可。

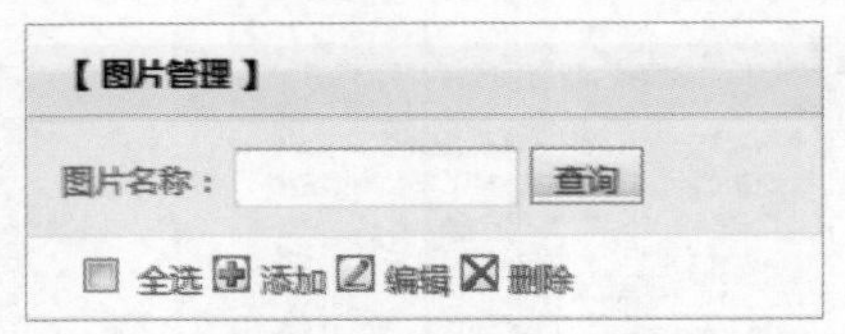

图9-12 图片管理

图9-13 图片添加

步骤 03 出现图9-14所示的页面，显示图片添加成功。

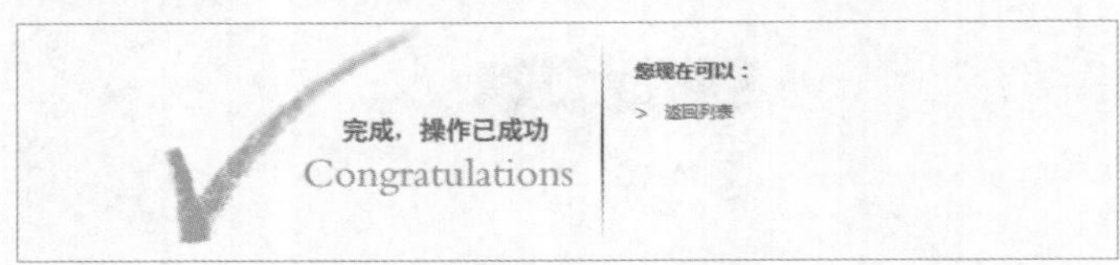

图9-14 图片添加成功

步骤 04 单击“返回列表”超链接，返回“图片管理”页面，如图9-15所示。在该页面中可以继续添加图片，也可以编辑和删除已添加的图片（商品详情页用到的所有图片都需要在此处添加）。

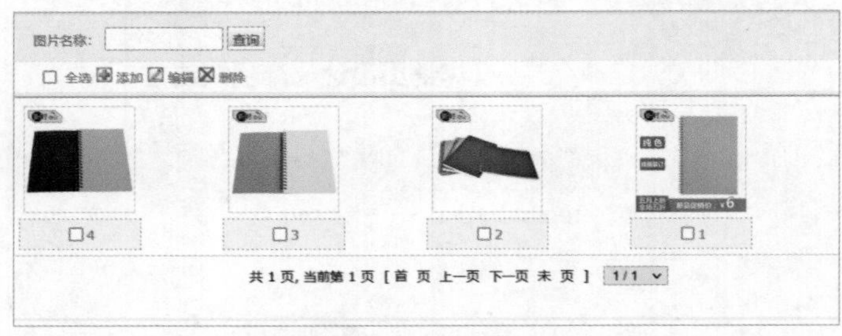

图9-15 “图片管理”页面

（2）商品分类管理

一般店铺都有多种商品，为了便于卖家管理，需要先进行商品分类管理。其方法：单击“商品分类管理”超链接，打开“类别管理”页面，在“分类名称”下面的文本框中输入要分类的名称，单击 保存修改 按钮即可，如图9-16所示。

图9-16 商品分类管理

（3）商品品牌管理

一般店铺可能会经营多个品牌的商品，为了便于卖家管理，需要先进行商品品牌管理。其方法：单击“商品品牌管理”超链接，打开“店铺品牌管理”页面，单击“添加”按钮，如图9-17所示。打开“店铺品牌编辑”页面，在“品牌名称”文本框中输入商品的品牌，单击确定按钮即可，如图9-18所示。

图9-17　店铺品牌管理

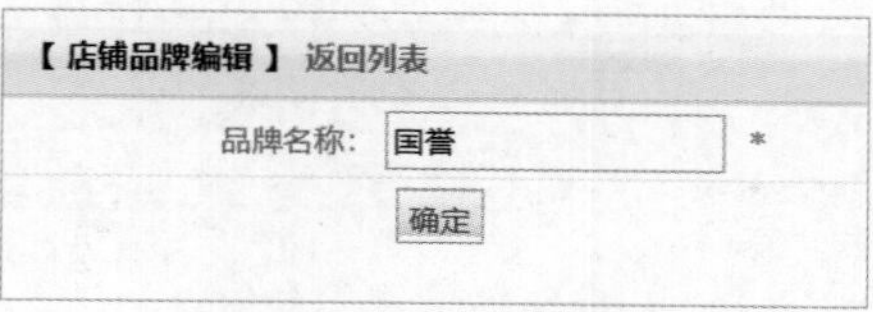


图9-18　店铺品牌编辑

商品图片管理、商品分类管理和商品品牌管理相关信息设置好以后，单击转到下一步按钮，进入“商城分类”页面。

## 2. 商城分类

商品上传到电商平台，需要选择相应的类目。商城分类是指选择商品在ITMC商城平台的归属类目。其操作步骤：在“商城分类”左侧栏选择商品所属大类，在中间栏选择所属小类（如果没有，可选择“其他”选项），完成后单击保存，转到下一步按钮，如图9-19所示。在保存成功提示对话框中单击确定按钮，将进入“基本信息”页面。

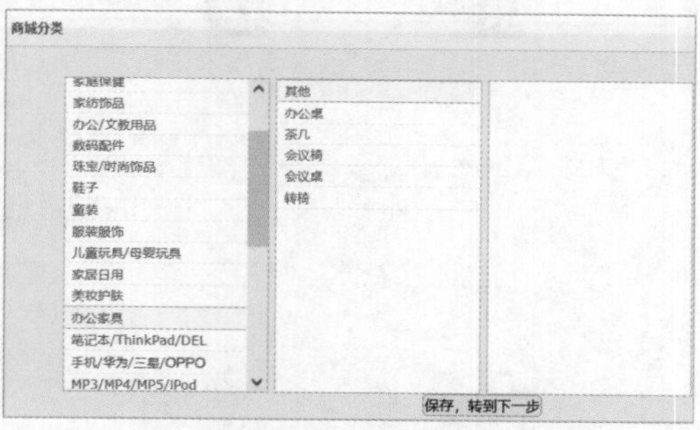


图9-19　商城分类

## 3. 基本信息

进入商品的“基本信息”页面后，按要求填写商品参数，其中标*的为必填项，商品编号是系统默认的，如图9-20所示。填写完成后单击保存，转到下一步按钮，在保存成功提示对话框中单击确定按钮，将进入“商品图片”页面。

基本信息

| | |
|---|---|
| 当前平台分类： | 办公家具 > 其他 |
| 商品全称： | 金隆兴加厚皮面本笔记本软皮简约大学生用 * |
| 商品简称： | 记事本 * |
| 市场价格： | 9.90元 * |
| 商品编号： | 211105152114807 |
| 商品分类： | 记事本 * |
| 商品品牌： | 国誉 * |
| 平台商品品牌： | 金隆兴 * |
| 单位： | 个 * |
| 初始库存： | 9999（备注：如果设置了规格，此处设置所有规格总库存。）* |
| 起购数量： | 1 |
| 商品重量： | 0.500 千克（备注：如果设置了规格，会按照规格中设置。） |

保存，转到下一步

图9-20　“基本信息”页面

### 4. 商品图片

“商品图片”页面如图9-21所示，单击选择图片按钮，在打开的页面中双击想要添加的图片，即可选择商品图片，因一次只能添加一张图片，添加其他图片时重复该步骤即可，如图9-22所示。4张商品图片添加完后，效果如图9-23所示。如果不满意，可以单击图片后的“删除”按钮 ✖ 删除图片，重新添加其他图片。

图9-21 “商品图片”页面

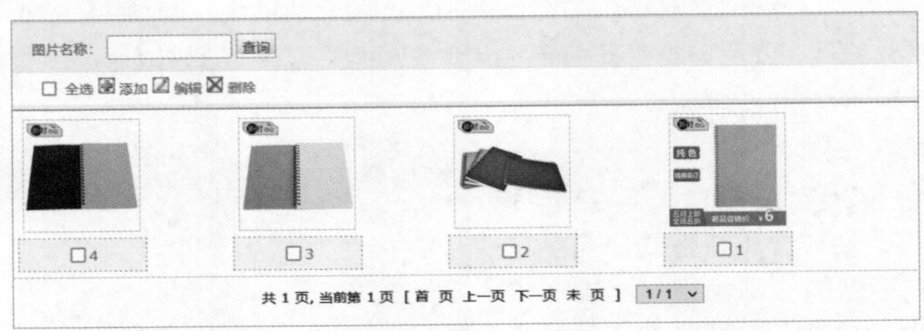


图9-22 选择商品图片

商品图片

商品图片(小)：/Upload/196/20220929 选择图片 确定 (点击确定增加商品小图片)

| | 默认图片 | 编号 | 图片 | 删除 |
|---|---|---|---|---|
| 图片: | ○ | 599 | | ✖ |
| | ○ | 3600 | | ✖ |
| | ○ | 3601 | | ✖ |
| | ○ | 3602 | | ✖ |

保存，转到下一步 (注意：保存商品图片之后，需要重新设置"商品规格"中规格值所关联的图片)

图9-23 商品图片的添加效果

## 经验之谈

默认图片是指在商品详情页显示的第一张图片，系统默认最后一张上传的图片为默认图片，如有需要，可在商品图片的设置栏中修改默认图片。

### 5. 商品详细

在“商品图片”页面单击保存，转到下一步按钮后，接着在保存成功提示对话框中单击确定按钮，进入“商品详细”页面，如图9-24所示。

在“商品详细”页面，如果需要添加文字类信息，可直接在文本框中输入文字信息；如果需要插入图片，可单击下方的选择图片按钮，打开“图片选择”对话框，如图

9-25所示。双击要选择的图片，即可将图片插入“商品详细”编辑框。插入图片后的效果如图9-26所示。

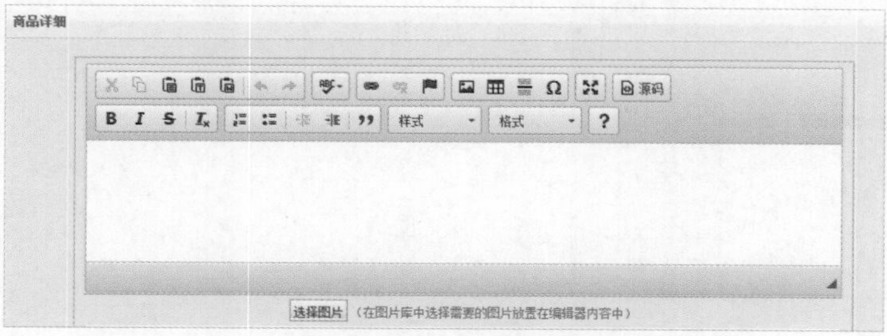

图9-24 “商品详细”页面

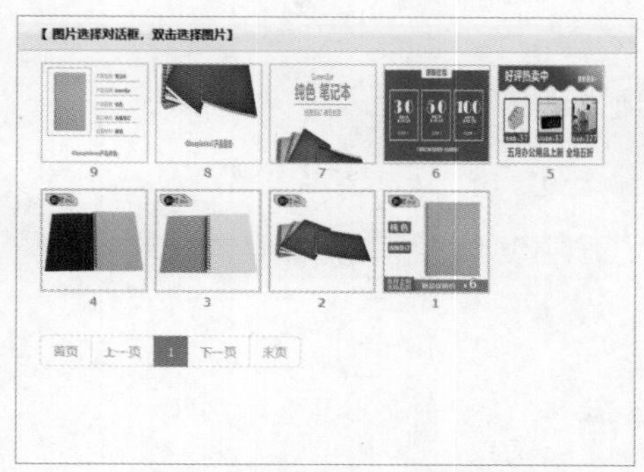

图9-25 “图片选择”对话框

图9-26 插入图片后的效果

## 6. 商品规格

设置好商品详细信息后，单击保存，转到下一步按钮，在保存成功提示对话框中单击确定按钮，进入“商品规格”页面，如图9-27所示。

图9-27 “商品规格”页面

要进行商品规格的设置与编辑，需要先对规格内容进行添加并保存。其具体操作如下。

**步骤01** 在“商品规格”页面中，单击“管理商品规格”超链接，进入“商品规格设置”页面，在其中单击“添加”按钮，如图9-28所示。

**步骤02** 进入“添加规格管理”页面，输入相应的内容，单击添加规格值按钮，添加商品规格值，完成后单击确定按钮，如图9-29所示。

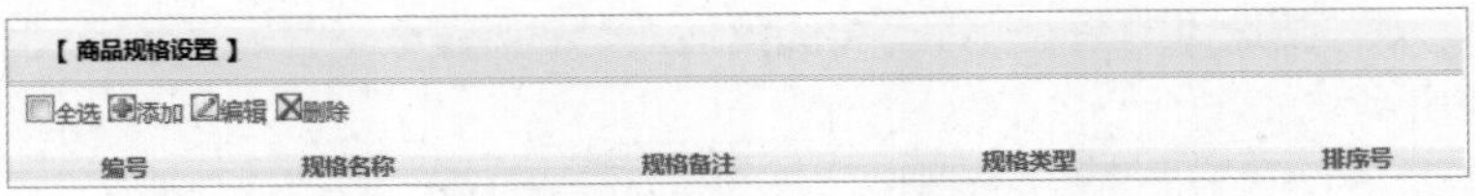

【 商品规格设置 】
全选 添加 编辑 删除
编号
规格名称
规格备注
规格类型
排序号

图9-28　商品规格设置

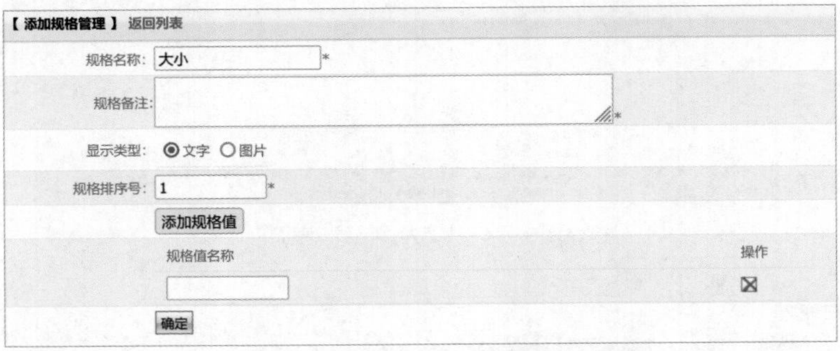

【 添加规格管理 】 返回列表
规格名称：
大小
规格备注：
显示类型：
文字
图片
规格排序号：
1
添加规格值
规格值名称
操作
确定

图9-29　添加商品规格

步骤 03 结束商品规格的编辑，将出现图9-30所示的页面，表示商品规格添加成功。

shop.itmc.
【 提示信息 】
完成，操作已成功
Congratulations
您现在可以：
> 添加成功

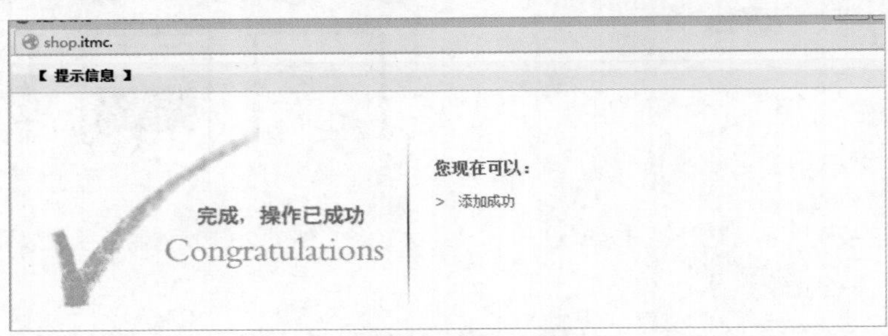

图9-30　商品规格添加成功

## ↘ 9.2.6　促销活动

返回“商品规格”页面，单击保存,转到下一步按钮，在保存成功提示对话框中单击确定按钮，进入“商品促销”页面，在图9-31所示的区域中输入商品的促销价格。

【商品促销】
商品促销
促销价格：
9.9
保存,转到下一步

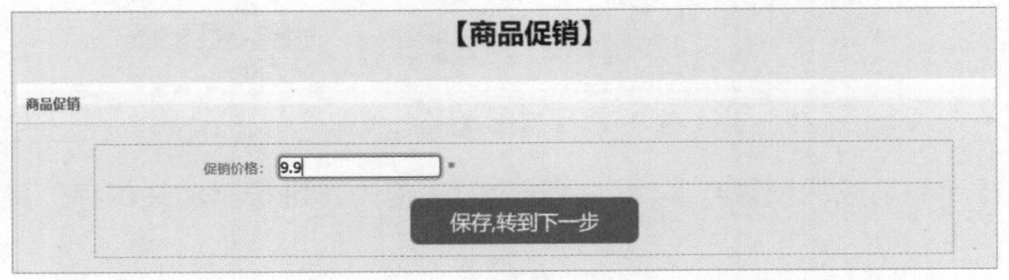

图9-31　“商品促销”页面

## ↘ 9.2.7　热销商品

完成商品促销价格的输入后，单击保存,转到下一步按钮，在保存成功提示对话框中单击确定按钮，进入“热销商品”页面，如图9-32所示。选中“热销商品”和“店铺推荐”

右侧的“是”复选框，可使该商品出现在“热销商品”和“店铺推荐”栏目中。

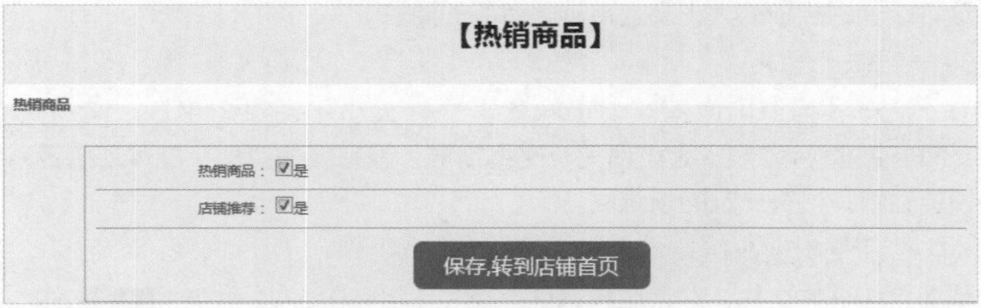

**【热销商品】**

热销商品

热销商品：☑是

店铺推荐：☑是

保存,转到店铺首页

图9-32　“热销商品”页面

## ↘ 9.2.8　生成店铺首页和商品详情页

单击位于“热销商品”页面下方的保存,转到店铺首页按钮，在打开的保存成功提示对话框中单击确定按钮，回到开设店铺的首页，如图9-33所示。单击“进入比赛”超链接，返回“比赛说明”页面，然后单击上方流程图中的具体流程名，可进入相应流程进行修改，完成后单击“热销商品”选项卡，单击保存按钮回到店铺首页。

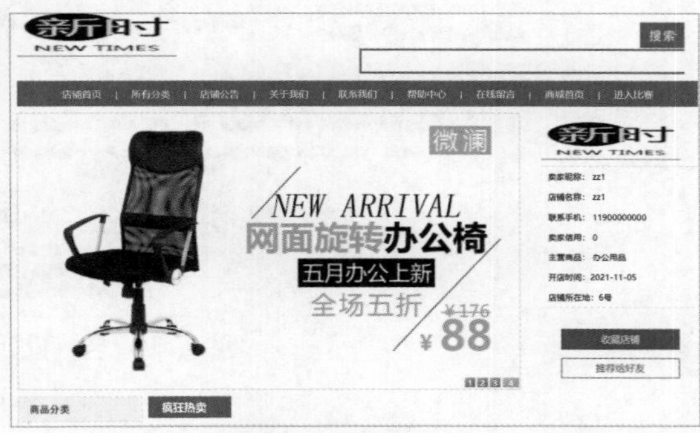


图9-33　店铺首页

# 9.3　移动端店铺装修

完成PC端店铺的装修后，用户还可以进行移动端店铺的装修，如进行店标、店招、网店Banner和详情页的设计。在店铺首页单击“进入比赛”超链接，返回“ITMC网店开设与装修实训系统”首页，然后选择“系统首页”选项，返回系统首页。单击“进入比赛”超链接，将再次进入系统模块选择页面，如图9-34所示，单击“移动端装修”下方的●按钮，进入移动端店铺装修页面。

图9-34　系统模块选择页面

## 9.3.1 店标设计

移动端店铺的店标的大小及上传步骤有新的要求。

### 1. 店标设计要求

制作1张尺寸为100像素×100像素，文件大小不超过80KB，格式为JPG、JPEG、PNG的图片；要求大小适宜、比例精准，没有压缩变形；能体现店铺所销售的商品，设计独特，具有一定的创新性。

### 2. 店标上传步骤

根据要求设计好店标，在“店标设计”页面（见图9-35）中单击浏览...按钮，从计算机中选择设计好的店铺Logo上传；单击查看已上传店标按钮可以查看已上传店标的显示效果，单击下一步按钮，进入“店招设计”页面。

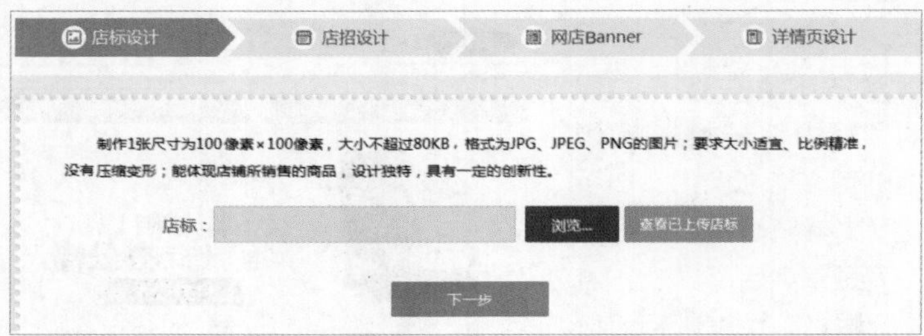


图9-35 “店标设计”页面

## 9.3.2 店招设计

移动端店铺的店招也具有特定的设计要求和上传步骤。

### 1. 店招设计要求

制作1张尺寸为642像素×200像素，文件大小不超过200KB，格式为JPG、JPEG、PNG的图片；要求大小适宜、比例精准，没有压缩变形；能体现店铺所销售的商品，设计独特，具有一定的创新性。

### 2. 店招上传步骤

根据设计要求设计好店招后，在“店招设计”页面（见图9-36）单击浏览...按钮，从计算机中选择设计好的店招上传；单击查看已上传店招按钮可以查看已上传店招的显示效果，单击下一步按钮，进入“网店Banner”页面。

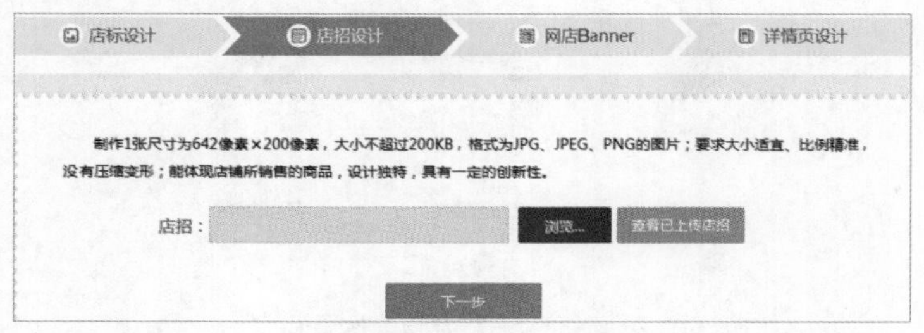


图9-36 “店招设计”页面

## ↘ 9.3.3　网店Banner设计

网店Banner是店铺的横幅广告，主要用于展现商品的促销信息。“网店Banner”页面展示了网店Banner的设计要求和上传步骤，如图9-37所示。

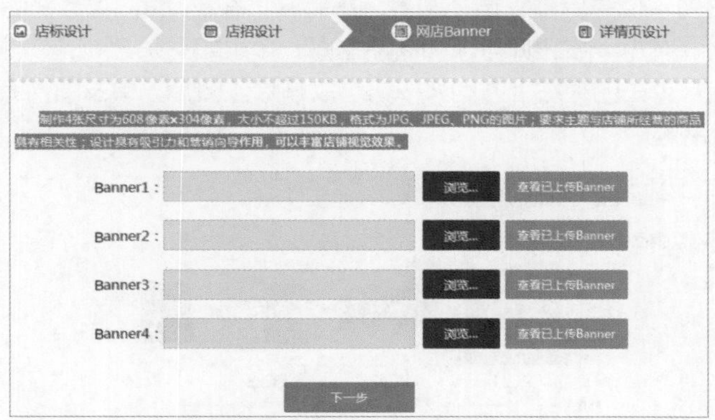


图9-37　“网店Banner”页面

### 1. 网店Banner设计要求

制作4张尺寸为608像素×304像素，文件大小不超过150KB，格式为JPG、JPEG、PNG的图片；要求主题与店铺所经营的商品具有相关性；设计具有吸引力和营销向导作用，可以丰富店铺视觉效果。

### 2. 网店Banner上传步骤

根据设计要求设计好网店Banner后，在“网店Banner”页面中依次单击Banner1、Banner2、Banner3和Banner4后的浏览...按钮，从计算机中选择设计好的网店Banner上传；依次单击Banner1、Banner2、Banner3和Banner4后的查看已上传Banner按钮可以查看已上传网店Banner的显示效果，单击下一步按钮，进入“详情页设计”页面。

## ↘ 9.3.4　详情页设计

详情页设计包含初始设置、商品主图和商品详细3个方面，如图9-38所示。

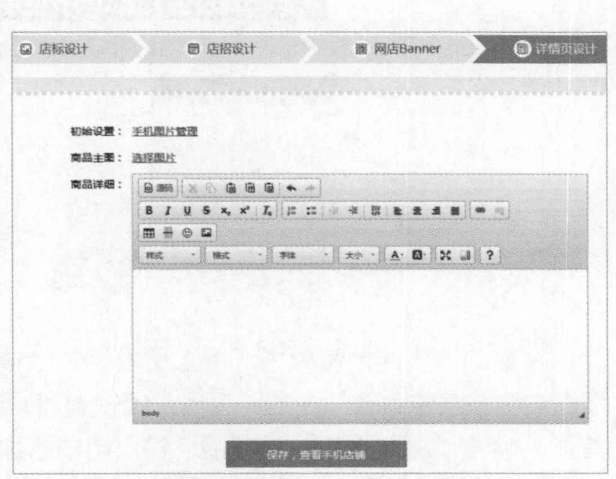


图9-38　“详情页设计”页面

### 1. 初始设置

初始设置主要是指手机图片管理。“商品主图”和“商品详细”中用到的图片需要通过单击“手机图片管理”超链接提前添加到图库中。其方法：在“详情页设计”页面中，单击“手机图片管理”超链接，在出现的“手机图片管理”对话框中单击浏览...按钮，双击要添加的图片即可。

由于一次只能添加1张图片，因此需要多次操作才能把“商品主图”和“商品详细”中用到的图片全部添加到图库中。

### 2. 商品主图

在“商品主图”栏中单击“选择图片”超链接，在出现的“选择商品主图”对话框中选择4张图片，单击确定按钮即可添加商品主图，效果如图9-39所示。把鼠标指针移到要调整的图片上，单击图片右上方的×按钮可以删除该图片，单击图片旁边的<>按钮可以调整图片的显示顺序。

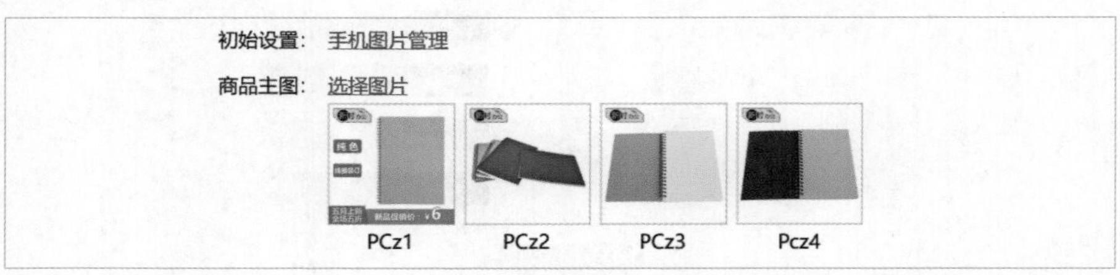


图9-39　商品主图

### 3. 商品详细

在“商品详细”文本框中，用户不但可以输入文字，还可以单击“插入图片”按钮，进行图片的插入操作，效果如图9-40所示。完成上述设置后，单击“商品详细”文本框下方的保存，查看手机店铺按钮，可以查看移动端店铺完成装修后的效果，其首页如图9-41所示。

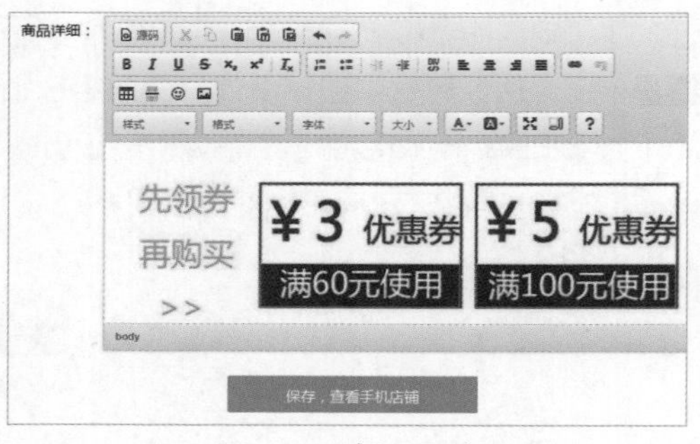


图9-40　插入图片

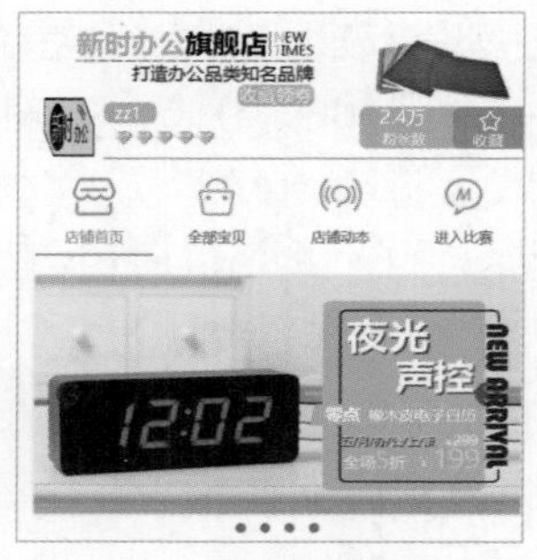


图9-41　移动端店铺首页

## 9.4 跨境店铺装修

在移动端店铺首页单击“进入比赛”超链接，返回移动端装修设计页面，然后选择页面右侧“系统菜单”中的“退出系统”选项，返回“ITMC网店开设与装修实训系统”首页，单击“进入比赛”超链接，输入用户名称和会员密码，将再次进入系统模块选择页面，如图9-42所示，单击“跨境装修”下方的按钮，进入“跨境装修”页面。跨境装修流程包括跨境店铺开设、网店Banner设计和详情页设计3个步骤，如图9-43所示。

图9-42 系统模块选择页面

图9-43 跨境装修流程

## 9.4.1 跨境店铺开设

跨境店铺是指店铺的卖家和买家分属不同的关境。店铺的后台由卖家进行管理，前台的买家看到的页面是英文版的，因此卖家在跨境店铺发布商品信息时要注意统一采用英文。跨境店铺开设包括基本信息和经营信息的填写。

### 1. 基本信息

基本信息包括商铺名称、商铺标志、商铺推广语及商铺介绍，如图9-44所示。商铺标志支持文件大小为150KB、尺寸为230像素x70像素的图片。商铺推广语需用英文简单描述店铺主营信息或特色，这对提升店铺在搜索引擎中的排名有所帮助，最多输入55个字符；可展示主营商品或热卖商品。在商铺介绍中使用英文介绍店铺商品、店铺实力、业务范围，重点突出主营/热销商品（可帮助买家快速定位卖家）、商品特色卖点等，可适当添加主营类目名称和关键词。有吸引力的商铺介绍有助于增加该店铺在搜索引擎中的点击量，提高店铺曝光率。需要注意的是，商铺介绍最多输入500个字符。

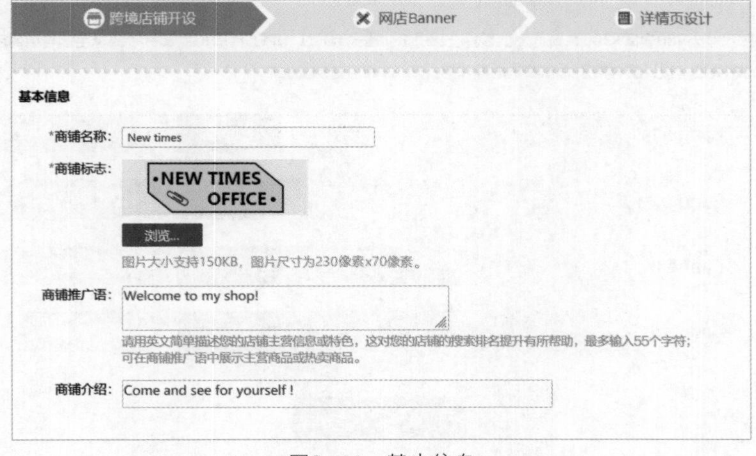


图9-44 基本信息

### 2. 经营信息

经营信息包括注册地址和商铺关键词，如图9-45所示。关键词必须和店铺内的商品相关，并且卖家在填写买家习惯搜索的关键词后，应设置单击关键词可直达店铺搜索“关键词”商品列表页的功能，使买家可以快速找到商品并进行购买。推荐填写3～5个关键词，关键词越多越有助于提高店铺收录量和搜索流量。

经营信息

*注册地址： wuhan software engineering vocational college

*商铺关键词： office 删除 添加更多关键词

关键词必须和店铺内商品相关，可使买家快速在店铺找到商品进行购买；
推荐填写3～5个关键词，关键词越多越有助于提高店铺收录量和搜索流量；
填写买家习惯搜索的关键词，单击关键词可直达店铺 搜索“关键词”商品列表页。

保存，转到下一步

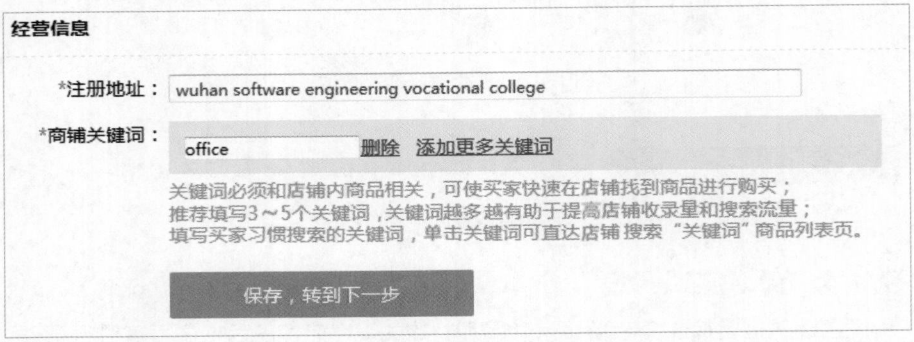

图9-45 经营信息

## 9.4.2 网店Banner设计

基本信息和经营信息设置完成后，单击 保存，转到下一步 按钮即可进入“网店Banner”页面，如图9-46所示。按照要求制作4张尺寸为980像素×300像素，文件大小不超过150KB，格式为JPG、JPEG、PNG的图片；要求主题与店铺所经营的商品具有相关性；设计具有吸引力和营销向导作用，可以丰富店铺视觉效果。完成网店Banner制作后，分别上传。

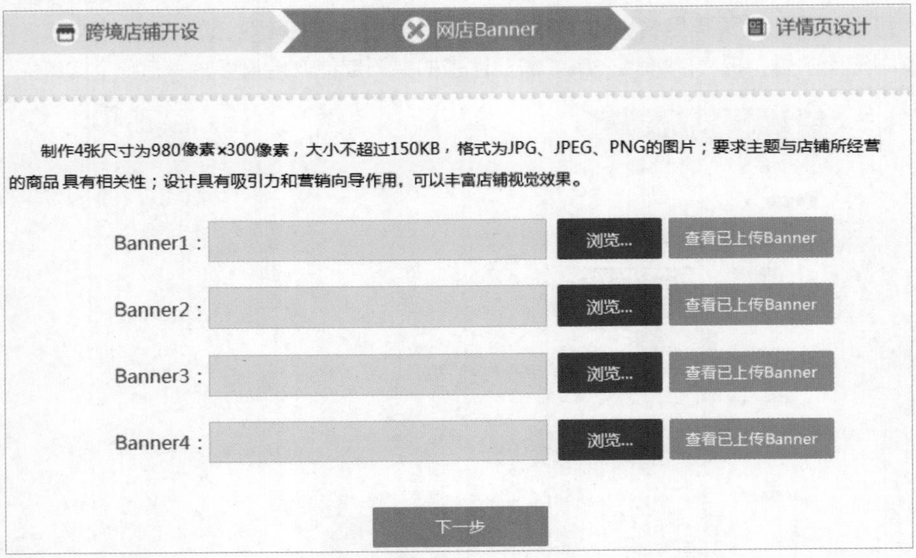

跨境店铺开设 网店Banner 详情页设计

制作4张尺寸为980像素×300像素，大小不超过150KB，格式为JPG、JPEG、PNG的图片；要求主题与店铺所经营的商品 具有相关性；设计具有吸引力和营销向导作用，可以丰富店铺视觉效果。

Banner1： 浏览... 查看已上传Banner

Banner2： 浏览... 查看已上传Banner

Banner3： 浏览... 查看已上传Banner

Banner4： 浏览... 查看已上传Banner

下一步

图9-46 “网店Banner”页面

## ↘ 9.4.3 详情页设计

跨境店铺详情页设计包括产品所属平台类目、产品基本信息、产品销售信息和产品内容描述4个方面，具体如图9-47～图9-50所示。跨境店铺详情页设计内容填写完成后，单击该页面下方的 保存，转到下一步 按钮，将自动跳转到图9-51所示的跨境店铺首页。

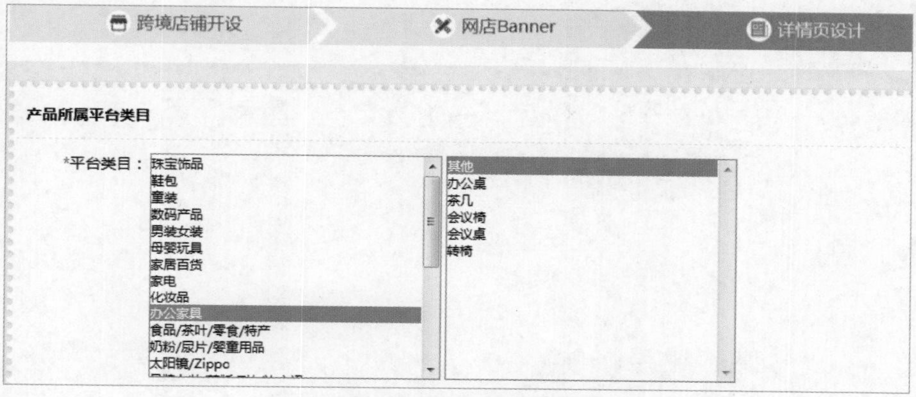

图9-47 选择产品所属平台类目

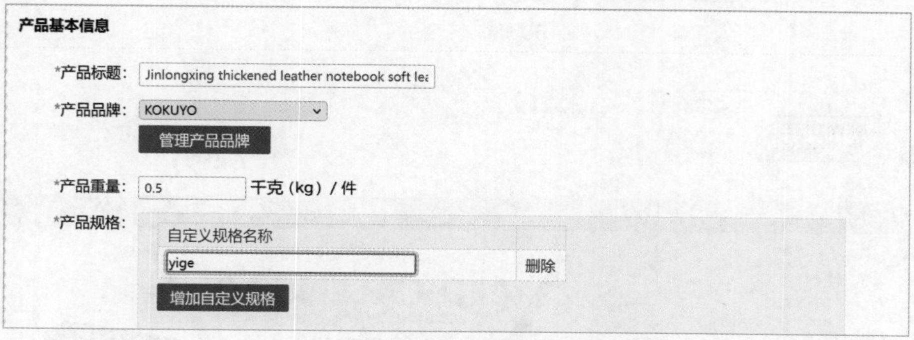

图9-48 填写产品基本信息

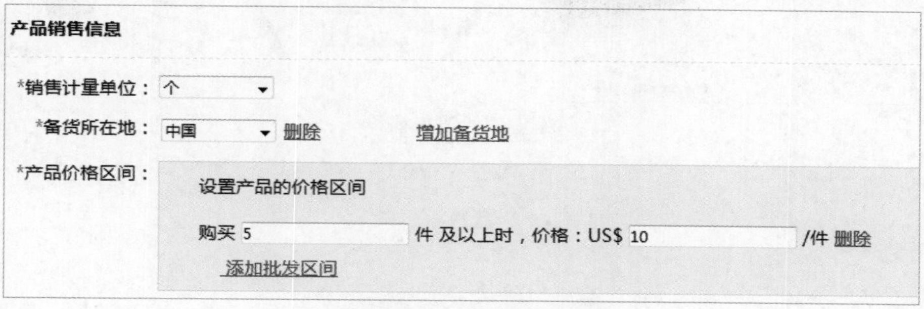

图9-49 填写产品销售信息

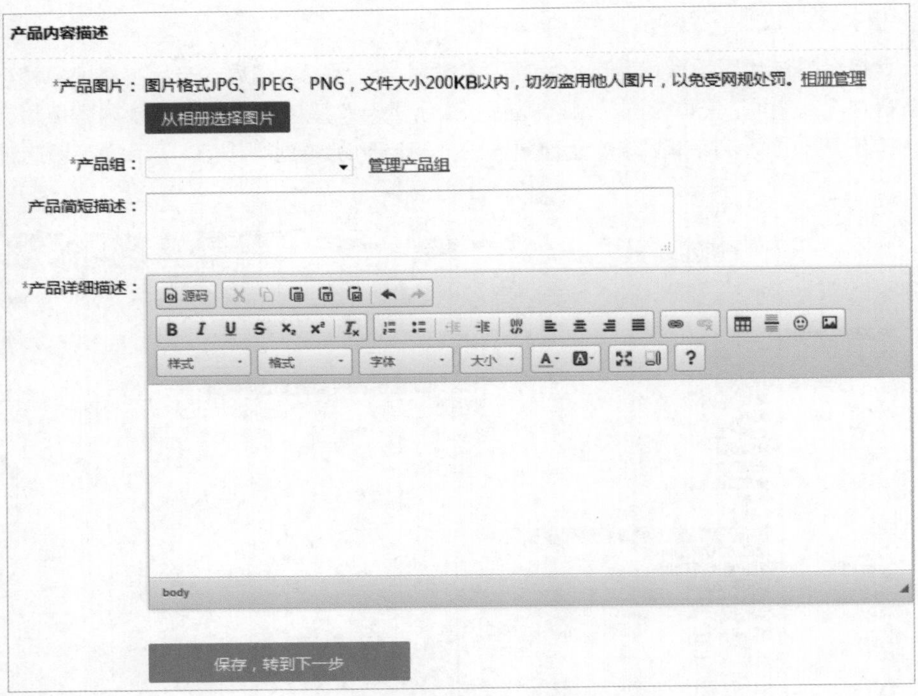

产品内容描述

*产品图片：图片格式JPG、JPEG、PNG，文件大小200KB以内，切勿盗用他人图片，以免受网规处罚。相册管理

从相册选择图片

*产品组： 管理产品组

产品简短描述：

*产品详细描述：

源码

样式 格式 字体 大小

body

保存，转到下一步

图9-50 输入产品内容描述

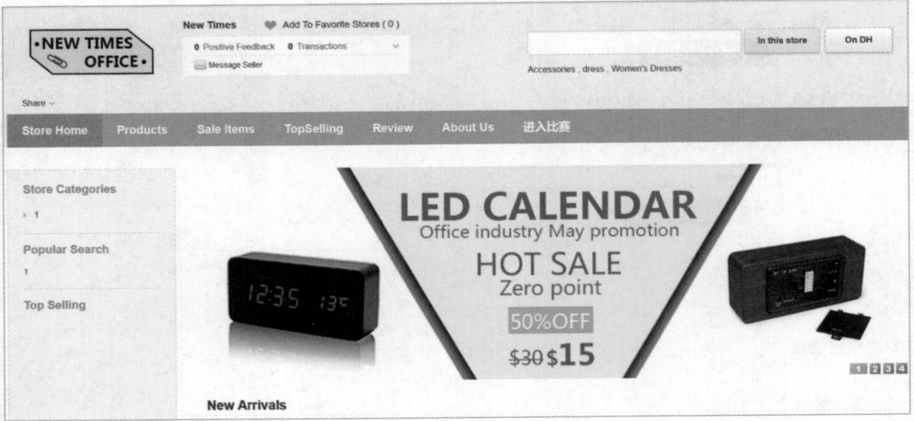

图9-51 跨境店铺首页